藏学文论专辑

藏历 因明
文献研究

黄明信 ⊙ 著

西藏人民出版社

图书在版编目(CIP)数据

藏历·因明·文献研究 / 黄明信著. -- 拉萨 : 西藏人民出版社,2021.8
(藏学文论专辑)
ISBN 978-7-223-06926-7

Ⅰ. ①藏… Ⅱ. ①黄… Ⅲ. ①藏历-研究 Ⅳ. ①P194.9

中国版本图书馆CIP数据核字(2021)第160278号

藏历·因明·文献研究

著　　者　黄明信
组稿编辑　冯　良　李海平
责任编辑　张世文
封面设计　格　次
出版发行　西藏人民出版社(拉萨市林廓北路20号)
印　　刷　西藏山水印务技术有限公司
开　　本　787×960　1/16
印　　张　15.75
字　　数　253千
版　　次　2023年4月第1版
印　　次　2023年4月第1次印刷
印　　数　01-1,000
书　　号　ISBN 978-7-223-06926-7
定　　价　35.00元

目　　录

藏历漫谈

引　　言

天文历算学是藏族文化的一个重要组成部分。它是藏民族的祖先在长期生产、生活实践中创造出来,并在此基础上吸收了国内外其他民族的相关学科成果发展起来的。其历史悠久、文献丰富、有着明显的民族特色。直到现在,藏族仍逐年编制自己的历书。由于它对农牧业生产活动起着重大的指导作用,其形式也符合藏民族的传统习惯,所以深受广大农牧民及各界的欢迎。

但是藏历究竟是怎样一种历法?它与夏历、公历有什么不同?它的理论与计算方法是怎样的?其科学性如何?则还很少有人全面地介绍过。

现在国内对于藏学的研究非常重视,语言、文字、历史、宗教、社会、经济、艺术、医药等许多方面都有人进行研究,近年来研究的成果越来越丰硕,呈现出喜人的景象。但是天文历算方面进行探索者却很少。究其原因是多方面的:

一、人文学科的学者们以为天文历算是非常专门的学问,需要有高深的数学和天文学的基础知识,以至望而生畏,却步不前,不敢问津。

二、自然科学的学者们,受到语言文字的限制,无从下手。即使找到一般的藏语翻译,译者没有专业知识,难以如实地、准确地转达。

三、藏文历算著作的传统写法为了便于记忆,是一种口诀式的,由于每句的音节数目必须相同，就难免有勉强缩简之处，其中又夹有大量的代用的藻词异名，因而难于理解。如果不是经过老师的口头讲授，再经过实际演算，单靠自学，即使是藏文水平较高的人，也很难入门。

四、有些人以为现在既然已经有了现代科学的、精密的天文学，藏历已是过时的东西，不值得再去学习和研究。他们不理解研究民族传统文化的价值和意义。

由于这种种原因，藏历没有被系统地、全面地加以介绍，从而使人们产生了一些误解：有的人以为藏历基本上就是汉历，没有多大不同；有的人看到了藏历的某些特点，而不明白其天文学上的意义，又因为这些特点被占星算命所利用，就以为这些完全是人为捏造出来的迷信的东西，没有价值。为此，我和陈久金先生共同写了《藏历的原理与实践》一书（民族出版社 1987 年出版，汉藏合璧）对藏历进行了科学的探讨。不过其重点在于日蚀、月蚀的推算（因为那是其科学性的最明确的体现），对于一般读者来说，此书内容比较深奥。而在此文中避免了繁难的数字运算和较深的理论阐述，较为通俗易懂，旨在弘扬藏族的传统文化。

一、概说

“藏历”这个概念有广、狭两层意思，狭义的藏历专指过去拉萨的“曼仔康”（sman - rtsis - khang 医药历算院），现在的西藏天文历算研究所编制出版的，每年一册的历本；广义的藏历包括全藏族各个地区、历史上各个时代、各学派、所有的一切有关天文历算、卜筮占算的著作。

藏历有三个来源：一是藏族固有的物候历；二是从印度引进的时轮历；三是从汉族引进的时宪历。另外还有从汉族引进的“五行算”（vbyung rtsis）和从印度引进的“占音术”（dbyang vchar），则带有迷信成分。

1. 阴历、阳历、阴阳合历

人类的生活与生产总离不开时间与空间，自己怎样才能记住，向别人怎样才能表达清楚以至准确地记录某一事件、某一现象，都需要有一种固定的方法，这就是纪年、纪月、纪日、纪时的问题。

人们最容易观察到的是日出、日没、昼夜循环构成的一天，再长一些是月亮圆缺循环不已的月，更长一些是寒暑季节循环变化的年。经过长期的观察，人们发现月亮圆缺循环一次（朔望月）大约是 30 天或 29 天，季节循环一次（回归年）大约是 365 或 366 天。如果不按这些标准，改以太阳、月亮在天球的恒星背景中的方位为标准，则在天文学上还有恒星月（比朔望月短些）和恒星年（比回归年长一点）。其他还有近点月、交点月等，这里就先不去讲它们了。

年、月、日都是周而复始循环不已，本来是无所谓头和尾的，但人们为了方便总不能不给它规定出一个开头之处。各民族、各地区、各时代，有不同的规定，于是就产生了互相换算年首、月首的问题。

日的开头有从天明、平旦开始，从日落开始，从夜半子时开始等几种计算法。

月的开头有从月圆开始和从新月出现开始等几种计算法。

年的开头有从昼夜长度由长变短的冬至开始，和昼夜长度相等的春分开始，和从其他的标志开始等多种计算法。

最令人头痛的问题是一个朔望月不是 30 天整，而是 29 天半还多一点。但是在实际生活中不能把一天分为两半，使它的上一半属于上一个月，同一天的下半天属于下一个月，那样太不方便了。一年 365 天如果规定为十二个朔望月，共 354 天，则还剩下 11 天，朔望月 29.5309 天和回归年 365.2422 天之间没有一个公倍数，不能形成周期，顾此失彼，怎么办？

正是由于对这几个问题处理的方法不同，在世界上有过千差万别、各种各样的历法。归纳起来不外三种：阴历、阳历、阴阳合历。前两者只顾一头，第三种是两头兼顾。

先说阴历，它是单纯根据月亮圆缺的周期制定的。所谓“单纯”就是它只顾月亮这一头，不管由太阳与地球的关系而产生的气候冷热等季节变化。月亮相对于太阳,又叫做“太阴”,所以这一类历法叫做“太阴历”,简称为阴历。当月亮和太阳正好分处于地球两边的时候,柔和的月光通宵达旦地照耀着酣睡的大地,这个月亮最圆的时刻叫做“满月”,也叫做“望”。由于月亮是时刻都在运动着的,所以严格地说来,真正的“望”只是极短暂的一瞬间,一刹那,一般人是观察不到那样的细微变化的,通常就把包括真正的“望”这一天全天叫做“望”日,或者简称为“望”,这是一种最容易观察到,最显著的一种天象。与此相反,当月亮正处在太阳与地球中间的那一天,人们根本无法看到月亮的任何一点形象,这一天就叫做“朔”,在天文学则是指月亮的黄道经度和太阳的黄道经度正正相符合的那一瞬间。天文学家把月相变化的周期,即从朔到朔或从望到望的时间长度叫做“朔望月”,藏历中称之为 tshes - zla,也可译为“太阴月”。多年的观测表明朔望月的长度不是固定不变的,它的平均长度为 29 天 12 小时 44 分,即 29. 5306 日,这是制定历法非常重要的一个数据,必须牢牢记住。初步可暂时粗略地记为 29 天半。

最典型的阴历是伊斯兰历里用于历史纪年和宗教祭祀的“月分历”(区别于用于农业上的“宫分历”),在我国古代把它叫做“回回历”。它永远固定地以 12 个朔望月为一年,平均每个月为 29. 5 日,12 个月共 354 日,闰年在年底增加一日为 355 日,不设闰月。

另外,我们知道与人类,特别是处于地球的温带的人们的生活和生产有密切关系的是春暖、夏热、秋凉、冬冷的气候变化。这种由春、夏、秋、冬四季循环所构成的年叫做“回归年”。也就是太阳从最高到最低,再从最低回到最高的周期,它在天文学上严格的定义是:“平太阳连续两次通过春分点的时间间隔”。根据长期天文观测的结果,知道回归年的长度是 365. 2422 日,即 365 天 5 小时 48 分 46 秒,这是制定历法时又一个非常重要的数据,必须牢牢记住的,粗略地可以记为 365 又四分之一天。古代的历算家们所得到的数据不是一下子就达到这样的精确程度,总是随着历法的发展,逐步向精确靠近的。

由此可见,回归年与太阴年(即伊斯兰教的阴历年)两者相差 11 天,经过十六七年就会积累到 180 天左右,也就是说冬天与夏天要颠倒过来。纯粹的阴历是不设置闰月的,而藏历与农历都有闰月,虽然平年也是 354 或 355 天,而有闰月的年份则为 384 天,因此不能说农历是阴历,藏历也不是阴历,而是阴阳合历。

2. 夏历、农历与旧历

先说"夏历"这个名称的来源。汉族早在两千四五百年之前就开始使用十二地支(子、丑、寅、卯,……)纪月的办法,以冬至日所在的那个月为子月,其次月为丑月、又次月为寅月、冬至以前的那个月为亥月。以子月为年首正月者叫做"建子",其余类推。有的史书上记载说:夏代建寅,殷商建丑,周代建子,而秦朝建亥。汉朝初年仍建亥,汉武帝太初元年(公元 104 年)又恢复夏正建寅。其后各朝各代,虽然历法多次改换,而建寅这一点始终未变(除去武则天采用周正的很短的几年)。从采用建寅这一点上说,从汉朝的太初历到清朝的时宪历都用了夏正,都可以称为夏历,但不是说历法上的其他成分要素都是夏朝的。这样,"夏历"就成了历法中的一个类名,而不是某一种历法的专名了。

至于"旧历"是公元 1911 年以后才使用的名词。辛亥革命以后政府宣布采用公历的纪月纪日方法,相对于这种新的方法而言,人们就把清朝时所用的"时宪历"叫做旧历。

"农历"名称的来源。汉族传统的历法中有二十四节,而来源于西方的公历里没有完整的二十四节的全套名称,只有其中的冬至、夏至、春分、秋分这几个。二十四节气起源于汉族古代,而节气对农业生产有重要意义,因而又常把旧历叫做"农历"。这都是民间习惯形成的名称。

3. 阳历与公历

什么是阳历呢?它以太阳的视运动周期,也就是地球绕太阳运动周期为基础的,因此叫做太阳历,简称为阳历。它的每一个历年都近似于回归年,每一个历年中的月份、日期都与太阳在黄道上的位置较好的符合,例如春分点永远在 3 月 21 或 22 日,不会有大的出入。由于一个回归年的12等分约为30天半(30.4368日)近似一个朔望月,所以阳历把一年也分为12个月,实际上阳历里所谓的"月",只是个与朔望月无关的空名而已,与月亮圆缺的变化周期根本没有什么关系。根据阳历的日期,我们无法知道月亮的朔、望和上弦、下弦,但根据阳历的月份却可比阴阳合历更准确地看出四季寒暖变化的情况。现在世界各国的公历就是阳历的一种,所以把我们所说的公历叫做阳历不能算错。不过要知道阳历是个类名,不是专名,不能反回来说阳历就是公历。因为古埃及也用过太阳历,古罗马的儒略(Julian)历和格里高(Gregorian)历也都是阳历。格里高历(或称格里历)就是我们现在所说的公历。"公历"是我国人给起的名字,《汉英词典》上没有与之相应的英语词,只有"格里历"。公历里虽然没有二十四节的名称,可是二十四节在阳历里有固定的月、固定的日,年与年之间最多相差一两天,而在农历和藏历里某一节在月头、月中、月尾都有可能,没有固定的日期,因此说二十四节是阴历的特征是不对的,它应该属于阴阳合历(农历和藏历)中的阳历部分,因为它们是根据太阳在黄道上的位置而决定的,与太阴无关。

二、物候历

藏历里本民族传统的成分中最有特色的是物候历。藏族有个古老的谚语说:

"观察禽鸟和植物是珞门(lho－mon)法,
观察星和风雪是羌塘(byang－thang)法,
观察日、月运行是苯象(dbon－zhang)法,
观察山、湖、牲畜是岗卓(sgang－vbrog)法"。

这个谚语另外还有一种纪录,词句略有不同:

"观察禽鸟和植物是珞门法,
观察水和雪是僜巴法,
观察星和风是藏北法,

观察日和月是岗卓法。”

我们人类的祖先从生物圈里分离出来，又生活在生物圈中，是始终离不开生物界的。生息在青藏高原上的人们，经过世世代代长期观察日、月、星辰和动、植物的物候变化，逐步总结出了具有西藏特色的自然历。从上述的四句谚语中可以清楚地看到人们所处的地理环境不同，他们所注意观测的对象也有所不同。“珞门”在西藏的东南部，地处喜马拉雅山东南脚下，气候温暖、湿润、能生长亚热带常绿阔叶林和季雨林，农作物可一年两、三熟，生活在这里的人们善于观察一年中禽鸟的去来和植物的生长。“羌塘”在西藏高原的北部，是牧区，多风雪，海拔高、空气稀薄，在空旷的牧场上夜间易于用肉眼观察天际闪烁的各种星宿，那里的老牧民善于用星光和云团掌握近期天气变化情况，以安排放牧的措施。“岗卓”是半牧区，那里的人善于观察山峦江湖的变化以预测天气。例如雅鲁藏布江迤南著名的圣湖——羊卓雍湖（yar－vbrog－g. yu－mtsho）畔的居民对于每年湖水结冰和化冻的时间都做仔细的观察，发现提前或推后一周左右就能断定当年气候将出现反常现象。“苯象”是西藏西部阿里地区，那里的人们善于观测日、月运行，远在七、八世纪的赞普（btsan－po）时代就很著名。僜巴在昌都察隅县境内。上述的几种比较原始的观测经过千百年长期的积累，人们进一步归纳出更为规律性的东西，将它写入历书，使之服务于生产和生活。

把西藏古代物候观测经验写入历书最早的是14世纪初期，噶玛·让迥多吉（karma－rang－byung－rdo－rje 公元1284—1339），在他的名著《历算综论》（rtsis－gzhung kun－bsdus）中收集了许多民间观测物候的谚语。15世纪（1425年）粗普嘉央顿珠维色（mtshur－phu vjam－dbyangs don－grub vod－zer）编写《粗普历书》时，在这个基础上进一步收集了用“乌日”预报天气的方法。17世纪（1687）第斯·桑吉嘉措（sde－srids－sangs－rgyas－rgya－mtsho1653—1705）主编的《白琉璃》（beedurya－dkar－po1687）一书里广泛地收集了大量的物候谚语资料，并且把它系统化了，至今沿用。现在西藏天文历算研究所继承了这一优良传统,每年都派人深入至农牧民群众中去,调查和研究自己所发布的气象预报的准确程度,并收集群众中的新鲜经验。现介绍其中的一节,给读者们一点具体的印象。

冬至后24天为“回归日”(log－zhag),其后40天为“乌日”(bya－zhag),其后12天为“室壁日”(khrums－zhag,室壁是二十七宿中的两个,西方称为飞马座),其后半个月为白胶日(bshol－po zla－phyed),其后9天为红嘴鸦日(skyung－zhag),其后7天为“鹞来日”(kong－zhag),夏至后21天为“回归雨期”(log－char),其后15天为“觜半月”(smal－po－zla－phyed),“觜”是二十七宿之一。在西方所说的猎户座内,间隔3天以后的15天为狐日(wa－zhag),其后的15天为“鹞去日”。其中有些大段又分为几个小段,例如,“乌日”包括:母怀6天,翅边6天,肩头3天,颈窝7天,口面3天,翅尖5天,成雏10天,共40天。

观察这些阶段的天气有中期或远期天气预报的作用。例如回归日24天(大致相当于汉历的“三九”),如果雨雪多,寒气重,则次年雨水多。夏至后21天内“数七”,即夏至当天和三个第七天,亦即夏至起第一、八、十五、二十三,4个曜次(星期)相同的日期(不同于汉族的三庚数伏),如果有暴雨,叫做“天低”,夏季不旱;如果无雨,叫做“天高”,有21天的旱情等。这些算法是吸收各地民间经验而来的。例如“乌日”的算法来自藏南珞绒(lho－rong),“室壁日”的算法来自日喀则地区,其他还有来自卫(dbus)、那曲(nag－chu黑河)、安多(a－mdo)等地的。

还有一种“象雄老人口算”(zhang－zhung－rgan－povi－ngag－rtsis)冬至过后35天,又乌日38天,又觜日37天,再2天,又木棍日15天,晚播种末日5天,再过4天始见杜鹃鸟,又过16天早生山羊羔,又过15天夏至。夏至后21天,又觜日15天,再过3天为罗刹脸雨日3天,又猪日(phag－zhag)7天,又过狐日(wa－zhag)15天,又正日(gzhang－zhag)21天,又夏末日5天,又鹿哭日37天,又水肿鬼日23天,又那茹(san－tu)星光8天,(象雄历算中说:这8天此星夜间从北方出现),又盘羊顶角日15天,又太阳冬至7天。以上太阳南至,北至,乌日和星日等，一年中计有365天。这一古老的日数法后来收在《雍仲苯教源流大成》（gyung－drung bon－gyi－bstan－vbyung phyogs－bsdus）一书中，此书有1988年西藏人民出版社铅印本。本文这一节部分地采用了（《中国藏学》创刊号阿旺次仁的《古代物候观测与西藏历法》一文）。

关于动物、植物生态变化与季节的关系汉族很早在战国和秦汉时代的《夏小正》和《礼记·月令篇》里就有。藏历中的这部分又自有其地方的特色。动物的例如：水鸥至，野猪产仔，燕子至，云雀至，杜鹃至，蚱蜢跳，杜鹃返门域，马熊产仔，蛙、蛇、蝎入蛰、棕熊产仔，食骨筑巢，兽毛生光泽，鸦筑巢，鹞至，雪猪眠毕，戴胜鸟鸣，山雀来等。

植物的例如：核桃花开，大丽花开，角蒿和刺梨花开，草子初结，绿绒蒿花开，邦坚（spang－rgyan）花开，桃杏花盛开，草山转色，树胶放出等。与植物的季节相应的有采药的季节，如：冬虫夏草、雪山贝母、当归、独行菜（功能吸收胸腔脓血积液）等开始采挖的日期，药物学的书籍中有详细的描述，也是物候历的一部分。

指导农事的内容如：卫区（拉萨一带），藏区（日喀则一带），山南等各地早播、中播、晚播、施肥、灌水，栽立驱鸟假人、冬麦拔节、灌渠、抽穗、成熟的时节等。

三、时轮历

1. 时轮历传入西藏的时代背景

11世纪初时轮历传入西藏之前，西藏历法的情况资料极少。只知用十二动物纪年，一年分四季，年首可能在冬季。关于闰月有一条10世纪下半期的资料：拉喇嘛·意希欧（lha－bla－ma－ye－shes－vod 965年生）曾教给他的臣民一个闰月的口诀："逢马，鸡、鼠、兔之年，闰秋、冬、春、夏仲月。"就是说马年闰仲秋，鸡年闰仲冬、鼠年闰仲春、兔年闰仲夏。即3次间隔40个月，一次间隔28个月，12年内有144个月加

4个月,折合3年1闰。这是一个很粗疏的闰周。可见那时唐朝的历法没有传入吐蕃(详见后"时宪历"章)。时轮历的闰周比这个要精密。

因此,我们有理由设想,七八世纪唐朝的两位公主带到吐蕃去的只有现成的历日谱,而没有编制历书的方法。9世纪中叶吐蕃王朝的政权崩溃,直到13世纪,400年间藏族内部处于分裂割据状态,同时中原地区唐末五代也是分裂割据,随后是宋辽金夏对峙,仍未形成统一的局面。雅鲁藏布江流域与中原往来少了,恐怕连现成的汉文历书也难得到了。如果以前曾掌握了汉族的历法,这时可以根据之自己编制历书,如果没有掌握,则一旦历书的来源断绝,便只有退回到原始的方法,并另外寻求其他的方法了。就在这个与中原来往减少的时期,卫、藏、阿里地区与印度的往来却很频繁,这时印度的佛教受到伊斯兰势力的侵扰、破坏、许多印度的佛教学者北行,藏文大藏经中相当多的一部分是这个时期从梵文翻译的。梵文经中的《时轮经》就是这个时期最风行的密宗中的无上瑜伽(rnal - vbyor - bla - med),又是能推算日月食的历算。有一套天人感应、内外结合的修证方法,正适合藏族的需要。翻译过来之后逐渐受到了高度的重视。在藏传佛教里无上瑜伽有许多极重要的本尊(yi - dam),例如:上乐金刚、集密金刚、大威德金刚等,但专门为某一本尊设置的学苑(grwa - tshang)很少,时轮金刚是这种极少数中的一个。时轮历在历算学中占据了优势。

2. 现行藏历根据的主要典籍

现行藏文历书不止一种,其中最有权威性的是西藏天文历算研究所编制的,他们所使用的算法和数据主要根据《时轮历精要》(rigs - ldan - snying - thig)一书,此书的作者名绛巴桑热(byams - pa - gsung - rab),系青海同仁县拉加寺(rwa - rgya)香萨呼图克图的司库总管(phyag - mtshod 旧译"商卓特")因此,此书以《商卓特桑热历书》见称于世。在汉文里,为了便于汉文读者,我们把它改称为《时轮历精要》。该书写于第十四胜生周的丁亥(公元1827)年。被著名的拉卜楞寺的时轮学苑等处采用作为教材。十三世达赖的御医钦饶努布(mkhyen - reb

-nur-bu　1883—1962)大师见到后叹为“历苑奇葩”,为之校订、增补、重新刊印木版,并将历元更换为第十六胜生周的丁卯年(1927),用作教材。1983年四川省德格藏文学校将这种增订本用铅字排印发行。1985年西藏天文历算研究所按照六十年更换一次历元的传统,再次进行校订增补,将历元换为第十七胜生周的丁卯年(1987),由西藏人民出版社出版,题为《时轮历精要补编》。以上皆为藏文。1987年笔者将《商卓特桑热历书》原书由藏文译为汉文,按照其公式与数据做了实例演算,并与中国科学院自然科学史研究所的陈久金合作,结合现代天文学做了注释。大受读者的欢迎,重印了三次。由此可见此书既有重要的历史价值,又有广泛的现实意义。此书原名《白琉璃和日光论两书精义、推算要诀、众种法王心髓》,从这个名称可知它是综合藏历名著《白琉璃》和《日光论》两书的要点而成的。

《白琉璃》是一部巨著,它的历元是第十二胜生周的丁卯年(1687),正编627叶(正反两面为一叶),《答难除锈》473叶,还有续编则系秘传。正编分35章,前五分之一讲历算,后五分之四讲星占。主编第斯·桑吉嘉措(1653—1705)是五世达赖后的摄政者,所以此书具有官书性质,有拉萨、德格、塔尔寺等多种版本。

《日光论》的历元是甲午年(1714)。正篇162叶,前半讲历算,后半讲星占;后编主要是速检表。此书有作者自注本,题名《金车释》。木刻本罕见,1983年西藏人民出版社曾铅印出版,共442页。作者达摩师利(dharma-shiri　1654—1718)是宁玛派的主要道场敏珠林(smin-grol-glin)的大译师,敏珠林的历算传承是极有名的。

《白琉璃》和《日光论》两书都是以浦派(即山洞派)历算大师伦珠嘉措(lhun-grub-rgya-mtsho)和努桑嘉措(nor-bzang-rgya-mtsho　1423—1513)于第八个胜生周开头的丁卯年(1447)所著的《白莲法王亲传》(pad-dkar-zhal-lung)为根据而写成的。所谓“白莲法王”(pad-ma-dkar-po)据说是香巴拉(shambhala)国的第二代法王,他在相当于公元前177年的甲子年作了《时轮经》的权威注释,书名《无垢光大疏》(vgrel – chen – dri – med – vod),其藏文译本编入《丹珠尔》经中。

《时轮经》据传是释迦牟尼晚年传法的记录,共一万二千颂(每颂四句),分为五品:第一品讲外时轮,即宇宙的结构,包括天体运行的规律,这就是时轮历最根本的依据;第二品讲内时轮,讲人体的生理形成、胚胎发育、病理病因、医药医疗包括人体内脉息运行的规律;第三品是灌顶品,讲正式取得接受密法资格的仪轨;第四品为修法,讲修行的姿势和几种禅定;第五品为"智慧"内时轮与外时轮结合即智慧与方便合修证得的结果所达到的乐空无二"俱生快乐"的境界,并提出了医药的方法和医疗的功能。内时轮与外时轮的结合(天人相应)是宗教上的修证方法。文献中说相当于公元前的277年的甲申年香巴拉国第一代众种(rigs – ldan)法王提摄《时轮经》的要略成为《摄略经》(bsdus – rgyud)为了与之区别,原经就称为《根本经》(rtsa – rgyud)。第一个胜生周的第一年丁卯年(1027),《时轮经》开始译成藏文,据传陆续有14种不同的译本。但《根本经》只译了《灌顶总说》1品,而《摄略经》则译了全文。至于香巴拉究竟是什么地方?该国的历代法王是否实有其人,则尚待查证。

以上所说的只是与目前西藏天文历算研究所编制历书时最直接、最主要使用的几种书,历史上藏历的典籍至少有两三百种。(详见拙著《西藏的天文历算》,青海人民出版社,2002年第5章)。

《时轮历精要》的主要内容是:

一、天体论,宇宙结构;

二、时间与天球弧度的计量单位,基本的天文数据(包括三种年、月、日),纪元与历元,年首和月首;

三、日月方位的推算;

四、五大行星方位的推算;

五、罗睺(黄道与白道的交点)与日月食预报;

六、月与日的安排,重日与缺日;

七、置闰与节气；

八、昼夜长度与时辰的测定。

3. 时轮历在藏历与密宗里的地位

外时轮的核心是日月食，因为这是修行的最佳时刻。汉族古代以为日月食是上天对下民，尤其是对执政者发出的警告，是很不吉祥的天象，为什么恰恰相反地说它是最佳时刻呢？这是藏传佛教特殊的观点。《陀罗尼集经》中说“求闻持经等密轨，往往明（白地预）期日月食以求悉地”。梵语悉地（siddam）即修行成就。《时轮历精要》中说：“佛于显密经教多处垂示，月食时善恶作用增长七俱胝（梵语 koti 千万）倍，日食时增长十万俱胝倍。此土虽不见食，他洲见食者亦能增长。是故一切明智之士，凡际此刻，皆应加行（加倍努力）修习生起次第、圆满次第、‘入尊’诸法，以及念诵、朝山、布施、放生等善事。”又说：“昔者我佛于氐宿（藏语 sa－ga 梵语 vaisākā 吠舍佉）月之望日夜间证佛果时，适值罗睺（ra－hu）入食月轮，今世诸大士亦复如是，登密道之阶梯，升三身（佛有应身、报身、法身三种身）之高堂，外时轮罗睺入食日月、内时轮红白种子遇合，别时轮乐空无二，生稀有之大喜悦。”正是因为按照时轮经的方法去修行会有这样特殊的效果，所以传入西藏后受到特别的重视。密宗讲人的气息运行的经脉最主要的是中脉（rtsa－dbu－ma）和左右的姜玛（cang－ma）、汝玛（ro－ma）两脉，左右两脉内的气息运行与日、月的运行相应，中脉里的气息与罗睺的运行相应。三脉的气息相遇的时刻与日、月食相应。

与其他密典相比，时轮经在印度出现的时间是比较晚的。在西藏，时轮经的译出也是比较晚的。到 11 世纪才译出。开始时藏族的学者们对其是真经还是伪经曾有过不小的争论，因为其器世间（宇宙结构）的说法（后详）和戒律等与以前译出的经论有相当大的不同。后来经过噶玛派第三代祖师让琼多吉（rang－byung－rdo－rje　1284—1339）于 1332 年给元宁宗帝后传了时轮大灌顶，又写了《算书综论》（rtsis－gzhung－kun－btus），布敦大师（1290—1364）写了《智者生悦》（mkhas

-pavi-dgav-byed),以及宗喀巴(1357—1419)等权威学者的肯定,到14世纪才得到广泛地承认。后来其地位越来越高,17世纪的北京版藏文大藏经中被列为首函第二篇。这个崇高地位的获得,一方面是由于其天人相应、内外结合的特殊修证方法;一方面也是由于其完整的天文历算体系,包括日月食和五大行星运动方位的推算方法,超过了过去藏历的水平。不过这也从侧面反映了唐代的麟德历、大衍历和元代的授时历都未曾传入西藏,因为这些历法的水平都高于时轮历,如果已经传入,则水平较低的时轮历就难于取而代之了。

现行的藏文历书保持传统的长条(26×9cm)形式,约200页。过去是木刻版,现在是胶版。发行最广的是西藏人民出版社出版的,每年由西藏自治区天文历算研究所编制。近年来每年印刷十五六万册之多,除在国内发行外,还出口到尼泊尔、不丹、印度等地。此书同时还有四川民族出版社印本,在其周围的几个藏族自治州发行。此外,甘肃人民出版社又发行甘南藏族自治州医药研究所编制的《气象历书》,1989年发行5000册,编制的根据与拉萨的同属于“浦派”(phug-lugs)。四川省甘孜藏族自治州德格(sde-dge)藏医算所也编印藏历,编制的根据属于“粗尔派”(mtshur-lugs)。这些是我见到过的,听说那曲、索县、昌都、日喀则、阿里等地也编印自己的历书。近来还有一年一大张的简历和有精美彩图一月一张的挂历。

4. 历书的内容

藏历的历书有广、中、略3种,现在发行最多的历书属于中等规模,可分为3部分:一、全年总说;二、分月概说;三、逐日细说。

(1)全年总说

1)礼敬偈。开头是向历史上传承历算学的先师们致敬的偈颂诗句。藏族学者非常重视传承的上师,藏语“喇嘛”就是上师的意思。

2)教历。即佛教史的重要年代。根据佛的预言,佛教已经存在和将来何时消亡的年代的计算也是历算学的一项重要内容。其内容后面将作专节介绍。

3)值年的(七)曜(gzav)(二十七)宿(rgyu - skar)。

4)五曜(木、火、水、金、土五大行星)运行的方位,与其他各曜会合的时间,及其与气象气候的关系。

5)罗睺(ra - hu)曜的方位及其与气候的关系。

6)龟轮(rus - sbal - vkhor - lo)、狮座轮(seng - gdan - vkor - lo)的方位与农作物年成。有一些项目是按“音占”(dbyang - vchar)推算出来的。

7)春牛图。这是汉历传统年历的重要项目之一,用来预报农业年成的丰歉,藏历中采用之。不过芒神的服饰靴帽等改成藏式的了。

8)藏区各地农事的季节。这是全年总说的重点,是农牧民最注意的部分。

9)日、月食预报。预报的准确程度标志着这种历法的水平。预报的误差如果太大,则这种历法需要修正。我们的《藏历的原理与实践》一书的重点便在日月食预报。

(2)分月概说

1)太阳入宫(开始进入十二宫中的某一宫)的日期和时刻。

2)二十四节的日期与时刻。每月有一个节(sgang),一个中气(dbugs)。“无中气置闰”是闰月的原则。汉历里入宫与节气是同步的,藏历里有差别。

3)中气那一天的昼长、夜长。

4)本月的重日、缺日。这是藏历里确定大月、小月的特殊方法。下面有专节讲述。

5)值月曜、宿。

6)本月五曜(五大行星)的方位。

7)本月的节日。

(3)逐日细说

每天占1格,每页一般有6格。这一项在年历中占篇幅最多。格内左上角为藏历日期,右下角的小方格里是公历的日期,左下角有4项

或5项数值:

1)定曜(gzav－dag),该太阳日内太阴日结束的时刻。至于什么是太阴日,下面专节再讲。

2)月宿(zla－skar),这个太阴日结束时,月亮位于二十七宿中哪一宿,和在该宿内已行过的弧度(即月亮的黄道经度)。

3)定日(nyi－dag),该太阴日结束时,太阴所在之宿,和在该宿内已行过的弧度。即太阳的真黄经。真黄经是比平均行度的黄经更准确的真实方位。

4)会合(sbyor－ba),有二十七个,主每日之事,由"月宿"与"定日"相加而得,时轮历占算日期吉凶时很重要。不是天文学上的"会合"。《西藏天文历法史略》(载《西藏研究》1982年第2期)的汉文译注里把它译成"月、地球结合"并硬把它解释为"即月球绕地球和月球、地球绕太阳的运行相结合的意思"实在没有必要。

5)过宫(即入宫)太阳在十二宫里走到了哪一宫,和在该宫内已行过的弧度。有"理论过宫"与"易行过宫"两种,此处所给出的是前者,后者是一个凭经验得到的改正值,没有理论根据,各家所用的数值不同。

格子的上半部跟在日期后面的许多项目相当于汉文历书里的"历注"。其中最重要的是值日的曜和值日的宿。在旧汉历里曜日记录是晚起的,不像藏历是那样重要,其他还有轮流值日的(八)卦、(九)宫、(十二)因缘、(六十)干支、(二十八)顺(宿曜属性、地、水、火、风,各有不同,会遇之际,顺逆有别,泰否因异)以及汉历中的"土王用事""杨公忌"等和印度的"音占术"中的一些项目,随编者的意愿,可多可少。

此外还有物候,即动植物的动态,农牧事活动的安排,这一天的气候所预示的日后近期或中、远期的气候、气象。各种传统的和现代的节日等。

另用特殊标志的有:1)重日、缺日用八思巴文的篆字,双钩或"翻白"标出;2)入宫和二十四节的具体时刻写在一个门框形的图案里面。

总之,逐日的历注里有一些天文学上重要的数值,也有一些卜筮占算用的项目,后者有些也可能部分地含有科学意义。我个人的意见:在彻底分辨清楚之前,目前以不贸然完全取消为妥。

5. 教历(bstan - rtsis)——佛教年代学

所谓"教历"其原意是指:按照释迦牟尼的预言,在他圆寂之后,他的教法还将继续存在若干年(其中最常见的一种说法是5千年),然后佛法就将消失不存在了。于是每个佛教徒都关心未来佛法还将存在多少年。在已过的这些年里,佛教历史上发生过哪些大事,有哪些重要的历史人物,他们的生卒年代,重要著作的年代,重要的寺庙建立的年代等都包括在内,统称"教历"。教历有专门的书,同时历书开首照例也都有教历一章,其包括的项目可详可略,详者达好几百条,略者只列数十条也可以。

值得注意的是纪年方法,专门的教历著作的纪年是从佛灭或佛诞向下推,而历书里的教历则是向上推,所谓"向上推"就是以某年历书的当年为零年向前逆推。因此每年的历书上的这些年代的数值都不同,读历书的人必须知道其计算的方法,否则不能知道这些年数的意义。

历书上教历所记年代折合公元的方法是:所给的年数小于这一年(历书的当年)的公元年数者减去,大者从此年数中减去当年的公元年数再加一(因为公元没有零年)。现以第十六个 rab - byung(译为胜生周或丁卯周)第六十年火虎年(1986)的历书里取几个纪年作为例子来说明:

例1. 佛诞生　2946。意思是 2946 - 1986 + 1 = 961,即佛诞生于公元前961年。

例2. 佛灭　2866

2866 - 1986 + 1 = 881 即佛灭于公元前881年。

例3. 文成公主到达吐蕃　1344

1986 - 1344 = 642,即文成公主于公元642年到达吐蕃。

例4. 和平解放西藏 35

1986 - 35 = 1951,即西藏于公元 1951 年和平解放。

佛历和一般史书上常用佛灭或佛诞后若干年来纪年,因此知道佛诞、佛灭年代的算法在读藏文史书时是非常重要的。吕徵先生说:佛灭的年代,异说甚多,总的说来约有 60 种,西藏地方就有 14 种。所以读藏文史书必须知道作者采用的是哪一种历法,否则就会弄错。例如,五世达赖的名著《西藏王臣记》的汉文译本(民族出版社,1983 年版,第 8—10 页)就由于译者不知道原作者的本意,根据汉文书上的另一种说法进行推算,结果是大相径庭,并陷于矛盾迷惘之中。为了节省篇幅,列表以明其错误。

释迦年岁	事项	原书所记年代	汉译者考订的年代与译者注	原书本意为公元前
	入胎	己未	周章王三年　公元前 542	962
	诞生	庚申	周章王四年　公元前 541	961
29 岁	出家	戊子	周敬王七年　公元前 513	933
35 岁	成道	甲午	周敬王十三年　公元前 507	927
81 岁	说时轮经	庚辰角宿月	藏文原文为 81 岁,想是版误,这是佛圆寂之年,于是把 81 改为 33,庚辰改为壬辰	881
81 岁	圆寂	庚辰氐宿月	如依周灵王七年佛诞算则是 85 年,这是依周灵王十一年算的。周安王元年	881

这个表里所说的"原书本意"的年代就是上引历书中所认定的佛诞与佛灭的年代。为什么说它是原书的本意呢?原书末尾作者写道:"写于释迦狮子庚申年诞生后二千六百零三年癸未。"五世达赖生于公元 1617 年,写《西藏王臣记》的这个癸未年是公元 1643 年。按照我上面给出的公式计算:2603 - 1643 + 1 = 961,可见他所说的释迦诞生于庚申年是公元前 961 年,而不是汉文译者郭先生所认定的公元前 541 年。

这是时轮历浦派(phug - lugs)的算法。此外,在藏文的典籍里还有

多种算法,其中最著名的是:

一、萨迦派的算法:认为佛灭于公元前 2134 年丁亥。《布顿佛教史》记其著作年代,和八思巴的《彰所知论》以及蒙古文《蒙古源流》都是采用这种纪元。

二、《旃檀瑞像记》的算法,这是收在《丹珠尔》里面的一部书,认为佛诞于公元前 1027 年,甲寅,这是来源于汉传佛教的算法。

三、迦湿弥罗班禅(kha – che – pan – chen)的算法:佛灭于公元前 544 年丁巳。这也是现在国际上比较流行的算法。

由此可见凡是在藏文典籍上见到佛灭或佛诞多少年,一定要先确知其为哪一派的算法。才不致于发生错误。

6. 纪年法

藏历里特殊的纪年法是“饶迥”和“火空海”。

饶迥是 rab – byung 的音译,意译当做“胜生周”,又因为它相当于火兔年即丁卯年,所以又可称为“丁卯周”。所谓“胜生周”并不见于《时轮经》,而来源于吠陀书(rig – byed – gzhung)和《胜乐经首品释》(bde – mchog – stod – vgrel)后者是按时轮派的观点写的一部书,作者署名为金刚手,时代待考。其中有六十年周期的每一年的名称:第一年名为胜生年,第二年名为妙生年……第三十八年名为忿怒母年……第五十九年名为忿怒公年,第六十年为终尽年等,详见后面的表。这种六十年的周期就以其第一年的名称命名为“胜生周”,这和汉族以六十年周期的第一年命名这个周期为“甲子”是同样的,六十年的周期循环往复本来无所谓头尾,不过按传统的说法,是因为远稽初极,曾有一年日、月、五星和罗睺、长尾等九曜都处于相同的方位(类似汉族所说的五星联珠,可称之为“九曜联珠”),那一年是叫做“终尽”的年,相当于丙寅年,其次年就是胜生年,即丁卯年。进行天文运算时诸曜的一切数值都是零,全都从头开始之故。这样一个一切从零开始的纪元年代,在不少的历法中都是历算家所寻求的,汉族古代的历算家把它叫做“上元初极”,并不是时轮历特有的,有的人看到这个周期也是六十年而不是从甲子年开始的,就说成是:“喇嘛教的强制推行给藏历的发展造成了恶劣的影响。藏历的干支纪年法,本是从阳木鼠年开始,叫做‘迥登’(即木鼠之意)纪年。可是封建农奴主为便于宗教统治,从公元1027年起强行用喇嘛教的‘饶迥’(即火兔之意)纪年法取代‘迥登’纪年,以阴火兔年为首年”。[①] 是根本错误的,是作者对藏历的无知。

胜生周虽然来源于印度,但是在印度本土似乎并未得到广泛使用,而传入西藏之后,却起了重要的作用。因为其前虽然有了六十干支纪年的办法,但是当干支相同时仍然难于确定,西藏古代史上某些重要年代出现两种说法,相差整整60年,就是这个缘故。汉族的解决办法是与朝代,年号结合起来以资区别,但朝代年号是相当复杂的,很不容易完全记住,计算两个年代之间的距离也很不方便,西藏9世纪初分裂之后,没有真正统一的君王,就更无法与朝代年号相结合了。

西藏的历算家给60年的周期,排列一个顺序,用第几个胜生周的某年来表示就明确无误了。不过胜生周的六十年每年各用一个名称,互相没有关联。记忆和计算都不如天干地支方便,所以藏族学者的著作中,实际上大都还是将十天干,与十二地支配合而成的干支名称,与胜生周结合使用,胜生、妙生……等名称反而成为附庸,可有可无了。

虽然如此,但是知道这种六十年各不相干的名称,对于读古籍有时仍然是很有用的。例如:蒙古文的《蒙古源流》一书,乾隆四十二年的汉译本收入《四库全书》,并有千余字的提要,关于成书的年代,原文若逐字对译是“生长物出生的年,九紫忿怒(注意:阳性)叫做的五十九年”。清译本意译为“乙丑九宫值年”,即康熙二十四年,公元1685年。其后近200年都沿用此说。可是到了1956年,比利时人田清波(Antome Mostaert)在美国哈佛燕京学社发表了研究此书的《蒙古编年史》(Erdeni-yin Tobci Mongolian Chronicle part I)一书提出异议,认为原书上的那句话应理解为(作者)出生的第59年,叫做九紫忿怒(的一年)。而原书的作者生于万历三十二年(1604)。此说出现后很快地得到了各

①天津科学技术出版社1979年出版的《中国天文学简史》,第197页。

国学者的承认，内蒙古自治区于 1962 年举行了庆祝《蒙古源流》成书三百周年的纪念会，就是根据此说。1979 年出版的《辞海》也采用此说，似乎已成定论。这样一来，乾隆四十二年译本的这一句话“乙丑九宫值年”就被否定了。其实田清波的这种说法很有问题，时轮历的六十个年的名称里有两个“忿怒”，第 38 年的忿怒是阴性的，蒙古文 kilingtei、藏文的 khro－mo 语尾都是阴性的，汉文应译为忿怒母。而第 59 年的忿怒，蒙古文 kilintu、藏文的 khro－bo 都是阳性的，汉文密宗书中作忿怒明王。看起来清译本是把原文理解为（第十个）胜生（周中）的第 59 年，即叫做九紫忿怒（阳性）的那一年，取其大意简化为“乙丑九宫值年”。田清波没有分清忿怒的阴阳，把“胜生”理解为作者出生，都是不对的。当然这个问题里还有其他问题，不在此处谈论范围之内，就不多生枝节了。

我举此例就是要说明时轮历的这六十个年的名称，绝对不是知道与否都无所谓的，不弄清楚就可能发生错误。①

至于印度的胜生周究竟是土生土长的，还是在接受中国的六十年周期后再给它起的名称，则有待于进一步研究。这六十个年的名称是根据什么意义命名的，藏族卓越的历史学家拔乌·祖拉逞瓦（dbav－bo－gtsug－lag－phreng－ba）说：“这些只是某些人任意起的，约定俗成，并没有什么道理，除这一套外，印度没有其他纪年的名称。”

关于时轮历六十年的名称、序数与五行、十二生肖和天干地支的关系有一简明对照表见本书 265 页附表（一），其用法如下：

A＝丁卯周序数　　　B＝时轮历年序数

C＝公历纪元年份　　D＝公历纪元前年份

①由丁卯周序和其年序求公元年份

C＝（A－1）×60＋B＋1026

例：第 17 丁卯周　阳铁马年

以阳铁查直行，马查横行，交叉处为 4，庚午，沉醉。代入公式：（17

①详见《民族研究》1987 年第 6 期，《蒙古源流成书年代诸说评议》。

-1)×60+4+1026=公元1990年

②由公元年份求丁卯周序和年干支

(C-1026)÷60=整商数(A-1)……余数B

例:已知C=公元1990年

(1990-1026)÷60=16……4

A=16+1=17(丁卯周序)

B=4(年序)

以4查表得庚午

③由公元求年干支(不用求丁卯周序)

(C+54)÷60=X……B

例:(1990+54)÷60=34……4,用4查表即得

④公元前年份(D)求干支(B)

(D+5)÷60=y……z

B=60-z

例:公元前881年的干支

(881+5)÷60=14……46

60-46=14(B)

以14查表得庚辰

*　　*　　*　　*

“火—空—海”纪元

第一个胜生周是从公元1027年开始的,那么,公元1027年以前的年代怎样纪法呢?是不是像公元那样逆推上去,说胜生周前若干年呢?不是的。藏传时轮历有一种“火—空—海”(me-mkhav-rgya-mtso)纪元法,火代表3,空代表零,海代表4,但不代表304而是代表403。因为藏文数码书写习惯从右向左(与写文字的方向相反)先写个位,再写十位,再写百位……所以“火空海”就是403,意思是以胜生周(1027)年以前的403年,即从公元624年开始计算。文成公主离长安在公元641年,西藏历史上可考的年代大都在公元624年以后,这个纪年法已能表

达,所以在时轮历传入之后,史书中追述 1027 年以前的事时常常使用,而在时轮历传入之前的原始资料中往往只有十二地支纪年,因而在年代的考订上问题不少。(例如《丹噶宫众经目录》只说写于龙年,究竟是哪个龙年?就有多种说法。)公元 624 年离伊斯兰历的纪元——公元 622 年只差 2 年,而且时轮历的书中讲到一个名叫拉罗(kla - lo)的异族外道入主麦加,后来入侵印度毁灭佛教、未来佛教终将战胜拉罗的年代等预言,一般都认为拉罗是指伊斯兰教无疑,因而猜想公元 624 年这个纪元与伊斯兰历纪元有关,火空海纪元的使用范围并不广泛,但读藏史的人不可不知。曾经有人由于不知"火空海"的意义闹过笑话。现代杰出的藏族学者更登曲培(dge - vdun - chos - vphel)的名著《白史》里叙述到胜生周以前的一个年代时,用火空海若干年来表示,有一位汉文的译者(是一位大翻译家)竟把 me - mkav - rgya - mtso 当成一个人名了,注了一笔"梅喀降错(不知何人——译者)"。由此可见,"火空海"纪元虽然使用不十分普遍,仍为治藏史者所不可不知。

7. 藏历、公历、汉历纪年互求表

藏历采用了汉历的六十年周期,汉历的六十年周期的名称是用甲、乙、丙、丁、戊、己、庚、辛、壬、癸等十天干与子、丑、寅、卯、辰、巳、午、未、申、酉、戌、亥等十二地支相配合构成的。十二地支用鼠、牛、虎、兔、龙、蛇、马、羊、猴、鸡、狗、猪等十二生肖来表示,是世界许多民族都使用的方法,十天干、甲、乙、丙、丁等是无法意译的,各民族各有其自己的方法。例如,蒙古族是用五种颜色各分阴阳来表示,藏历中则是用木、火、土、铁、水五行各分阴阳来表示,比如丁卯年叫做阴火兔年。但有时只说火兔年,把阴阳的区别省去也不会产生错误,这是因为十天干中的奇数(即阳)只与十二地支中的奇数(子、寅、辰等)相遇,与偶数(丑、卯、巳)等不相遇;天干中与偶数(即阴,乙、丁、己)等只与地支中的偶数相遇,与奇数不相遇,所以虽然 10 × 12 = 120,而一个甲子周期只有六十年,不是 120 年。藏历从火兔年数起而道理是同样的,一个胜生周也只有六十年而不是一百二十年,所以省略去天干名称里的阴阳,仍不会产生错误。

本文附表(二)有藏历十七个胜生周即公元1207—2046年藏历与公历年份的对照表,一年对一年。但要注意的是,实际上藏历年尾的一个月往往公历已进入下一个年度。例如宗喀巴的大弟子巴索·确吉坚赞(ba - so - chos - kyi - rgyal - mtshan)逝世于第八胜生周癸巳年十二月十五日。在对照表上这一年相应于公元1473年,实际上已为1474年1月3日了。又如蒙古文《俺答汗传》载:"白蛇(辛巳)年十二月十九日虎日鸡时,可汗升天,享寿七十五岁。"这个辛巳年在藏历上是第十个胜生周的铁蛇年,明万历九年,对照表上相应于公元1581年,但这一年的十二月十九日相应于公元1582年1月13日,而不是1581年。

因此有些史家严格一些,在折合公元的年份时写上前后两个年份,中间以斜线隔开(例如,上述的两个年份分别写为1473/74,1581/82)比较稳妥。但在行文中有些麻烦。

8. 闰月

阴阳合历的特点是兼顾回归年与朔望的周期,其解决矛盾的办法就是设置闰月。

藏历是按时轮历的闰月的周期,65年24闰,也就是隔32个半月置1个闰月,不过在实践中没有法子闰半个月,所以32个月和33个月互相间隔着安置闰月,就是说:两个闰月,这一次相隔32个月,下一次相隔33个月,再下一次又是相隔32个月,这样循环计算。时轮历的各派都用这个闰周,但推算出来的闰月也不尽相同,这是因为计算的起点不同。

汉历的闰月最初是看着气象临时定的,后来固定在年尾,再后来用固定的闰周,最有名的闰周是19年7闰,公元前6世纪就开始采用,古希腊历里也曾采用这个闰周,名为默冬章(Metonic cycle)。后来又用过更精密的闰周,例如5世纪时祖冲之用的391年144闰。不过事实上不可能有绝对精密,永远不变的闰周。后来发明了"无中气置闰"的办法,才永远彻底地解决了这个问题。藏族的历算家后来也采用了这种办法来矫正时轮历闰周所带来的误差，并且称赞说：“无中置闰”是聪明人的办法（sgang－bral－zla－shol－mkhas－pavi－lugs）。“无中置闰”是如此之重要，有必要详细地讲一讲。

一个回归年是365.24天，有24个节气，其中有12个是节：立春、惊蛰、清明……等都是节；有12个是中气：雨水、春分、谷雨……等都是中气。节与气是互相间隔着排列的。节与节、气与气之间平均为30.44天，即大约30天半，这只是一个平均数，称为“平气”或“恒气”。实际上由于太阳的轨道不是正圆形的而是椭圆的，其间隔是不相等的。按太阳的真实位置而定者称为“定气”。为了让问题简单一点，我们先就平气来进行说明。

一般的月里都有一个节和一个中气。但不是每一个朔望月里一定能包括一个节和一个气的。因为一个朔望月是29天半。比平气大约短将近1天，因此每隔大约33个月就可能出现一个月份里有节无气，或有气无节。历法中规定月份的次序是按中气而定，例如：雨水在哪一个月里，那个月就是正月，春分在哪个月里，那个月就是三月，不论其在月首、月中或月尾。如果某一个月里有中气而没有节，不影响月序，而如果某个月里只有节而没有中气，那个月就不能占下个月的序数，只能作为其上个月的闰月。举个实例也许就清楚了。请看公元1990庚午年时宪历无中气置闰实例图：

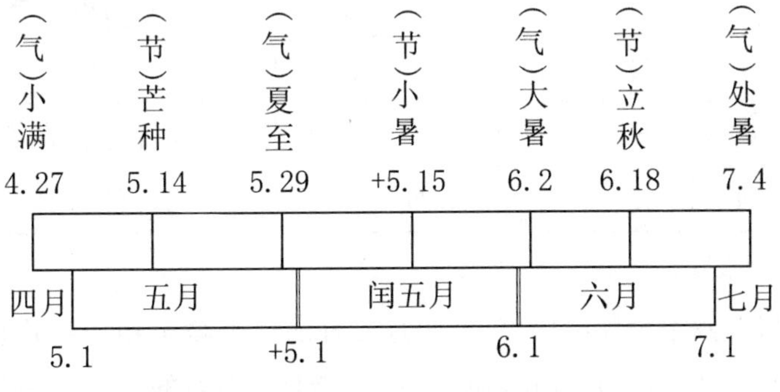

按规定，一年里第五个中气夏至所在之月为五月。这一年夏至的具体时间是月尾29日23时33分，这个月里还有第五个节芒种，有一节

一气。所以应该叫做五月没有问题。又按规定,第六个中气大暑所在为六月,这一年其具体时间是在月头初二10时22分,这个月还有一个节——立秋,也有一节一气,它应该叫做六月也没有问题,问题在于在五月和六月的中间还夹着一个以夏至后两天为初一,以大暑前两天为二十九日的一个月份。这个月里只有第六个节小暑而没有中气,因而在月序里排不上号,没有它的位置,于是只好委曲它作为第二个五月——闰五月处理了。这就叫做"无中气则闰"。

以上是用时宪历的实例来做的说明。现行的藏历也采用了"无中气则闰"的原则。现以藏历第十七个胜生周的第三年太白年,即土蛇年(相当于公元1989年)三月有闰为例再一次说明其道理。

这一年藏历三月三十日丑时交三月份的中气,其次日,在一般情况下应该是四月初一日。而这个月的情况有些特殊。其特殊之处在于四月份的中气不在这个月里,而在再下一个月的月初,初二日未时,这个月里只有十六日是四月份的节气,而没有四月份的中气。按照规定,月份的序数是按中气说的,这个月既不能叫做三月,又不能叫做四月,于是只好作为第二个三月——闰三月了,再列表明之。

公历		夏历		藏历		
月	日	月	日	月	日	节气
5	5	四	一	三	三十	三月份的中气
5	6	四	二	闰三	初一	
5	21	四	十七	闰三	十六	四月份的节气
6	4	五	一	四	初二	四月份的中气

相当于公元5月6日,夏历四月二日的这个藏历初一是几月份的初一呢?不是三月的,也不是四月份,只能是闰三月的。

我在这里用了两个例子不厌其烦地反复讲解这个道理,一方面是因为它重要,藏历与夏历不同的主要一点在于闰月;另一方面是由于时轮历里的一个极重要的特点——重日与缺日,其原理与之颇有相似之处,明白了闰月的原理,对于理解闰日(即重日)会有很大的帮助。

以上是为了使问题简单一些,先就“平气”进行的说明。实际上廿四个节气相互之间的距离并不是相等的。按太阳在黄道上的实际位置计算的节气叫做“定气”,时宪历不是按平气而是按“定气”去定节气的。按定气计算,地球在冬季过近日点时运动得快,一个节气只有14.87天,一节加一气只有29.74天,和朔望月的长度差不多,用不到设置闰月,和冬季相近的几个月闰月的机会也少。相反地,地球在夏季过远日点时运动得慢,一个节气要16天之多,因而夏季及其前后几个月闰月就比较多些,也就是说,闰月大多在从春分到秋分的几个月之间,从春分到秋分之间有186天,插进十一个节气,各节气之间的日数就长些。而秋分到春分之间只有179天,也要插进十一个节气,各节气之间的日数就必须短些。总而言之,时轮历用“平气”,一年12个月置闰的机会是均等的,而时宪历用“定气”,12个月里置闰的机会不是均等的。这是这两种历法闰月不同的重要原因。

9. 月的大小、重日与缺日

重日和缺日是时轮历很大的一个特点,也是最不被人理解的一点,有必要详细地谈一谈。

所谓“重日”(zhag－lhag),直译为多余的日期,就是这个日序(日期)要重复一次,也可以译为“闰日”“增某日”等。为了避免与公历闰年里的二月二十九日混淆,所以我们不译为“闰日”而译为“重日”。所谓“缺日”(zhag－chad),就是这个日序(日期)要跳过去,空缺过去,也有人译为“空日”。重日和缺日的有无和多少,决定该月是30天还是29天,即月的大小。一个月里缺日可以有一个或两个,但不会有三个,也可以没有。重日也是这样,不过重日不会多于缺日。既没有重日又没有缺日的月份称为“吉祥月”,这样就产生了九个组合,其中有四个不可能,如下表。

重 缺	重一	重二	无重
缺一	三十天	不可能	廿九天
缺二	廿九天	三十天	不可能
无缺	不可能	不可能	吉祥月

重日、缺日与大小月的关系就是这样，并不复杂，但其原理却比较复杂。

重缺日是为调节太阳日和太阴日的日序关系而设置的。太阳日就是普通所说的一昼夜，太阴日则是时轮历特有的一个概念术语。时轮历里年、月、日各有太阳、太阴、宫，三种区别，其比例关系很整齐，成为一套体系：

1 太阳年＝12 太阳月＝360 太阳日

1 太阴年＝12 太阴月＝360 太阴日

1 宫年＝12 宫月＝360 宫日

63 太阳日≈64 太阴日（近似值）

65 宫日＝67 太阴日

实际推算时要用其精确值，这里不多讲了。

在这九个组合里，太阳日即一昼夜，太阴月即朔望月，宫年可说是恒星年（时轮历没有把恒星年与回归年分开），这三个是各种历法中最常用到的。太阴年即回历中的“月分年”，宫月相当于“平气”（恒气）。宫日在时轮历中借用此名词表达空间的弧度，相当于 360°中的度，这些都不难理解。只是这里的“太阳年”不是一般所说的“太阳年”，它和“太阳月”在天文学上并无科学意义。

“太阴日”这个概念在时轮历中有非常重要的作用，不了解什么是太阴日就不能真正地了解时轮历，因此有必要详细地讲一讲。传统文献中给出的太阴日的定义是“月亮黑白分增损十五分之一的时间长度”,其平均长度为 59 漏刻 3 漏分 4 息。一个太阳日为整整 60 漏刻(chu－tshod,为什么译为“漏刻”以后再专门细说),所以 1 平太阴日＝0.9843 太阳日。陈久金先生给出的太阴日的定义是:“月亮在空间里所行弧长的三十分之一所需的时间长度”,或者说是“月亮运行月的白分或黑分弧长的十五分之一的时间长度(《藏历的原理与实践》274 页)”,这样就准确又明了地概括了由于月亮的不均匀运动而产生的太阴日有长有短的变化。因为在每一个太阴日中,月亮所行的弧度是相等的,不过由于月亮运行的轨道是椭圆的,其运行速度有快有慢,所以在相等的弧长中运行的时间是不相等的,有长、有短。月行快时太阴日比太阳日短,最短时间为 54 漏刻＝0.90 太阳日;月行慢时太阴日比太阳日长,最长时刻为 64 漏刻＝1.066 太阳日。当然也有一样长的时候。

根据每个太阴月都固定为 30 个太阴日的定义,每个月的第一个太阴日都是从“合朔”的那一瞬间的真时刻开始的。第十五个太阴日结束,第十六个太阴日开始的时刻为“望”的真时刻。前 15 个太阴日称为“白分”(越来越亮的那一部分),后 15 个太阴日称为“黑分”(越来越黑的那一部分)。月食只可能发生的“望”,也就是白分结束黑分开始的时刻。日食只可能发生在“朔”,也就是黑分结束,白分开始的时刻。因此推算日食、月食时,只要推算出可能出现的望日和朔日的太阴日结束时刻,该时刻太阳、月亮的真黄经,罗睺头尾(黄白交点)的真黄经,看其差数是否在“食限”(可能发生交食的范围)以内,就可以断定。至于食甚时刻,正是由于这一天太阴日结束的时刻就是望或朔的真时刻,所以不必像其他历法那样费事去推算,非常方便,这是时轮历中使用太阴日的一个很重要的优点。月相的上弦、下弦等变化对太阴日来说时间也是固定的,不必再行推算。由此可见,太阴日这个概念在天文学上有科学的根据,有特殊的作用,绝不在什么奇谈怪论,更不是迷信成分。

当然藏文历书里也有一些由印度的“占音术”而来的项目依附于太阴日去推算,但那是另外一回事了。

明白了太阴日的意义之后就可以讲太阴日与太阳日日序的配合问

题了。每个太阴日开始和结束的时刻落在一昼夜的任何不同时刻都有可能,可能在上午也可能在下午,可能在中午也可能在半夜。计算时是用它在太阳日里所处的时刻来表示的。时轮历规定太阴日与太阳日要有一定的对应关系。每个太阴日结束所在的太阳日的日序,应该与那个太阴日的日序相同。于是就会出现两种情况:一种是太阳日比太阴日长,有时会有相邻的两个太阴日的结束时刻,都在同一个太阳日内,这时候太阳日的日序应该按这两个太阴日里哪一个去命名呢?历法中规定:依前一个太阴日的日序命名,于是就缺少了与后一个太阴日日序相对应的太阳日序数,缺掉的那个太阳日序数就称为"缺日"或空日。

另一种相反的情况是太阴日比太阳日长,造成某一个太阳日内没有一个太阴日的结束时刻落在其内,一个都没有,也就是说该太阳日缺少与他相应的太阴日序。那么,这个太阳日的日序应该怎样命名呢?只好把前一个太阳日的日序重复一下了。这种日子称为"重日"或闰日。但是要注意这个闰日与闰年、闰月没有关系。闰年是公历的二月份多一天的年份,这个多出来的一天也可说是"闰日",但它与时轮历的闰日或"重日"毫无关系。闰月是由太阴月(朔望月)与宫月(平气月)的关系而来的。时轮历的闰日(重日)是由太阴日与太阳日的关系而来,闰月与闰日二者本来没有关系,不过,"无中气置闰月"的道理与推算闰日(重日)的道理有相似相通之处。无中气置闰月的道理我们前面已经讲过,是由于太阴月的长度与平气月不同,而其序数命名又与中气有固定的关系;重日的原理是由于太阴日的长度与太阳日不同,而二者的序数又有规定的关系。从这个道理上说二者是相似的。

现从200年前的一部时轮年历里采取一个月份为实例来说明缺日与重日。

第十三胜生周壬戌年,公元1802年,清嘉庆七年历书,蒙古月二月:

太阴日序		1	2	3		10	11	12		25	26	27	
太阴日结束	曜序 漏刻 漏分 息	6 2 43 4	6 57 27 3	0 53 11 2	中略	0 55 50 2	2 0 1 5	3 4 13 2	中略	2 2 48 0	2 56 53 4	3 50 59 2	下略
太阳日序		1	缺 2	3		10	11 重 11	12		25	缺 26	27	

表中第一行为太阴日序数,从 1 到 30,每个月都永远是整 30,不多不少。第二行是计算出来的太阴日结束时刻(定曜)以曜日(星期)、漏刻、漏分、息表示。[1 漏刻 = 钟表上的 24 分,1 漏分 = 24 秒,1 息 = 4 秒]曜日与最下一行太阳日的日序逐日以次对应,连续排列。它与汉族古代用干支推算历日的作用是一样的。需要注意的是:这些曜序的数字并不就是现代汉语中通行的星期几。1 不是星期一而是日曜日,即是星期日;2 是月曜日,3 是火曜日(星期二),4 是水曜日,5 是木曜日,6 是金曜日,0 是土曜日(星期六)《藏历的原理与实践》第一次印刷本的第 127 页上已交代清楚,但是第 294、295 页上对表的说明中有误。第三次印刷本上已改正。

太阴日初一日下面的数字,表示它的结束时刻落在金曜日的早晨 2 漏刻(时轮历的太阳日从天明开始计算)。金曜日这一天的太阳日序数应该与太阴日的序数相对应,也应为初一日。太阴日初二的结束时刻仍然落在金曜日这一天,时刻是天明前的 57 漏刻,于是太阴日初二这一天就没有太阳日与它相对应,所以太阳日的初二就只好跳过去成为“缺日”了,即在历书上的日期过完初一之后,其下一天不是初二而是初三。太阴日初三的结束时刻在土曜日天明前 7 漏刻,即 53 漏刻,于是与太阴日初三相对应的日曜日就应该是太阳日初三了。由此可知太阳日初一为金曜日(星期五),其下一天土曜日(星期六)在日序上与太阴日初三相当,但与太阳日的初一是相连的。

该月二十六日的情况与初二类似也是空缺日。

	木曜日（星期四）	金曜日（星期五）	土曜日（星期六）	
太阳日	30	1	3	4
太阴日 30	1	2	3	4

第一图　缺日时两种日序配置示意图

	土曜日（星期六）	日曜日（星期日）	月曜日（星期一）	
太阳日 9	10 日	11 日	重 11 日	12 日
太阴日	10 日	11 日	12 日	13 日

第二图　重日时两种日序配置示意图

从上面的表和图中可以看出,第十个太阴日结束的时刻在土曜日(星期六)55 漏刻 50 漏分,即离这一个太阳日的结束还有 4 漏刻多一点,而第十一个太阴日结束的时刻却在月曜日(星期一)开始后的一漏分多,中间跳过去了日曜日(星期日),也就是说没有一个太阴日与日曜日相对应。由于太阴日十一日结束的时刻落在月曜日里,所以月曜日应为太阳日十一日。这个日曜日被卡在十日与十一日之间了,它的太阳日日期怎么办？时轮历规定按后一个算,这个日曜日也为十一日,于是这个月曜日就成为第二个十一日,即重十一日了。

由此可见藏历中的重日与缺日是为了将太阳日序和太阴日的日序对应地配置起来而产生的,是建立在科学计算的基础之上的。而天津科学技术出版社 1979 年出版的《中国天文学简史》197—198 页上说:“宗教统治者还规定凶日要除去,吉日可重复,从而造成藏历日序的混乱。在黑暗的封建农奴社会制度里,藏族劳动人民在生产实践中创造和使用的藏历,就这样被反动统治阶级篡改成了宣传宗教迷信的工具。”这种看法是十分错误的。在这一类错误看法的影响下,导致了其间有好几年,传统的藏历被废弃了,而用藏文出版的历书只是农历的译本,得不到藏族群众的欢迎,这是不正常的做法。反而是流亡到印度去的达赖集团在达兰萨拉(Dharamsala)仍出版传统的藏历,封面上写着英文 The Tibetan Medical Center's Annual Almanac，流入国内，为国内藏族所珍视。所以，从 1978 年起我有关地区又逐渐恢复了传统藏历的出版发行。

固然，过去在藏族社会中确实有人把日期的重缺与人类社会的吉凶祸福联系起来，但这毕竟是少数人牵强附会地利用科学方法推算出来的重缺日期进行迷信活动，实际上不是用吉凶定重缺，而是盗用重缺去定所谓的“吉凶”。这与古代的汉历中用“吉、凶、宜、忌”等附会迷信的性质是一样的，不可因果倒置，因噎废食。

10. 纪月法与月首问题

纪月法包含两个问题：一是每个月的命名法，二是一个月里哪一天为首，即月首问题。

一、月名问题，现在汉族习惯于以一、二、三等序数称呼它们，好像很自然，别无他法，无论哪个时代，哪个国家都应该这样似的。其实不然。英文的 12 个月名除了 9 到 12 这几个月是序数之外，其他各月都不是。一月 January 是两面神的名字，二月 February 意为洗涤罪恶，三月 March 是战神名，四月 April 意为展放，新生……等，其他的例子不胜枚举。印度古代有一种方法是用月亮“望”时在二十七宿中处于哪一宿，或其附近而命名，叫做“望宿月法”。望（即满月、月圆的时刻）在角宿及其附近的那个月叫角宿月，相当于农历的二月十六到三月十五，氐宿月相当于农历的三月十六至四月十五，以下依次为心宿月、箕宿月、牛宿月、室宿月、娄宿月、昴宿月、觜宿月、鬼宿月，至星宿月相当于农历的十二月十六至正月十五、翼宿月相当于农历的正月十六至二月十五，这种方法的好处是不必因不同的历法的年首不同而变更其名称，因为它有客观的天文学上的标志，不是人单凭自己的主观意志而任意规定的。无论哪个时代、哪个地方、哪个教派，都不能不承认它。玄奘的名著《大唐西域记》卷二第四章岁时节中说：“随其星建、以标月名、古今不易、诸部无讹。”季羡林等校注本第 170 页注释（一）就是这个意思。这种方法现在西藏也仍使用。此外还有把春、夏、秋、冬四季各分孟、仲、季（藏语中叫做上、中、下)的方法,也相当普遍。一年分四季对温带地区是合适的,不过热带有的地方分六季、三季,有的只分雨旱两季,所以四季的三分法,并非所有的地区都合适。

二、年首问题,即一年以哪个月开头的问题。十二个月是往复循环不已的,本来无所谓头尾。如果从天象上找标志,最容易观测到的便是冬至、夏至或春分、秋分所在的那个月。汉历里的"周正",就是以冬至所在之月为一年开头的"子月",后来由于农事和生活上的方便改为以寅月、即雨水节所在之月为正月。时轮历则是以春分所在之月即角宿月为年首。其他的历法还有其他的年首,各有其道理,不能一定说哪种好,哪种不好。藏历则保持了以角宿月为岁首的传统,由于角宿月大体上相当于农历的三月,于是就形成了历书上从霍尔月三月开头,对于习惯于从农历正月开头的人看来就有些奇怪了。天文学上以春分或冬至的真正时刻为计算的起点,有的人把它叫做"岁首",与年首相区别。

藏历的历书上以霍尔月三月开头,而生活上以霍尔月正月初一为新年。所谓"霍尔月"的特点有三个:(一)以寅月为正月。(二)以正、二、三等序数纪月。(三)以朔为月首初一日。这三条本来是汉族的"夏正"的办法,藏历中大体接受了它,不过计算闰月和大小月的重日、缺日,仍保持了时轮历传统的算法,所以它既不同于时轮历原来的"望终月"(即以望日为一个月终结的最后一天),其闰月又与汉历(时宪历)不同,是兼有印度历和汉历两种成分的方法,是藏历特有的方法,本应叫"藏月",由于历史的原因,习惯上称之为"霍尔月"。

关于霍尔月(hor - zla)这个名称的来源,五世达赖喇嘛所著的《黑白算答问》(rtsis - dkar - nag - dris - lan)一书中说:"成吉思汗于第四个胜生周火猪年(公元1227年)取西夏国都,隆重庆功,并以此月为蒙古岁首,星宿月遂以正月见称。"此书上距成吉思汗400余年,达赖没有说出其根据,也许只是口头的传述,不过藏族的学者们都承认此说。日本的山口瑞风对此提出疑问说:"据元史本纪,成吉思汗灭西夏是在元太祖二十二年六月,而不是在正月,当年七月去世,这种传说是怎样形成的，无法猜测。”无论其确切年代为何年，最迟到13世纪中叶，在八思巴（vgro－mgon vphags－pa1235—1280）用藏文写的著作中，已经在用时轮历纪月的方式之间夹有这种新的纪月方式。虽然这种方式实质上是汉族的夏历，但藏族是在元代通过蒙古族皇帝的影响而引进的，因而称之为“霍尔月”则是没有问题的。

霍尔月的引进也是经过抵制和斗争的。布顿大师（bu－ston1290—1364）比八思巴晚大约60年，他还在指摘八思巴，说他不应该穿蒙古服装，尤其在传戒述僧腊（即僧龄）时不该口称“蒙古月某日”。不过后来还是被普遍地接受了。历史上民族之间的文化交流往往是有一个渐进过程的。总之，霍尔月并不就是汉族的夏历、时宪历的月份，又与时轮历的纪月法有所不同，更不是单另有什么蒙古的历法（只有蒙古月而没有蒙古年、蒙古日）实质上是藏历中独特的算法，叫做“藏月”也许更恰当些，不过约定俗成，我们只有服从历史习惯了。

三、纪月法里还有一个月首，即一个月从哪一天开始的问题。习惯于汉历的人可能觉得这不成其为问题，当然是从初一开始。其实不然，这个初一是根据什么定的？一个月的30天是循环的，从哪一天开始可以采用不同的标志。当然最好的标志是月相的变化，月相是最显著的是新月和月圆。有一些历法是以新月为月首的。汉族古代称之为“朏”（fēi）。伊斯兰教的清真寺有专职人员观察和通报新月的出现。但是新月不容易观察得很准确，而且从新月到月圆和从月圆再到新月这两段距离并不相等，用新月做月首有一定的毛病。后来才推算出距离相等的“朔”来。但是朔是看不见的，而月圆是用肉眼能直接观测到的，观察其前后几天的变化，进行比较，更可以帮助准确地判断，因此用月圆作为标志是最方便的，也是很古老的一种方法。

用月圆做标志还有一个问题，就是月圆放在月初还是月中？还是月尾？印度古代把一个月分为两半，从朔到望叫“白分”，从望到朔叫做“黑分”，白分是初一到十五日，黑分也是初一到十五日，而不是十六到三十，所以并不别扭。黑分与白分哪个在前？有白分居前和黑分居前两种办法。时轮历是以黑分居前的,即以月圆后的次日为月首,也就是《大唐西域记》卷二岁时节里所说的“黑前白后合为一月”。这样一来朔就在月中,而望为一个月终了的最后一天了,这称为“望终月”。傣历也是这样的,望后第一天叫做“月下一日”。这样的规定有其宗教上的意义,黑分居前,白分居后,最后的一天月圆,象征着出家人修行的前一段是很艰苦的,后一半则越来越光明。月圆放在一个月的中间则象征着在家的俗人的一生,中间一段似乎美满幸福,而最后的结局是黑暗,痛苦的。所以寺院内有关戒律的活动一定要按黑分在前的方法去行。但同时也承认在一般的活动中允许适应环境,使用当地官府所颁布的历书,把它叫做“王者历”(rgyal - povi - lugs)。

现行的藏历虽然仍以时轮历为基础,但在民用历书中,已采用了以月圆固定为十五日,朔大致在初一或初二的算法。望终月的算法使用者已少。但是知道这种算法对于读古籍仍是有用的。

时轮历以角宿月,相当于霍尔月三月为岁首,于是星宿月和翼宿月即霍尔月的一月和二月,就算到上一年里去了。知道这一点读古籍时是有用的,例如:法国石泰安(R. A. Stein)从《格萨尔传奇》引用一段话说:“格萨王于牛年三月八日入胎,住胎九个月零八天,于虎年十二月十五日诞生。”这里产生一个疑问,牛年三月入胎,住胎九个月,诞生应该在当年的十二月,为什么到虎年的十二月去了呢?若知道时轮历的年首则容易解答。牛年的三月八日离牛年的最后一天(三月十五日)只有七天,从三月十六日起就进入虎年了,所以牛年的三月初八日到虎年的十二月十五日之间是九个月零八天(此例转引自山口瑞风《西藏的历学》一文)。

11. 纪日法

时轮历的纪日法不是用初几、十几、二十几,而是用 dgav(喜),bzang(善或贤),rgyal(胜),stong(空),rdzogs(满)等 5 个字轮流,每月分为黑分、白分各三轮。例如某月十九日在时轮历中记为该月黑分的第四天,即黑分的“空”日。请看下表即可一目了然(此系按白分居前计算）。

		喜	善（贤）	胜	空	满
白分	第一个	一日	二日	三日	四日	五日
	第二个	六日	七日	八日	九日	十日
	第三个	十一日	十二日	十三日	十四日	十五日
黑分	第一个	一日	二日	三日	四日	五日
	第二个	六日	七日	八日	九日	十日
	第三个	十一日	十二日	十三日	十四日	十五日

藏历中也有用十二生肖纪日的方法，但是不同于汉历的六十干支纪日法。汉族的干支纪日比干支纪年更古，至少从春秋时代的鲁隐公三年（公元前720年）二月乙巳日食那一天起就没有间断或错乱，不受改朝换代，历法变更、闰月和大小月推算方法变更的影响，自成体系，因而是考证历史时间的重要工具。藏历中的十二生肖纪日法则不同，它是每月初一固定为虎日或猴日，单月为虎日，双月为猴日，以下顺推。也就是说每两个月循环一次。以正月、二月两月为例，列表如下：

虎	兔	龙	蛇	马	羊	猴	鸡	狗	猪	鼠	牛
正月初一	初二	初三	初四	初五	初六	初七	初八	初九	初十	十一	十二
十三	十四	十五	十六	十七	十八	十九	二十	廿一	廿二	廿三	廿四
廿五	廿六	廿七	廿八	廿九	三十	二月初一	初二	初三	初四	初五	初六
初七	初八	初九	初十	十一	十二	十三	十四	十五	十六	十七	十八
十九	二十	廿一	廿二	廿三	廿四	廿五	廿六	廿七	廿八	廿九	三十

三、四两月再循环一次，以下类推。这种算法是以太阴日为基础的，每月固定为30天。没有大月小月，但是把这种算法用到太阳的日

期上去,由于重缺日的有无,干支就会出现有间断的情况。这种算法,现在应用者不多,但在史籍上有时出现,所以也是读藏历时应该知道的一种常识。例如:

蒙古文的《俺答汗传》(一译《阿勒坦汗传》)内有两处日期在数字后还有动物生肖:

一、第4页:"火吉祥母兔年(丁卯)十二月三十日牛日圣俺答汗生于博坦哈屯。"

第37页:白蛇年(辛巳)库胡列儿月(十二月)十九日虎日鸡时升天。

这个丁卯年是明正德二年,这年汉历十二月小,没有三十日。明正德二年最后一天干支应该是戊戌,是狗日而不是牛日,怎样解释?有一位日本学者猜想这个三十日是二十日之误,因为这个月的二十日是牛日,而蒙古文的二十与三十字形相近(森川哲雄《Study of the Biography of Altan khan》114页注[24])。

二、这个辛巳年是明万历九年,汉历这一年十二月十九日的干支是己酉,是鸡日而不是虎日,怎样解释?

其实知道了上述的时轮历纪日的动物生肖,看了上述的表之后这个疑问就迎刃而解了,十二月是双数月,其十九日正是虎日,其三十日正是牛日,与汉历的干支纪日没有关系。因此,那位日本学者的猜想是不必要的。

12.纪时法

日,太阳日,是纪时最基本的单位,日以上的月、年都是由日积累计算的,日以下的时间是用日的若干分之一计算的。时轮历里日以下的时间单位是chu-tshod。不过藏文里的chu-tshod有3种不同的用法,不可不知。

第一种用法是一昼夜的六十分之一,相当于24分钟,这是这个词的本义。24分钟的长度介于60分钟的1小时和15分钟的1刻之间,它离60分比离15分远,离15分钟比较近些,所以汉语中译为"刻"比译为"小时"更恰当些。《马杨汉历要旨》的编者也是这样认为的(见该书〈47〉节)。更不能译为"时辰",因为一个时辰是8刻,120分钟,所谓

“小时”，就是因为它是一个时辰的二分之一，所以加了一个“小”字以资区别。《藏汉大词典》808页这一条说“叫做一个时辰”是错误的，为了与下面所说的“弧刻”相区别，我们又加了一个“漏”字，叫做“漏刻”。因它原来是用漏壶滴水的方法来衡量的。

第二个用法是现在一般的习惯，把小时叫做chu－tshod。这本来是不甚妥当的，不过既然已经流行，大家都这样说，也很难再改正了，约定俗成，不能不承认。不过还是应该知道这个词的本义和它的第三种用法，千万不能把chu－tshod与“小时”完全等同起来，凡见到chu－tshod就一律译为“小时”。

第三种用法是在表示天球的弧度（比如说黄道经度）的时候，现代天文学是一周天＝360度，1度＝60分，1分＝60秒，这种60分法是模仿借用时间的分秒而来的。时轮历表示天空的弧度也是借用时间的一套名词：一周天＝27宿，1宿＝60chu－tshod（弧刻），1弧刻＝60chu－srang（弧分）。时轮学者们说这种chu－tshod是“假借命名”。

这样一来，chu－tshod这个词既是时间单位，又是天球弧度单位，很容易混淆，必须想一个办法去区别。怎样区别呢？考虑藏文的chu－tshod本来直译做“水量”是由滴漏计时而来的，所以我们把作为时间单位的chu－tshod译为“漏刻”（当然译为“水刻”也可以），与此相应，就把作为天球弧度单位的chu－tshod译为“弧刻”以资区别。

正是由于不少人，包括某些杰出的翻译家，不知道chu－tshod的这三种不同的用法，凡见着chu－tahod就一律译为“小时”，产生了很大的错误。例如：《西藏王臣记》郭和卿汉译本上有一段译文：

“释迦年满三十五岁，岁在甲午（周敬王十三年，公元前507年）四月十五日，东方发白，黎明拂晓时，现证殊胜智慧而成佛。经中说‘是日出现月蚀，罗睺罗及甘露饭王之子亦于是日生。’这中间所说的月蚀，它的图像是依一曜位计三十八小时。而月和星中有十六座星位落空不计时，十六座罗睺面星们计二十八小时，由这样推算而产生月蚀。这样的月蚀图像，是在很合标准而莹洁的镜面上显现出来的”。刘立千译本大致相同。郭译并加了译者注说：“在古代没有如现代的天文望远镜等工具时，用的是最莹洁的铜镜来照视镜面上所现的各星座，以那些星位的数目和距离来计时,而推出月蚀的时间。”这一段文字单看郭译汉文简直不知所云,令人莫明其妙。读者如需作进一步了解,可查藏文原文本文集第二册藏文原文 1.04 节至 1.06 节上的内容,即可知其内容就是《时轮历精要》的 2.02 节那一段。此外,1987 年民族出版社出版的《藏历的原理与实践》第 132 页亦可佐证:

“三十五岁甲午年氐宿月望日,黎明初现时证得无上菩提甘露。2753。”

这个“望”按太阳日计算的曜位为一,漏刻三十八。太阴日结束时月亮的位置在第十六宿,弧刻为零。罗睺头在第十六宿,弧刻为二十九。《毗奈耶》等经中关于此时罗睺食月的记载与此正相符合。

这个 2753 的算法前面讲“教历”时已讲过:

2753 - 1827(该书历元) + 1 = 927(公元前)[郭注中所说“周敬王十三年公元前 507 则是错误的。]第二段的意思是说:月亮与罗睺同在氐宿尾。房宿头,相距只有 29 弧刻(相当于6°弱)非常接近。这些准确的数值显示必有月蚀。原文中的 ris - mo 这个词,一般的意义是图画,不过在历算书中作“数码”讲,所以译为“图像”也是错误的。所谓“莹洁的镜子”只是修辞上常用的一种譬喻,形容这些数值能如实地反映客体,纤毫毕现,一点也不变形。译注中所说的“照视铜镜面上所现的星位的数目和距离”云云,也不合实际。星宿的形象与位置在广袤的大地上去观察开阔的天空比在小小的铜镜上看它的反影清楚得多了。月蚀能用肉眼直视,根本不用铜镜;而日光则强烈刺目,日蚀不能用肉眼直视。藏族古代观察日食的方法是:“用深色器皿,内注清水,于无风处,观察其中日轮形象。”(见《时轮历精要》5·13 节)如果用铜镜反射,则更加伤目,无法观察了。水盆中看到的日轮形象只能是大概地看出圆缺和食分大体上的大小,不可能看出精确的度数。文中的“漏刻”、“弧刻”的数值都是推算出来的。详见本书《藏传释迦成道日之月食小考》。

13. 二十七宿与二十八宿

汉语中的二十八宿,又名二十八舍,最初是古人为比较日、月、五星的运动而选择的,作为观测标志的 28 颗恒星。当初是月亮的轨道——白道附近的一些恒星。宿或舍都是停留的处所的意思。印度古代称之为纳沙特拉（ནཀྵཏྲ，甘肃民族出版社《梵藏对照词典》436 页，安世兴《古藏文辞典》226 页。），就是“月站”的意思。藏语称之为 rgyu－skar，skar 是星，rgyu 是行走的意思，藏文的《时轮经释难》解释这样命名的意义，说是“诸曜运行所经过的星”。是从“所经行”而命名，不是从“行走者”而命名。《藏汉大辞典》rgyu－skar 条一个字对一个字地译为“行星”，看来好像很贴切，而实际上意义却大错了，二十八宿都是恒星而不是行星。

关于二十八宿与二十七宿的不同，印度原有二十八宿与二十七宿两种说法。二十七宿出现较早，牛宿后加女宿为二十八宿。《时轮历精要》127 页说：“牛、女两宿共只占一宿的幅度，并不多占”。所以说二十七与二十八并不矛盾。

所谓“共占一宿的幅度”的意义，二十七宿各宿之间的距度本来不是相等的，相差很大。最大的井宿占到 33 度，最小的觜宿只占 2 度。而时轮历里则是把周天均分为 27 等分，用二十七宿去命名，与各宿实际所占的距度不完全相符。时轮历规定每宿再均分为 60 分，借用时间单位里的 chu－tshod（漏刻）这个名称，周天的弧度为 27×60＝1620chu－tshod。我们为了把这个空间的单位与时间的单位相区别，译为“弧刻”。其作用与西方的 360°分法相似。天空本身上面并没有画出或刻上什么道道，周天分为多少度本来就是人为的，人们各按他自己所认为的方便去分，不能说谁对谁不对。汉族古代也不是分为 360°而是分为 365 又四分之一度，使它与一年的天数相应，一天刚好行一度。航海观察天象时分为一万度，都是为了计算上的方便。

二十七或二十八宿是“月站”，即月亮轨道上的标志，每个月是 29 天半，一天一站，为什么不分为 29 或 30 宿，而要分为二十七、八宿呢？二十七和二十八哪个更合理呢？答：29 天半是朔望月，而推算月亮的不均匀运动中所达到的位置是以其“近地点”为起点的。月球连续两次通过近地点，即从近地点出发，运行一周，再回到近地点，所需的时间称为“近点月”，其长度是 27.55 平太阳日。时轮历以诞生宿（skyes－skar）即远地点起算，道理是一样的。27.55 在二十七与二十八之间，所以都合理。

此外还有恒星月,是月球连续两次通过某一恒星所需要的时间,长度为27.32平太阳日,时轮历中称之为“按太阳日计算的月亮的周期”。

十曜各有其自己的诞生宿(远地点),位置不同,而占星术所说的“诞生宿”则是指某个人诞生日期与所值的星宿,类似汉语中的“命宫”,不是天文学上的远地点。

以上二十八宿的名称,是为了汉文读者的方便,使用汉语传统的名称。其实印度另有一套名称,在汉文的大藏经里讲到二十八宿的有一部《摩登伽经》和一部《舍头谏太子经》,是同一部经的两部译本,一种译文保存了梵语的意译,一种则用了汉语传统名称。藏语里这些星宿的名称既不源于汉语,也不源于梵语,而是自成体系。这表明在汉、印的天文学传入之前,藏族的先民对于星宿早就有细微的观察,给它们起了自己的名称。

14. 十二宫

作为诸曜(日、月、五星)运行位置的标志,除了二十八宿之外,还有一套叫做十二宫。二十八宿原来是从白道即月亮经行的轨道附近选定的;十二宫则是从太阳经行的轨道——黄道附近选定的一些星座。白道与黄道的交角不大,只有5度,古代的天文粗疏一些,就把二者等同起来,只做简单的比例换算,时轮历把1宫相等于二又四分之一宿,即135弧刻。

黄道十二宫,本来是以十二个星座命名的,它们与二十四节气有固定的对应关系,例如春分在白羊宫首(开头处),夏至在巨蟹宫首,冬至在摩羯宫首等。后来时轮历的学者们在实测中发现有了变化,《时轮历精要》第十章里说:“阿跋亚(a - bha - ya　11世纪印度人)在两至(夏至、冬至)前九天日中午用植圭测影的方法,实测此地,太阳入双子宫,人马宫之次日表影变化。”又说:“诺桑嘉措(nor - bzang - rgya - mtsho 1423—1513)在仔唐桑丹寺(rtsis - thang - bsam - gtan)植圭表测影,太阳在入双子人马宫后七天,日影发生夏至、冬至的变化。所以在求‘总积日’时,定出须减七的办法。”对于这种现象作者解释道:“时轮经和占音经所说太阳在双子、人马宫首时回归,意指南洲东区的中线而言,我们所居的这个地段,在南洲东区的中线再过去七个宫日之外,若从南洲中区的中线计算，则在其东二十三宫日之处，这是浦派的说法。”关于南洲东区与中区我们到后文讲时轮的宇宙结构时再讲。“宫日”在这里是借用时间单位的名词来表示360度中的“度”。

他们发现夏至点、冬至点在十二宫里的位置有了变化是对的，天文学上这是“岁差”的缘故。他们不知道这个道理，用地理经度的区别来解释入宫日期与节气不一致的原因则是不科学的。

现在十二宫只是表示12个30°，与十二星座已脱节。时宪历也是如此，不过改为以摩羯为零宫、宝瓶为一宫。例如说第四宫（金牛宫）15°就是 $30° \times 4 + 15° = 135°$。

时轮历中的宫宿是从白羊宫的娄宿（藏 tha - skar 梵 aswini）开始的。印度古代以昴宿（smin - drug 梵语：krittica）为首，以白羊宫的娄宿为首则在较晚的时期，这对于论证《时轮经》成书的年代也可能是一条重要的线索。

关于十二宫命名的意义，《白琉璃》中是这样解释的：

弓僵硬之时（指弓宫即人马宫）

水兽张口向阳之时（指摩羯宫）

瓶内酒味醇厚之时（指宝瓶宫）

鱼类活泼游行之时（指双鱼宫）

羊产羔之时（白羊宫）

牛耕地之时（金牛宫）

畜生发情之时（淫宫、双子宫）

龟鸣之时（巨蟹宫）

狮子交媾之时（狮子宫）

少女容颜焕发之时（室女宫）

秤衡茶油等物之时（天秤宫）

蝎子蛰入洞穴之时（天蝎宫）

其中“龟”直接用梵语 karkata，藏语为骨蛙。这些可能是藏族学者自己做出的解释。

15. 五大行星

时轮历里没有与“行星”、“恒星”完全相应的概念。十二宫与二十七宿都是恒星。金星、木星、水星、火星、土星五大行星时轮历里叫做曜(gzav),但 gzav 并不都是行星。太阳、月亮、罗睺、劫火(dus - me)、烟雾长尾(藏语:du - ba mjug - ring 梵语:ketu 彗星)也都称为曜,合称十曜。他们(这里不用"它们"字样是因为时轮历中认为他们都是有生命的)虽然与十二宫、二十七宿都在天空发光闪烁(罗睺与劫火除外,他们是看不见的"隐曜",有数无象),但有所不同。宫宿如同镶嵌在伞面上的宝石,伞转动时他们也随着动,但其伞面上的相对位置固定不变。十曜与宫宿不同,他们与宫宿的相对位置,以及他们互相之间的相对位置都是时时刻刻在恒星之间走动,行星之名由此而得。现代天文学家说太阳是恒星,月亮是卫星,时轮历里没有这样的名词。这些曜在天空中的位置用什么坐标来表示呢?时轮历把周天平均地分为二十七宿,每宿分为60"弧刻",共 27×60=1620 弧刻来进行计算的,其作用相当于黄经 360°,现代叫做"恒星背景"。用个更形象一些的比喻来说,比如一个圆形运动场,周围设有 27 个看台区,每区横着有 60 号座位,共 1620 号,太阳、月亮犹如运动员们在跑道上跑动,观察者位于运动场的中心,他报告运动员们的位置的方法就是报告说该运动员现在跑到了第几看台区的第几号座位那个方向,或者把 1620 个座位统一编号也可以,又或者把全场分为十二个看台区,每区横着设了 135 个座位,12×135=1620 也是一样,那就是按十二宫去标志的方法。

至于五大行星运动方位的报告方法则比太阳、月亮要复杂得多。犹如观察者自己也参加了赛跑,他的位置不在最内的第一跑道上,也不在最外的跑道上,而是在第三跑道上。他的任务是一边跑,一边观察并报告其他各个运动员跑到了什么方位,从他自己所跑到的地方看出去,某个运动员跑到了哪一区的哪个座位的方向。那些运动员有的跑在他的外圈,有的跑在他的内圈,这就更增加了这种报告的复杂性和难度。时轮历里把诸曜分为文曜和武曜两类,在现代天文学上把水星和金星二文曜叫做内行星,火星、木星、土星三个武曜叫做外行星。不过时轮历中把月亮和长尾彗星也归入文曜(zhi - gzav),太阳则归入武曜(drag - gzav)。

行星在天球上的运动有真运动与视运动之别,视运动就是上面的比喻里所说的作为观察者的人们从地球上观察到的现象,它有时与真实的情形不一致。五大行星的真运动总是从西向东(逆时针方向)绕着太阳公转,不会反向运动的。而其视运动虽然大部时间也是从西向东移行的,因其与太阳在天球上的视运动的方向一致,所以称为“顺行”。不过却也有小部时间自东向西的反向运动,称为“逆行”。由顺行转为逆行,或由逆行转为顺行时,行星在天球上的位置短时间不动,称为“留”。其轨道可分为4个阶段:

内行星:上合→东大距→下合→西大距→上合

看不见→昏星→看不见→晨星→看不见

外行星:合→西方照→冲→东方照→合看不见

→午夜升起→整夜可见→午夜落山→看不见

内行星在下合附近,外行星在“冲”的附近都会发生逆行现象。

这些情况用语言来描述不如用图来表达更明白些,请看插图

1. 行星合运动示意图(采自《藏历的原理与实践》286页)

2. 内外行星运动图解(采自陈遵妫《中国天文学史》第三册1599页)

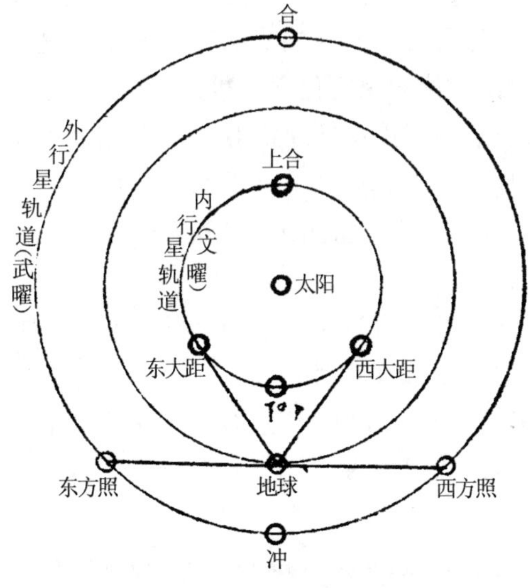

行星合运动示意图

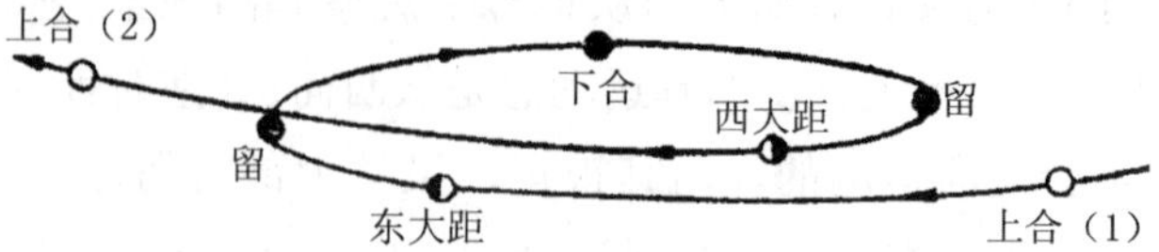

一个会合周期内内行星在星座间的移动(柳叶形)

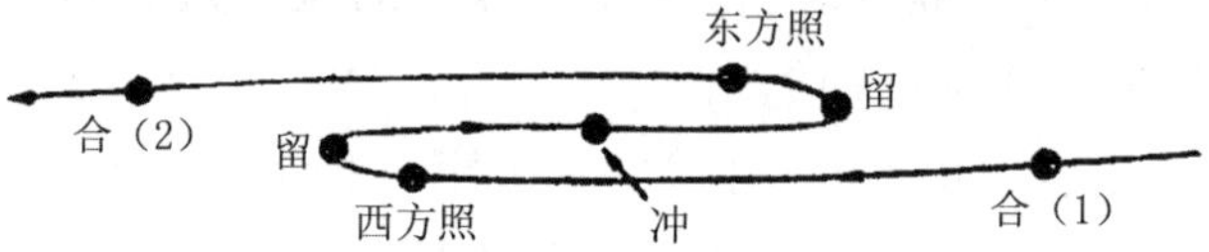

一个会合周期内外行星在星座间的移动(“之”字形)

由以上的介绍可以看出,时轮历已经掌握了推算五星运动的原理和方法,已能准确地将五星运动的视运动分解成行星的自身运动,与因地球公转而引起的视差运动的合运动。它的推算方法是较为合理的。它所使用的运算方式是代数方法而不是几何方法,因此,与汉族的传统方法较为接近,与希腊的几何方法不同。它能够较准确地解释和预报五星的各种视运动现象及各个运动阶段的运动快慢的变化,包括顺行、留、逆行等现象。这种方法对于古典天文学来说还是相当先进的。它所使用的恒星周期数值的精密程度也达到了一定的水平,水星、金星与现代常用数值完全一致,火星准确到小数后第二位,木星也只有半日的误差,土星由于周期很长(10759 日)因而误差也较大,达 6 日以上,误差率为百分之 0.063(具体数值见后“余论”第二节)。

16. 重要节日

(1)大神变节。相传释迦牟尼曾于一个星宿月的白分半月(霍尔月正月初一至十五日)中示现种种神通变化以制服众多邪魔外道。第七个胜生周的己丑年(公元 1409 年)宗喀巴于此节日中在拉萨大昭寺首创大愿法会(smon - lam - chen - mo)至今奉行,汉语中称之为“传大召”。

(2)萨噶达瓦(sa - ga - zla - ba)。相传释迦牟尼入胎、成佛、涅槃三大行迹均在氐宿月望日(霍尔月四月十五日),故又称三重节。

(3)转法轮节。箕宿月(六月)六日释迦牟尼第一次说法的节日。

(4)迴降节。娄宿月(九月)二十二日释迦牟尼从天宫回到人间的节日。

以上是佛教的四大节日,此外还有:

(5)药水节。据传,八月中气之日起,7天之内澄水星(riki)神殿与释迦牟尼顶髻相值,牟尼发心,仙人谛语,以是因缘,顶髻涌泉,能使一切水流皆成甘露,此时入水沐浴,能祛百病,清除罪孽。

(6)毒水日。太阳入双子宫后第十七日,霍尔月五月中气之日期再加十三分之九,为“彘日”(phag - zhag)。此时有墓豕雌雄一双,攀缘南方瞻波梨叱(dzambu - briksha)树,上3天,下3天,树顶停留1天,此7日中,雨水受毒,谷物失营,忌汤药等饮用。

(7)望果节(vong - skor)流行于藏族的农业地区,在夏末秋初庄稼成熟,即将收割之际,背负经籍,手执箭簇鼓乐,盛装结队,巡绕田间,歌舞欢乐。具体日期各地不同,拉萨大约在立秋前1周左右开始,江孜、日喀则等地约在大暑前1周左右开始,节期三五日不等,节后即开始紧张的秋收。此节日渊源甚古,据苯教的记载,早在吐蕃王朝的第九代王(7世纪时的松赞干布是第三十四代王)布德贡杰(sbu - de - gung - rgyal)时期苯教(bon - po)的教主教导农人绕田地转圈,求天保丰收。汉文《唐书·吐蕃传》载:“其俗以麦熟为岁首”,可能就是指望果节。

(8)春牛。藏文历书全年总说部分里有一页,右上方画一条龙,下有一数字,表示这一年几龙治水,下方站着一条牛,其下或身上也有一数字,表示这一年几牛耕田。旁边站着一个人,着藏装,手执鞭,乃是从汉族历书引进的春牛图。元旦后第几天的地支是辰,即几龙治水,龙太多了主旱,俗话说“龙多四靠”,就是说管理的人太多了会形成无人负责。

鞭土牛劝农之俗起源甚古,汉朝时已有,其制为:立春先一日,府州县官吏彩仗鼓乐迎春,于东郊祭拜勾芒神,迎春牛,安置于衙门之头门内。至立春本日,用彩杖鞭春牛,盖即出土牛,送寒气之遗意也。造春牛芒神,用冬至后辰日,于岁德方取水土成造,用桑柘木为胎骨。牛身高4尺像4时,头至尾长8尺像8节,牛尾长1尺2寸像12月,芒神高3尺6寸5分,像365日;芒神鞭用柳枝长2尺4寸,像24节气。牛头色视年干(的五行,分为五色),牛身视年支……芒神老少……衣带色……髻(在耳前,耳后,顶上直立),行缠(裹腿),鞋,立牛左右等等各有所主之兆。

春牛经传入西藏较时宪历为早,有几种不同的本子,藏族历算家对自己所得是否真本,存有怀疑。直到 19 世纪中叶,康(khams)区的贡珠(gong - spral)活佛(公元 1813—1899)还在寻觅真本,后得到云南的汉族历算家袁万灵(译音)的指导,得以把《公规春牛经》(载御制《协纪辨方》内),译成藏文,非常得意。钦铙诺布大师于第十六胜生周首(公元 1927 年)重刊《时轮历精要》时,特将此经全文补入其第十章尾,足见其重视。至于《春牛经》究竟有多少科学性,则尚有待于研究。

17. 宇宙结构

时轮经所讲的宇宙结构与一般佛教典籍中所说的宇宙结构有所不同。一般佛书所说的宇宙结构,以《俱舍论》为代表,一般佛教的壁画、卷轴画等都依照其说法。其说法最简单地说来就是:我们所处的这个世界的中央是须弥山,山顶上为帝释天(brgya - byin)所居,四面山腰为四大天王所居,日月星辰都围着须弥山转动。山周围有七香海、七金山,第七层金山外有铁围山所围成的咸海,咸海四周有东胜身洲、南瞻部洲、西牛货洲、北俱卢洲。我们居住的是南瞻部洲。

《时轮历精要》说器世间(物质世界)是由地、水、火、风四轮构成的,风轮处于虚空之中,其内是它所承托着的火轮,有七重,其第七重为金刚山,或名马面火山;火山的里面是水轮,也有七重,其第七重为盐海,它的里面是地轮,地轮的中央是须弥山,须弥山上下有五层沿圈,状如铜碟的边缘向外翻伸,下层最小,往上渐大(即一个上大而下小,倒立的圆锥体)。须弥山根的外面有六重洲、六重海、六重山。洲、海、山互相间隔,其最外面的第七重洲名为"大瞻部洲",是一个环形地带。(注意:不是只有四方四洲中的南边一个叫瞻部洲。)宽二万五千由旬,(亦作逾缮那,印度古代计算里程的一个单位)。它分为南、东、北、西四个象限,每一象限为一洲,每洲再均分为西、中、东三区(无论从哪一洲看,须弥都是北,所以各洲的东南西方向是环形的)。我们所住的这个南洲的中区的北半分为 6 个区域。由北而南为:1. 雪山聚;2. 苫婆罗(sham

–bha–la 亦译“香巴拉”）;3. 汉域;4. 黎域;5. 蕃域;6. 圣域即印度。蕃域即西藏,黎域指现在的新疆南部,雪山聚显然指大陆的最北端,至于苫婆罗究竟在什么地方？尚无定论。（有人说“香格里拉”就是香巴拉的异译）

南洲中区的中线为经度的起点——零度。东洲中区中线就是这种经度的 90 度,南洲东区的中线就是东经 30 度,我们所居住的这个地段在南洲东区中线再过去 7 个宫日（khyim–zhag 就是度）之处,若从南洲中区的中线计算,则在其东 23 宫日之处。时轮历家以此来解释入宫与节气相差 7 天的原因。其实真正的原因是“岁差”。至于什么是岁差,我们这里就不讲了。想得到初步了解的人可以查阅《辞海》和《中国大百科全书·天文卷》。

时轮历认为,天穹像一把大伞,它被风力推动不停地右旋,即顺时针方向旋转。其中央最高处与须弥山顶相接,四周渐低,最低处与马面火山的顶端相接,高七万五千由旬。伞面是凹凸不平的。十二宫犹如伞的 12 条肋骨,二十七宿则如镶嵌在伞面上的宝石,其位置是固定不变的,只是被伞带动右旋,每昼夜一周。这种旋转运动是极为明显易见的,所以叫做“显见行（snang–vgros）或“风行”（rlung–vgros）,这就是现代天文学上常说的“周日视运动”。藏族学者的这种说法描绘得非常形象,易于被人们接受。

天体有两类:有一类的相对位置是不变的,包括十二宫和二十七宿,都是恒星;另一类的相对应置是变化的,包括日、月、五星（火、水、木、金、土）、罗睺头、罗睺尾、长尾彗星,时轮历把他们全称为十曜（gzav）,认为他们都是有生命的,太阳、月亮是天神（lha）,五星是仙人（drang–srong）,罗睺是阿修罗（lha–ma–yin）,彗星是罗睺的化身。所谓“阿修罗”是一种似天神又非天神的生命,所以又叫“非天”（lha–ma–yin）,罗睺只是其中的一个,汉文古籍中有时把这两个名词等同起来,是不准确的。所谓罗睺头尾,在现代天文学上叫做黄道与白道的升交点与降交点,其位置是能够推算出来的,但并不是有形体的物质,所以说他“有数无象”。这十个曜里有恒星、行星和卫星,还有什么星也不是的黄白交点,所以现代天文学里没有一个相应的名辞,汉文里有“七

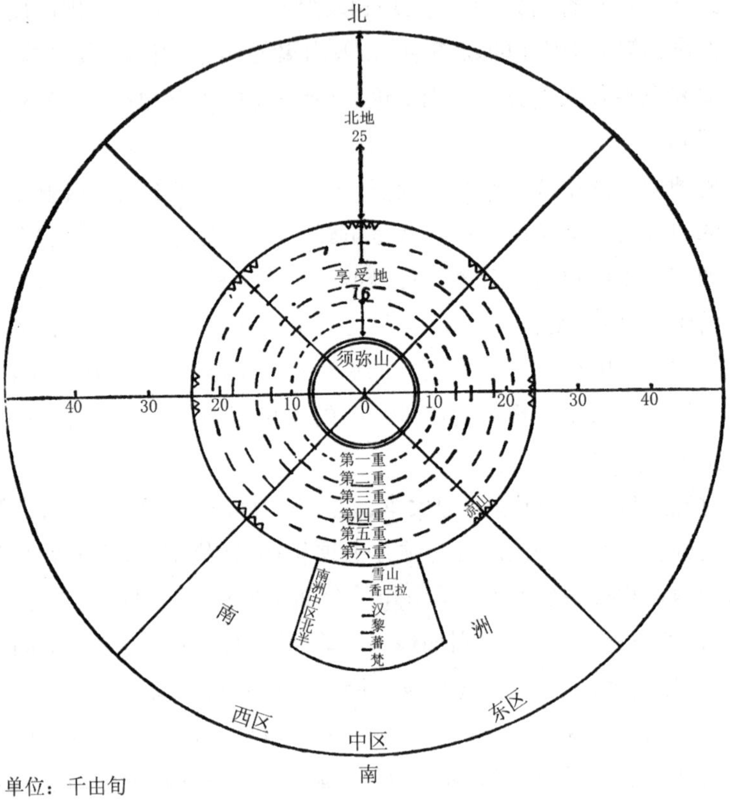

单位：千由旬

时轮经所说宇宙结构的平面示意图

曜”一词,我们仿之而译为“曜”,罗睺算是“隐曜”。

这些曜除了被动的显见行之外,又各自有他自己主动地按着一定的轨道和速度的旅行,这种主动的旅行称为“本身行”(rang - rgros),这在现代天文学上称为“周年视运动”,对月球来说则为“周月视运动”,十二宫和二十七宿有如他们旅途中歇脚、住宿的房舍,所以叫做“宫”和“宿”。他们行走的方向,罗睺头尾与宫宿运动的方向相同,是右旋,即顺时针方向的。其他八曜都是朝着相反的方向左旋的。他们运动的速度不同,所以回到相对于宫宿的原位置的周期也不同,现代天文学上称为其“恒星周期”。由于伞面凹凸不平,要上坡、下坡,所以他们的速度是不均匀的,这种不均匀运动的起点叫做诞生宫(skyes - khyim)或诞生宿(skyes - skar)这就是现代天文学上所说的“远日点”或“远地点”。这些曜的不均匀运动都可分为快行、慢行、曲行、跃行四个阶段,前面在谈五大行星的运动时已用图介绍过,现代天文学上称为“近地点(或远地点)”的周期。

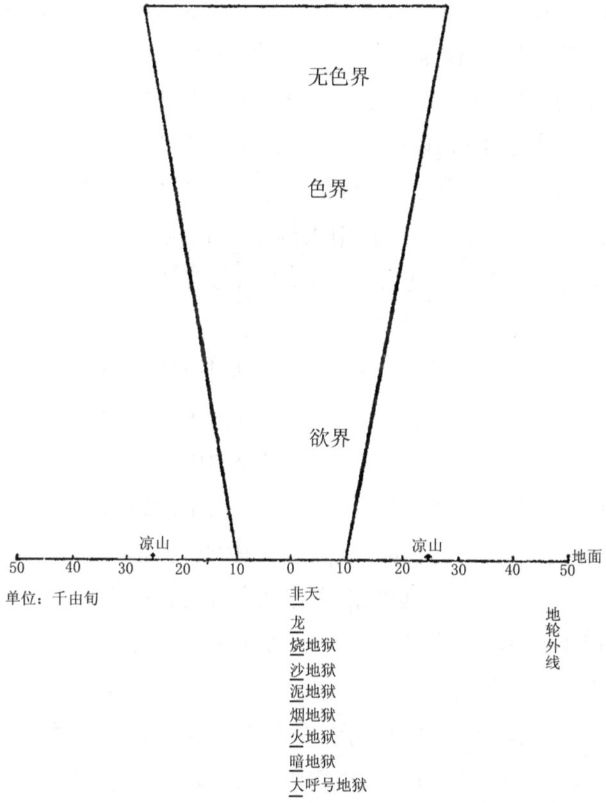

时轮经所说宇宙结构的立体层次示意图

关于诸曜运行的轨道之间的关系和产生季节的原理,时轮历家内部也有许多不同的观点。可以归纳为两大类:一类认为宫宿为一层,诸曜又各占一层,层层上叠,各层都是平行的,互相不交叉,因此名为“叠盔说”。另一大类认为诸曜的轨道有交叉,这一类又分为3种:第一种认为四洲的季节是相同的;第二种认为方向相反的两洲季节相同,另外的两洲相对,叫做“连环说”;第三种认为四季是转动的,其中又分3个支派,第一个支派认为宫宿和地上的四季都是左旋的,第二个支派认为宫宿右旋,四季左旋,第三派认为宫宿和四季都是右旋的,宫与季的关系如同河流与船的关系,这一派叫做“船说”。《时轮历精要》的作者是主张“船说”的,这些不同的说法表明藏族的学者们是如何努力对天象做出自己的解释,并不是像某些人所说的那样,对圣地印度传来的一切东西都奉若神明墨守教条,只会简单地鹦鹉学舌。这个图在许多寺院经堂大门外侧的壁画上常常见到,所以知道其内容大意也是一种常识。

此图主要表示须弥山是一个上大、下小的倒立的圆锥体。上面许多横线表示从上至下居住着三界的三十一种有情(动物)。分为有形和无形两大部分,各高十万由旬,用人体的部位为比喻来说明:从顶髻到颈项为无形部分,共二十九层天,肩部以下为有形部分,有两层天。

顶髻至发际	无色界	四天
头额	色界	十六天中的风四处
鼻	色界	十六天中的火四处
颏颔	色界	十六天中的水四处
颈项的上 2/3	色界	十六天中的地四处
颈项的下 1/3	欲界	六天中的上四天
	(其中第三层为著名的兜率天)	
肩部以下至脚	欲界	六天中的下二天:

忉利天(即三十三天)和四天王众天

时轮派太阳运行轨道与宫宿、季节关系图(图见彩插)表示天上的太阳在十二宫内的运行与地上十二洲的四季十二个月的关系。

世界以须弥山为中心,在其周围的四方有四大八小共十二洲。东方三洲为圆形,图上为蓝色;北方三洲为半月形,图上为白色;西方三洲为正方形,图上为黄色;南方三洲为胛骨形,图上为红色。

天上的太阳绕着须弥山腰转动,其轨道总是偏离圆心的,而且上下浮动。偏离的方向、远近、高低等形成各洲的季节差别。

六种不同颜色的十二个圆圈和扇形上的字表示太阳在十二宫运行时不同的轨道。

白羊宫最偏西,双子宫最偏东;

巨蟹宫最偏南，摩羯宫最偏北；

其他八宫都有相应的偏度。

太阳离某洲最远、最低时该洲为冬至；

太阳离某洲最近、最高时该洲为夏至；

等距、等高的两洲为春分和秋分；

其他八洲分别为各自的季节、月份。

此说认为四洲四季不同时，十二洲分处于不同的月份，季节与宫宿都是右旋的。

每一个扇形分为 9 个小格，表示周天划分为 1620 弧刻（相当于 360°），15 弧刻为 1 宿步，每宿有 4 宿步，每宫有 9 宿步，扇形内的每 1 小格为 1 宿步。二十七宿的名称写在该宿的 4 宿步中最后一宿步的小格内。

四、藏传时宪历

1. 汉历、黑算、五行算

藏传历算学里有 rgya－rtsis（汉历）和 nag－rtsis（黑算）。藏语里称汉族和中原地区为贾那（rgya－nag），因此常常有人把 rgya－rtsis（汉历）与 nag－rtsis（黑算）混为一谈，这是不对的。两者虽都是从祖国内地传入的，但性质不同。例如《白琉璃》一书后附“黑算”六十三叶（正反两面合为一叶，等于两页），分为 6 节：（1）身命气运，（2）关煞，（3）疾病，（4）丧葬，（5）堪舆，（6）合婚。可见都属于卜筮占算吉凶之术。这种内容西方叫做 astrology，译为“占星术”或“星占神学”，与 astronomy（天文学）不同，虽然它也利用天象和历书上的某些日期，进行占算，但基本上属于迷信性质，因此译为“汉历”是不妥当的。由于它常与 dkar－rtsis（白算，即 skar－rtsis）并提，可直译为“黑算”，如果意译，可取其为汉族占算之意，译为“汉占”。

至于 rgya－rtsis 现在习惯上专指时宪历，现在所说的农历或夏历就是时宪历，译为“汉历”还算可以，不过由于其传入蒙藏后经过改编，与原法有些出入，严格一些，称“藏传时宪历”为较好。“时宪历”这个词藏语里没有完全相应的准确的译名，曾有人译为 dus - kyi - skar - yig（时之历书），未能通行，一般笼统地称之为 rgya - rtsis 汉历或新汉历。藏传汉族的数术中最有名是“五行算”（vbyung - rtsis），常常用来泛指一切汉族的卜筮占算之术。本来藏语中的 vbyung - ba - lnga 有两种含义：一是印度的五大种；一是汉语的“五行”。而 vbyung - rtsis 则只能译为“五行算”，不能译为“五大种算”。印度古代认为构成世界的基本要素有地、水、火、风四个，汉文佛经中称之为“四大种”或“四大”。加上虚空则称为“五大”，其应用没有“四大”广泛，汉族的阴阳五行是古代思想家用日常生活中最常见的金、木、水、火、土 5 种元素及其属性来说明世界万物的来源和多样性的统一，其应用范围极广，不仅是天文历算，凡是人体的生理、病理、社会关系等方面都用得上，占算中的八卦、九宫、十天干、十二地支、十二建、二十八宿等都认为各有其五行上的属性。都通过五行找到其相互关系，所以藏语中把“五行算”作为汉族的卜筮占算之术的总称是有道理的。

2. 时宪历传入藏族地区以前的情况

目前我们能见到的，藏族从汉族引进的，完整的、成系统的历法，直到 18 世纪中期，只有时宪历这一种。

我们知道，藏族与汉族从 7 世纪中叶开始就有密切的文化交流，许多史书上都记载着唐朝的文成公主和金城公主入藏时带去的中原文化里就有历算，后来又派人到内地学习。尤其是长庆甥舅会盟碑上的年、月、日更是铁证。为什么说到 18 世纪才有这唯一的一种时宪历呢？

请注意，这里说是完整地、成系统的历法（也叫历经）而不仅仅是“历本”。人们日常应用的年历、月历、日历都是根据一定的历法推算、编制出来的，“历法”则是编制历本所根据的理论、公式和数据。对于一种阴阳合历来说，最起码的是要有：①回归年，②朔望月的准确长度，③安排大小月的方法，④闰月的方法 4 个要素，其准确程度的标志，是日食、月食预报。

7 世纪以前藏族是会有自己的纪年、纪月、纪日的方法的。但是在时宪历传入之前上述的 4 项要素汉历里是怎样的？在藏文的文献里面，缺乏资料。史书上所记七八世纪两位公主进藏时带去的 spor -

thang 等原书不知是什么，可能是托名于易经的有关的卜筮、星命之术。《白琉璃》的第二十章列举了从汉文编译的这方面的书名有一百多种，但据西藏天文历算研究所的已故所长崔臣群觉（tshul - khrims - chos - vbyor）谈：他们多方采访，现在所能见到的唐代的讲历算的书只有两种：一种是《五行珍宝密精明灯》；一种是杜哈日那波（du - ha - ra - nag - po）的《冬夏至周期图》。前者书名已标明是五行算，不是历算，内容也正是如此。后者确实是讲历算的，杜哈日那波这个人据藏史记载是汉族人，汉文原名不详，8 世纪时进藏两次，传授算术，名气很大，这个图冬至夏至共 60 个圆圈，每个圆圈周围 12 年，中心 1 年，合为 13 年，共 780 年，冬至一循环，正是时轮派闰周 65 年的 12 倍，很明显此图与时轮派的闰周有关，图后的解说是 15 世纪的时轮历的浦派大师诺桑嘉措（mkhas - grub - nor - bzang - rgya - mtsho）所写，说所求得的是印度的时刻，再加减一定的数后才成为蕃土的时刻，这显然并不是汉族的历法。

可惜藏文中讲五行算的书虽多，但都不是汉文的原貌。兼通藏汉的第二世阿嘉呼图克图（a - kyā - bstan - pavi - rgyal - mtshan　1708—1768）说："汉公主莅蕃开始迻译，当属可信。唯其后蕃土政权陵替，难免散佚。布顿·仁钦朱（bu - ston - rin - chen - grub　1290—1364）大师编纂大藏目录未列此类，彼之其他撰述（按：布顿有关于历算之著作多种）中于此亦无只字片语。（时轮派大师）浦巴·伦珠嘉措（phu - pa - lhun - grub - rgya - mtsho　15 世纪人）与（粗尔派 tshur - lugs 大师）拔乌·祖拉程瓦（dpav - bo - gtsug - lag - phreng - ba　1504—1560）等具法眼之士于此未破、未立、平等而住（既未否定，也未肯定，保持缄默），意者，迨由后世篡改过多之故"。他又说："由梵、汉迻译之经论与蕃人自己之论述，文风迥然不同。此诸号称译自支那（tsi - na）之五行占算，其文笔无一具备翻译之风，更无一能觅得其汉文原本为何书，全不可信。"（阿嘉文集《五行算年首问题答问》第 12 叶）

藏族的历算家们对于"那孜"（nag - rtsis）（汉占，黑算）与"贾孜"（rgya - rtsis　汉历）的区别是非常明确的，对于"那孜"传入藏区很早，但现传的书不可靠；"贾孜"传入藏区较晚，是异口同声的。

《文殊供华论》(vjam - dbyang - mchod - pavi - me - tog 1892 年写)中说:“贾那”的皇历与过去著名的“那孜”大为不同,不准越出皇历衙门(按:指钦天监)的门槛。

第六世色多(gser - tog1845—1915)说得最清楚:“文成公主携来之五行占算,因译者不精,讹误甚多,其后又经妄人肆意篡改、伪托,面目全非。今检核汉籍,凿枘不入,毫无可取,仅卜筮、婚丧等少量稍有可观而已。实则汉地历数自汉武帝即已大备,下迄于今,传承未替,逐岁颁行‘宪书’及满文、蒙古文皇历。唯仅载月建大小,歧闰有无、干支、节气、二十八值宿、十二建除及吉凶宜忌之事(按:这些就是‘历本’的内容)。至于立法之原,积年、积月、积日(从历元起累积的年、月、日总数,这是推算一切所必需的基本数据)日月行度,躔离损益之率(不均匀运动的数值)其术均秘藏内府,僧俗百姓无由获知,是以蕃土未传。”(文集第七帙 121—122 叶)他的这段话带有十分遗憾的情绪。

20 世纪的藏族历算大师钦饶诺布(mkhyen - rab - nor - bu 1883—1962),在一部讲《皇历历书编制法》重刊本的跋尾中说:“迨由国法厉禁,汉师缄口,乃迄第十三胜生周(十九世纪中)好学者多方觅木,始在安多(Amdo 指甘青一带藏区)初见译本”。他指的是 1864 年的《文殊供华论》等,实则其前 120 年,时宪历就已开始传入蒙藏,只是传到拉萨较晚。

现代的藏族学者才旦夏茸(tshe - tan - zhabs - drung 1910—1987)说:“唐代两位公主曾把汉族的算术译为藏文,但只是八卦、九宫、气运等这一类内容,藏语称之为‘那孜’(黑算)。至于日月食的算法则作为皇宫内的秘诀,不得外传。”(《汉历释义》[藏文]甘肃人民出版社)

以上连续引用了 4 位藏族学者充分说明汉历的关键部分迟迟没有传入西藏的论述,至于为何作为皇宫的秘诀,不准越出钦天监的门槛、汉师缄口?则未说出原因,要从汉文史籍中寻找资料。

《晋书》卷十一:“此则仪象之设,其来远矣,绵代相传,史官禁秘,学者不睹。”仪象即观测仪器,当时史官兼管天文历法。

《旧唐书职官志》:“凡玄象器物,天文图书,苟非其任,不得予焉。”《旧唐书》卷三十六:“开成五年(公元 840 年)十二月敕:司天台占候灾祥，理宜秘密。如闻近日监司官吏及所由(按：指下属)等，多与朝官并杂色人等交游，既乖慎守，须明制约。自今而后，监司官吏并不得更与朝官及诸色人等交通往来，仍委御史查访。”对于政府官员尚且如此防范，对于平民百姓就更厉害了。《宋史》卷四十八：“太平兴国元年(公元 976 年)令天下伎术有能明天文者试(隸)天文台，匿以不闻者，论罪死。”次年从各州送京的天文术士中选拔了一些进司天台，其余的黥配海岛。你看！要么进入绝密单位，失去自由，要么流放海岛监禁起来，谁还敢去学习、去研究呢？

到了明朝，这种禁忌达到更荒谬的程度。沈德符在《野获篇》中记道：“国初(十四世纪)学天文有厉禁，习历者遣戍，造历者殊死。”由于历法与天象有密切关系，历法精密的程度要依赖于天文观测的准确程度，但究竟是有区别的，所以明代以前并未绝对禁止民间研究历法，而明朝皇帝连学历法也如此严禁，以至在民间成了绝学。一百年后，“至孝宗(年号弘治公元 1488—1505)弛其禁，且命征山林隐逸能通历学者以备其选，而卒无应者。”焦竑的《玉堂丛话》还记载了这样一段故事：“正德丁丑岁(公元 1517 年)武庙(明武宗)阅《文献通考》见有星名“注张”问钦天监不知为何星，内使下问翰林院，同馆相顾愕然，慎曰：注张，柳星也，……取《史记》、《汉书》二条示内使以复。同馆戏曰：子言诚辩且博矣，不干私禁天文之禁乎？”这还是在皇家的翰林院里，而不是在老百姓里，考证一个星的名称都令人谈虎变色，其紧张程度可想而知。

与汉族地区的情况相反，15 世纪却正是藏传时轮历兴旺发达的时期，第一世班禅克珠杰(mkhas－grub－rje)的《时轮经无垢光释大疏》写于公元 1434 年，浦派的经典著作《白莲亲教》(pad－dkar－zhal－lung)写于 1447 年，其中逆推释迦牟尼成道时月食的年代很有权威性，被五世达赖的《西藏王臣记》引用。另一浦派大师诺桑嘉措的《时轮经总义·无垢光释·庄严篇》写于公元 1478 年，他在仔塘桑丹寺植圭表测影得出冬至点已经从时轮经上所说的人马宫首的位置移动了 7 天。粗尔派大师拔乌·祖拉程瓦的《开启大宝秘藏》(rin－chen－gter－mdsod－kha－phye)写于 1540 年，许多为了提高推算效率而编制的速检表也在此时出现。此外还有萨迦派的历算。他们同属于时轮系统，但是各自按照自己的历法编制自己的年历,异彩纷呈,与汉地的禁锢成一鲜明的对比。这种传统至今仍然继续存在,例如最近土蛇年(公元1989/90年)的年历,我们见到的就有4种。

汉族的皇帝为什么这样严厉地禁止人学习天文历法呢?北京天文台的陈遵妫老先生解释说:(汉族)历代的封建统治者,常常利用天命论,搞占星术来巩固其政权,同时又害怕别人利用占星术来推翻他们的政权,因而他们力图把天文学垄断在自己手里,严禁司天监官员与外界来往,严禁民间私习天文,严禁天文图籍在民间流传(《中国天文学史》第一册235页)。英国学者李约瑟做了更详细的分析说:"天文学是古代政教合一的帝王所掌握的秘密知识。……对于农业经济来说,作为历法准则的天文学知识具有首要的意义,谁能把历书授给人民,他便有可能成为人民的领袖,……人民奉谁的正朔,便意味着承认谁的政权(按:藏历中的霍尔月又称为'王者月'就是这个意思)。由于历法与政权有密切的关系,所以每一个王朝的官吏似乎都以警惕的眼光注视那些对星象进行独立研究的天文学家……因为他可能暗中为密谋建立新朝的人编制新历,新的王朝一建立,总要用新的名称颁布新的历法。(注:例如明朝实际沿用元朝的授时历而更名为大统历,清朝顺治元年在北京建立政权,其次年就颁布新的历法时宪历。)从很早以来中国的天文学家便因国家支持而得到好处,这一点是外国的天文学家所羡慕的,但因它陷入半秘密状态,在某种程度上却是不利的。"(《中国科学技术史》第四卷45—55页)他以一个外国人旁观的眼光看到其弊中有利,是很辩证,很中肯的。

汉族的皇帝对本民族的官员和百姓尚且如此严格控制,对于"异族"当然就更不在话下了,由此可见藏族的历算学者所说的,汉族的历法知识不准出钦天监的门槛,所以藏族学不到手,是符合事实的。

这里有一个问题:唐朝的长庆甥舅会盟碑上汉藏年、月、日的完全一致,怎样解释呢?

回答是:在上述的历史传统背景下,我们有理由设想七八世纪两位公主带到吐蕃去的虽有卜筮堪舆之术(文成公主以精于堪舆风水著称),但关于历算则只带去了现成的历书,甚至预先推算出来的若干年的历书，类似后世有所谓“万年历”（习惯上是预推200年），而没有编制历书的方法。长庆甥舅会盟碑（公元823年）的记载当然无可置疑，但是“彝泰”这类年号在藏族历史上只见到此一例，其前后都没有任何一个。看来是在与唐廷交聘中，尤其是为了盟誓泐石时，与唐帝的纪年法相称而临时起的一个名称。至于纪月法，碑文上的藏文是dpyid－zla－vbring－pa即仲春，有人译为“五月”这样的译法是不够严谨的，尽管二者相当，但是纪月法是用序数，还是用四季各分孟、仲、季；还是用望宿月，从历法史的角度说有不同的意义。

六十干支纪年——用五行各分阴阳以表示十个天干，虽已见于会盟碑，但在当时未必曾经通行，现在我们所见到的确实可靠的吐蕃王朝时代的文献，除会盟碑一例外，只有使用十二动物纪年的，而没有表示十天干的阴阳五行的。例如，保存在《丹珠尔》（bstan－vgyur）经里的《丹噶目录》（dkar－chag－ldan－dkar－ma）里两次提到年代都只说“龙年”，没有加天干的区别，这种例证很多，如果说这是为了简单，那么在牵涉十二年以上的记载里，总应该加上天干的区别了吧！但是仍然未用，例如，谐拉康（rgyal－lha－khang）碑文：“于后一个龙年，予驻于温江多（on－cang－do）宫之时，对前盟加以增益”。赤德松赞（khri－lde－srong－btsa）公元798—815在位，17年中有两个龙年，后一个当然是812年，而碑文中只说“后一个”而未用天干去区别。又例如：《语合二章》（sgra－sbyor－bam－bo－gnyis－pa）厘定翻译规则，保存在《丹珠尔》经里，是无可怀疑的文献，也只记为“马年”。公元798—815之间马年也有两个，从上一条纪年的方式来看，这一条未标明“后一个”，就应该是前一个，即公元802年。但从所述及的史事来看又应该是“后一个”马年。

尤有甚者，《敦煌古藏文历史文书大事编年》记公元650至763年120余年间的大事，写于金城公主进藏后50余年，纪年仍只用十二动物属肖，没有一处用到阴阳五行表示的天干，而且只记四季，没有区分孟、仲、季，更没有写用数字表示的月序，四季也大都是夏季在前者居多，春季在前者很少，看不出唐朝历法的痕迹。

文成公主公元641年入藏，当时唐朝使用的是戊寅元历，公元665

年改用麟德历,到金城公主公元710年入藏时仍使用麟德历。这种历法第一个正式确定了不用闰周,直接以无中气之月置闰,和用“定朔”排历谱这两项基本原则,是一种水平相当高的历法,公元729年改用水平更高的大衍历时金城公主尚在世。这些历法都比时轮历法的水平高得多。如果7-9世纪吐蕃时期已经引进了唐朝的历法,则11世纪初引进时轮历必然会发生激烈的争论,争论的问题绝不仅是一个六十年周期的开始用甲子还是丁卯这样一个简单的问题,在日月食预报哪种历法更准确问题上一定会有一番竞赛,而这些在历史上竟毫无痕迹。由此可见,唐朝的历法没有传入过吐蕃。

还有一条反证,就是前面已说过的十世纪时拉喇嘛·意希欧曾教给他的臣民一个闰月的口诀:“逢马、鸡、鼠、兔之年,闰秋、冬、春、夏仲月。”这实际上就是三年一闰,这是一个很粗疏的闰周,如果唐历已传入吐蕃是不会倒退到这里的。

汉族的帝王怕别人利用天象推翻自己的政权,但其他的民族并不全如此,例如蒙古族就没有这种禁忌。忽必烈的重要谋士刘秉忠(1216—1281),在出山之前曾讲授过数学和天文历算,著名的授时历的创立者王恂(1235—1281)和郭守敬(1231—1316)都是他的学生。令人奇怪的是藏族的佛教领袖八思巴(1235—1280)与王恂生卒之年都极为接近,他和噶玛派的大师让琼多吉(Rang-byung-rdo-rje 1284—1339),对时轮历都有其自己的著作。而且他们都多次来到大都,受到元朝皇帝的崇奉,八思巴大有机会见到刘、王、郭。让琼多吉也大有机会见到授时历,授时历在中国历代颁行的60余种历法中的最精密的一种,在世界天文学史上,在十三四世纪时也是最高水平的,为什么在这两位大师的著作中,竟见不到一点他们接触过授时历的痕迹?这恐怕只能从宗教上去找原因了。

前面已讲过,《时轮经》不是单纯讲天文历算的书,它的主要目的是要在日、月食发生之前,准确的推算出来,以便届时特别下大工夫去努力修证,以求得到天人相应,内外结合,达到修证的最佳效果。时轮经在宗教上的崇高地位对于时轮派天文历算知识的传播起了很大的推动作用,藏文书里关于时轮历的著作仅我个人见到过的大小就有200余种之多。另一方面也正因为其宗教地位之高，这种历法也就被神圣化了，对其他历法的传入起了排斥阻滞的作用。历史上有许多这种进步性转变为落后性的事例。这也是合乎辩证法的。关于元代藏汉文化交流频繁而未引进先进的授时历，我们只能做出这一点解释，希望有人继续研究。

3. 藏历引进时宪历的时代背景

藏历引进时宪历主要是为了寻求更准确的日月食预报方法。前面已经谈过蒙藏佛教学者非常注意日月食预报的准确性，一个原因是这是修证能取得超凡效果的最佳时刻，必须掌握好。另外还有一层原因，释迦牟尼的生卒和几项重大事迹的年代对佛教史的研究是至关重要的问题。佛教史的纪年是从释迦诞生或圆寂之年算起的，就像基督教徒用耶稣诞生纪元一样。至今还有一些国家的一些佛教徒觉得自己身为佛门弟子，而纪元却去用“外道”的什么耶稣的诞生纪年，感情上扞格，坚持要用“佛灭”即释迦逝世后多少年去记载，但恰恰是在佛诞与佛灭的年代问题上异说纷纭，争论不休，现在世界上的佛教徒，以至非佛教徒的历史学家对此有好几十种不同的说法，蒙藏学者中也有十几种不同的说法，各有其根据与论证的方法。但有一点是藏族学者们共同承认的，就是佛经里记载释迦牟尼证道成佛在氐宿月望日后半夜，这一天月全食，这是无可怀疑的，如果能用天文的方法准确无误地逆推，定出这个年代，再根据他成道时的年龄（30 或 35 岁）和涅槃时的岁数（80 或 81）进行计算，对于问题的解决将是大有裨益的。藏族有不少学者用时轮各派的不同方法进行过推算，尚未得到公认的最满意的结果。其中最有名的是 15 世纪时浦巴·伦珠嘉措推算的结果，前面我们已经谈到过。第五世达赖在他写的历史名著《西藏王臣记》里把这个推算的结果所得的各项具体数值都写上去了，足见其重视。（民族出版社，该书藏文本第 8 页。）

同时，我们知道历法在数据上的细微误差经过多年积累，越来越大，会影响到日月食推算的精确度。时轮历体系派（grub - rtsis）的历元是公元 624 年的，作用派（byed - rtsis）的历元是公元 806 年，经过数百年乃至近千年的使用之后，不断地发现其与实地观测不能吻合，各家参照自己推算的结果与实测的出入，定出了一些经验改正值（不改动原来的理论、公式、数据，只在推算的结果上加减某一数值）。而各家的改正值不一致。事实上，这样也不可能真正地解决问题。问题的存在迫使他们中的有识之士想到另觅途径，这是藏族方面的迫切需要。

另外，在内地方面，过去汉族历代皇帝垄断天文知识，到了明朝晚年，随着生产力的发展，资本主义的萌芽，向科学技术的发展提出了要求。明朝万历至崇祯年间，钦天监用大统历预报日月食，屡次发生显著的失误，历法的改革已处于不得不行的境地，于是以大学士徐光启为首，向外国的传教士学习天文数学，冲破了禁忌，到了清朝，皇帝本身不是汉族，没有汉族帝王那些禁忌，所以只有到了这时，用汉文写成的历算书籍才有可能传给少数民族。这些是时宪历能够传入西藏的大环境。

4. 推动藏历引进时宪历的两位人物

大环境只提供可能性，可能性变成现实还要有具体的人。文化交流要有两方面的人做有力的推动才能顺利地进行，推动藏民引进时宪历的具体人物有两个：一是第五世达赖喇嘛；一是康熙皇帝。

五世达赖在历辈达赖中是建树最大的一代，藏族人民普遍地尊称之为伟大的五世（lnga – ba – chen – mo）。他的思想比较开放，虽然他本身属于格鲁派的转世系统，但他兼修萨迦派和宁玛派的教法。他的学问很渊博，其文集有25帙之多。对于历算也很有研究，在他写的《黑白算答问》一书中说到："予至东方文殊皇帝之都城时，两度观其历书，细究其法，可与浦派相通。"钦饶诺布大师说："伟大的五世观察紫禁城钦天监所出之汉历后曾说：可以用我们时轮历的语言去表达它。"

记载下来的这几句话虽然很简短，却充分表达了藏族的历算家们渴望求得内地的历算知识的迫切心情。现在把这几句话的意义进一步仔细分析一下。

（1）五世达赖到北京在顺治九年（公元1652年），颁行时宪历是在顺治二年，他所说的汉历是指时宪历无疑。

（2）时宪历之所以能取代明朝的大统历，关键在于其日月食预报的精确令人信服，这正是藏族的历算家所最关心的。

（3）这里所说的历书，显然不仅是一般的民用历书，因为年、月、日、闰月、大小月、廿四节气，以至七曜、九宫、十二建除等名词用藏语表达早已有了，不值得达赖喇嘛这样兴奋。这里所说的汉历乃是指编制历书所根据的一系列术语、数值和公式，他不是走马看花。

(4)藏族所熟悉的历算术语是时轮历的一套，它与时宪历不同的还有数学语言，时宪历用小数运算，而时轮历是用分数运算，把分数变成小数很容易，而把小数变成分母尽可能小的分数可不容易，确实存在着能否“用时轮历的语言表达”这个问题。

当然这时达赖还不知道时宪历与时轮历的区别究竟有多大，引进中会遇到什么困难，不过他的意愿是很明显、很坚决的。康熙年间钦天监里有一些学习天文历算和大地测量的蒙藏僧人，其中有些人的名字也留下来了。我们完全可以推断这里面有达赖喇嘛派来学习，为引进时宪历做准备的人。七八世纪时吐蕃不止一次地派人入唐学习“算学”，而没有能把麟德历或大衍历带回去。千年之后，到了17、18世纪才又派遣学生入京学习算学，后来终于把时宪历引进了蒙藏。历史上文化交流有时很顺利，有时却很曲折。

清廷方面，康熙皇帝(现在也有人模仿西方的语言称之为“康熙大帝”，他是当之无愧的)在历史上的贡献是多方面的，这里只说其中的一点，他对天文数学有很大的兴趣，他命人用满文翻译了《几何原本》供他学习；他亲自在畅春园作天文观测；组织了把《西洋新法历书》修订成《历象考成》的工作，并且积极向少数民族传播；在钦天监学习的蒙藏学生中有的甚至“上亲临提命，许其问难如亲弟子”；每年的“时宪书”都要译成满文、蒙古文颁行；组织蒙藏族的“精于此道者”将编制皇历和推算日月食、五大行星运动的方法译成蒙古文，又从蒙古文译成藏文，题名《康熙御制汉历大全藏文译本》。

总之，由于时代的变化，汉文的天文著作开始允许外传，又幸运地有了五世达赖和康熙皇帝这样两位有力人物的热心促进，培养了专业的翻译人才，才奠定了把比时轮历深奥得多的时宪历传入蒙藏地区的基础。

5.《西洋新法历书》、时宪历与“贾孜”

《康熙御制汉历大全藏文译本》的原本是《西洋新法历书》，为什么叫“西洋新法”呢？前面我们已经谈到过，到了明朝晚年，修改历法已经是势在必行了，怎么样修改呢？中国传统天文学中的代数方法发展到元代的授时历已是达到了它的顶峰，再要向前发展，必须要有新的重大的突破。三角学和几何学方法的引进已是天文学进步所必不可少的，而这些却正是西洋天文学的特长。此外，16 世纪欧洲已经有了望远镜等观测手段，其成就已经超过 13 世纪时中国的授时历的水平。因此当西洋的传教士带来了丹麦的杰出天文学家第谷（Tycho Brahe 1546—1601）的天文学系统，其预报日月食的精确使中国迫切要求改进历法的人们大为佩服。于是有一批中国学者向他们学习，于崇祯八年（公元 1635 年）制订出新的历法 137 卷，取名《崇祯历书》。由于政治动乱，没有来得及颁行，明朝就亡了，公元 1644 年清朝在北京建立政权后，西洋传教士德意志人汤若望（Johann Adam Shall von Bell 1591—1666），把这部书删改成 103 卷献给清廷，取名《西洋新法历书》。清廷采用，顺治二年颁行，并且给这种历法定了一个新的名称，叫做“时宪书”。取“宪天乂民”之意，宪是准绳之意，“宪天”与“法天”相似，乂与义两字同音，形也近似，只是上面少了一个点，是治理、安定的意思。康熙八年（1669 年）重编卷次成为整 100 卷，后来收入《四库全书》，删去西洋二字，又因避乾隆名讳（弘历），改名《新法算书》。根据它制订的每年的历书叫做《时宪书》，民间简称之为“宪书”。我小的时候已是民国十几年，街上还有叫卖“宪书”的，“宪书”成了年历的代名。凡是皇家统一制定颁布全国通行的历书都叫做“皇历”，又因使用黄色封面，又称为“黄历”，二者同音。藏族对于时宪书这个名称不大熟悉，一般直接借用汉语皇历作为其同义语，写作 huang－li 或称之为贾孜（rgya－rtsis 汉历）。

6.《康熙御制汉历大全》的蒙古文和藏文译本

《西洋新法算书》是一部上百卷的科学巨著，内容相当深，其翻译工作不可能一蹴而就。虽然五世达赖已开始派人入钦天监学习，但是到康熙廿一年（1692 年）他逝世时，还未能看到这个愿望的实现。他的继承人第斯·桑吉嘉措（1653—1705）也是一位对藏族文化有多方面重大贡献的人，他主持编纂的《白琉璃》是藏传历算学的官书，其历元是第十二个胜生周的第一年丁卯(1687 年),显然是从时轮历的观点选定的。书中虽然也吸收采取了不少汉文历书里的项目,但基本数据仍然是时轮历的,由此可以看出,直到 17 世纪末,时宪历的推算法尚未介绍到西藏,直到康熙末年才出现了《康熙御制汉历大全》的蒙古文和藏文译本,先译成蒙古文,后转译成藏文。桑吉嘉措也未及见到其成书。

蒙古文译本是康熙五十一年(1711 年)译成刊版的。现在内蒙古科学院图书馆和内蒙古民族师范学院各藏有一部,北京图书馆(今国家图书馆)有全部的复制本。据悉蒙古人民共和国也藏有一部,而且有人对它进行科学研究。原书为木刻本,线装,栏框高 25.3 厘米,宽 16.5 厘米,每栏 8 行,书缝上部有卷名、卷次,中部有章节题名,下部有汉文原名(藏文译本上没有,所以蒙古文本上的汉字对我们有帮助)。每卷书的文前有卷名、章节名。该书的前半部题为《qitad ɉiruqaiyin sudur eče monggoličilagsan ɉiruqaiyin gool》,直译为《蒙译汉历正要》,后半部题为《qitad eče monggolicilagsan ɉirugai yin nomlaga》,直译为《蒙译汉历原理》,未见总称。我们根据蒙古文题名、序文内容,并参照该书藏译本的题名,将这部书拟名为《康熙御制汉历大全蒙译本》。因为藏文本是从蒙古文本转译的,介绍了蒙译本的内容就等于介绍了藏译本的内容。两种译本的序言都未把所译原本的来历说得很清楚。不过,蒙译本的序言较藏译本为好。现将蒙译本的卷目和序言介绍于下:

汉历蒙译序:

印度古代历法有外道与内道两种,外道之历远在释迦牟尼诞生之前即有传播。内道之历即时轮历,则是释迦牟尼口述《时轮根本经》之后传播的。至于汉地,朝代多次更迭,非仅一姓。在二十二代王朝之前便有历法,自是以后,历法有七十二家之多,虽皆系计算日、月、曜、星的运行周期之理,但皆非精确无误,明白无遗。在西藏有纯内道的"体系派"的历算,也有内道与外道合参的"作用派"历法。虽然这两种历法都源远流长,但是精确地推算日食、月食的时刻,必须把地理位置之高低,日月出没时刻的因素都考虑在内,而这两种历法都没有写出来,这就给历算学者们的精确造成了困难,我们蒙古如果仅从藏地翻译引进历算,就无法解决这类计算上的困难。文殊师利(指清朝皇帝)护祐之下的汉地，则已将一切历象典籍之精华集中起来，剔除不明确之处，增加新的知识，将各地地理位置（实际指纬度）高低观测法及有关日、月、曜、星的各种行度，全部展示出来，明确无误，为此文殊师利康熙皇帝召谕将前此所未有的历算典籍之精本，重新用汉文编写（按：当指《西洋新法历书》）再用蒙古文翻译刊刻。……从繁荣昌盛之汉地，将文殊菩萨所传汉历译成藏文曾有多次（按：当指唐朝文成、金城两公主入藏带去的占星择吉、卜筮堪舆之术的书），但将其奥义真谛《文殊皇帝御制汉历》译为蒙古文则大非易事，只以圣旨难违，唯有竭尽赤诚，尽力而为，此汉历新编犹如文殊师利智慧渊海，汪洋浩瀚，博大精深，又无前人之蒙古文旧轨可循，译文不确，不达之处在所难免，尚请方家见谅。……康熙五十年八月初八日，始译自汉文。

以此书的卷目与《新法历书》的卷目相较，可以看出它是选译本，只翻译了推算时直接用到的实践部分，省略了原理部分。

《康熙御制汉历大全蒙译本》卷目：

日躔表	二卷
月离表	四卷
土、木、火、金、水星表共	五卷
五纬表	一卷
交食表	八卷
增交食表 42°—66°	十卷
天文步天歌	一卷
八线表	一卷
凌犯表	一卷
仪象表	一卷
七政	一卷
交食草	一卷

全书共三十七卷　1584 叶（正反面合为一叶）

步天歌卷讲三垣、四区、廿八宿的星数、形状位置，

凌犯卷讲行星与恒星的会合，

仪象卷为黄道与赤道经纬度的换算表，

七政卷为推算日、月、五星位置的步骤，

交食草为推算罗睺的步骤

增交食表是为纬度在北京以北的地区增设的。

《康熙御制汉历大全藏文译本》我在两处见过，一是甘南藏族自治州拉卜楞（bla－brang）寺图书馆所藏手写本，870叶，交食表已有3卷残缺；一是布达拉宫五世达赖书库所藏的木刻本，当时我只见到其下帙，自己搬着梯子上下几次都未找到其上帙。每卷都有黄绫裹硬疋板的首页和底页，极精致。其校阅题记中说："康熙皇帝集一切历象典籍之大成，以汉文撰写成书，于汉地广为传播，复命御前侍卫拉锡主持与汉蒙大译师共同译成蒙古文，又命文殊大皇帝之弟子（请注意弟子二字），精于此道之格隆（dge－slong 比丘）阿旺罗卜藏、格隆丹巴加木参二人为钦使，携此蒙古文译本送交哲布尊丹巴呼图克图（rje－btsun－dam－pa－hutuktu　1635—1723），请其译为藏文，于是以大师为首与……共同译成，进献于帝。予奉旨校阅刊版，参与其事者有……细勘蒙藏两文，遇难解处则对勘汉文，浑天仪等图绘制者为汉人算术博士刘玉思（译音），大清康熙五十四年乙未刊版。"哲布尊丹巴是外蒙古最大的活佛，这是第一世，是五世达赖的弟子，此时年已近80岁了。

五世达赖引进时宪历的遗愿到《汉历大全》藏文本译出刊刻应该说是实现了，然而实际上并未实现。因为时宪历的数学原理是球面三角学，那时蒙、藏族绝大多数历算家们还没有几何学、三角学的数学基础，所以虽然译成了藏文，他们仍旧看不懂，只好望书兴叹（现在蒙藏族老一辈的历算学家仍然如此）。看起来问题在于当初译出后，紧跟着就应该建立一个讲授，练习、实用的组织机构，使之传承不断，可惜当时没有注意及此，以至费了那么大的力量翻译并刊刻出来的这部巨著竟未能发挥其作用。而真正实现五世达赖的这个愿望的是《马杨汉历要旨》。

7.《汉历大全》的简化本

康熙御制汉历大全藏文译本刊版后大约30年左右，北京雍和宫有一位蒙古喇嘛（非常可惜这个人的名字没有留下来）把此书学通，加以简化，改编出了一套与时轮历的运算方法糅合起来的方法，向人传授，随即有人用藏文写下来，我见过两种本子。一种题为《汉历中以北京地区为主之日月食推算法》，是马杨（mā－yang）寺（在内蒙与甘肃交界处）的索巴坚参（bzod－pa－rgyal－mtshan）写的，通称为《马杨汉历要旨》（rgya－rtsis－snying－bsdus）。其历元为乾隆九年甲子（1744 年），编写当稍早于此年。手写本只 16 页，书中提到的表格有 18 种，原来未见到，不过有后世的刻本可以代用。另一种写本题为《摩诃支那（mahatsina）传规交食推步术》，作者为雍和宫蒙古族喇嘛乌里季巴图（ulijibatu），其历元为同治三年甲子（1864 年），比《马杨汉历要旨》晚 120 年，但其内容有一些《汉历大全》中原有，而《马杨汉历要旨》里没有的，此外还有各省和蒙古一些盟旗的北极高度（代表纬度），距京师的东西偏度（代表经度），是康熙年间实测和乾隆时增入的，也是马杨系统诸书所没有的。可见它所根据的不是马杨历书，而是另外的一种。但流传最广，影响最大的还是《马杨汉历要旨》，后者只在北京图书馆见到一手抄本。

《马杨汉历要旨》不仅仅是《汉历大全》的简编，二者的作用和价值不一样。《汉历大全》只是单纯的翻译，《汉历要旨》是改编，并带有创作性质。它是蒙藏学者经过自己的学习、消化、钻研后写成的，而且文中加进了不少的夹注，是作者根据自己的理解所作的解释，对于学习者理解时宪历的内容有一定的帮助。因此也许可以说他们建立了一个独立地研究时宪历的学派，尤其是现在内地的天文历算学家里能用时宪历进行实地演算的人已濒临绝响，因而对时宪历的许多名词术语的理解不易深透的情况下，蒙藏学者所继承下来的实地演算的传统，虽然比原法有所简化，但作为理解原法的钥匙还是很有价值的，遗憾的是《马杨汉历要旨》只注意了日食、月食，而没有把关于五星运动的部分改编出来。

《马杨汉历要旨》对于《汉历大全》做了哪些改编工作呢？

（1）简化了一些步骤。例如推日食有 70 个步骤，只相当于《汉历大全》的二分之一。推月食的步骤简化得较少，比起《时轮历精要》来，精细得多了。

（2）把小数运算改为分数运算。这是将就时轮历的习惯。其困难之处在于寻找“最佳分母”。所谓最佳就是结果准确，分母数值又小，便于运算。这位改编者在这上面委实费了很多脑筋。不过我们这本“漫谈”是通俗性的，尽量少讲数学上的运算，所以不去多讲，但也不能做到完全避免，这里只举两个最简单的例子。

1）把岁实（回归年）的长度由365.242185折合为$365\frac{60}{247}$（=365.242915）。折合得不大好，误差嫌大，其实有一个数值更小，又绝对精确的分数$365\frac{31}{128}$（这就是回回历所用的回归年$365\frac{31}{128}$），可惜改编者未能找到。这也说明历算家找到一个令人满意的“最佳分母”是不容易的。

2）太阳1小时平均运行147″.8471049弧秒，用分数怎样表示？改编者巧妙地把分子、分母各乘以14.4使之成为整数

$$\frac{147''.85\times 14.4}{60''\times 14.4}=\frac{2129}{864}$$

其效果准确到小数点后四位。

（3）《汉历大全》的运算许多地方都用三角函数，《汉历要旨》凡遇到这种地方都制成了现成的表，直接检表就可得到。例如：求月食初亏到复圆的弧度，《汉历大全》的原法为：

由第[51]步已知　　食甚距纬

由第[56]步已知　　太阴半径

由第[57]步已知　　地影半径

由基本数据设本天半径为10的7次方

$$\frac{\cos\{[56]+[57]\}}{\cos[51]}=\frac{\cos\text{初亏复圆距弧}}{10^7}$$

求得初亏复圆的余弦后再用八线表检得其弧度。

《汉历要旨》制成“交食起复月行表”即第13表，用[56]+[57]查其直行，用[51]查其横行，即可直接求得。这个表原书限于木版的尺寸，把它切割得很零乱，不便查找，《藏历的原理与实践》里把它整理成一个大插页，用者称便。

这些表确实给广大的不熟悉三角学、几何学，而又爱好日月食推算的蒙藏历算学者们以极大的方便，只要会四则和比例的运算就能掌握，

因而能普遍地推广。现在有了电子计算器,三角函数按键可得,不必用笨重的表格去检索了。

我们的《藏历的原理与实践》一书 3 年中印刷了 3 次,发行达 1 万册,这样一本专业性较强的书,相对于藏族人口的数量来说,这个比例是不小的。购买者主要是因为书内有《时轮历精要》和《马杨汉历要旨》两书的藏文原文和汉文译注,拿去做课本教材用,因为这在当前是适合其教育水平的。

8.《马杨汉历要旨》的传播

《马杨汉历要旨》从 18 世纪 40 年代起,由北京雍和宫流传到内蒙和阿拉善(alagsha)旗,与甘肃东北部华瑞(dpav - ris)地区的马杨寺一带,但是从那时到 19 世纪 60 年代之间,约 120 年间似乎是停滞在那里,没有继续西传。公元 1864 年的《文殊供华论》的后序里说:"马杨之学曾经被人篡改得面貌全非。"1876 年的《恭息(sgom - zhi)历书》中说:"索巴嘉参开传授此学之端,后因地方变乱,典籍散佚,濒于绝传,幸有……细绎文义,重振其学。"可见中间是有一个低谷时期。到 19 世纪中叶,重新掀起了一高潮,同时出现三个人,同样以同治甲子(1864)为历元的时宪历著作。

一是北京雍和宫的蒙古喇嘛乌里季巴图,前面已经介绍过。

二是甘肃省北部永登县红帽吉祥法苑(zhwa - dmar - bkra - shis - chos - ling)的赛钦(gser - chen)活佛,他著有《汉历发智自在王》(bsam - vphel - dbang - gi - rgyal - po)对运算步骤的先后做了调整,带食出没(日月食的出现时刻有一部分在日出之前或日没之后)部分有所补充。还有《黄历编制法》介绍了时宪历民用历书的编制法。

三是甘肃西南部拉卜楞寺的图登嘉措(thob - bstan - rgya - mtsho),著有《纯汉历日月食推算法·文殊笑颜》(vjam - dbyang - vdzum - zer)和《黄历编制法·文殊供华》(vjam - dbyang - mchod - pavi - me - tog)。在题记中他说:"曾经将按此编出的历书与历年颁布的汉文、蒙古文黄历做过核对。"这个时期汉藏交流的渠道畅通,他们是能得到汉、满、蒙古文的年历的,但是他们不甘心于吃现成饭,还要追究其所以然,这种穷追真知的精神是很宝贵的。

这3个人的工作标志着时宪历在蒙藏的复兴。其后12年有《恭息历书》，又3年（1879年）拉卜楞寺建立欢喜金刚学苑（kyee - rdor - grwa - tshang），与时轮金刚学苑并行，开设时宪历专修课，每年独立地编制《时宪书》。又21年（1900年庚子），有甘南麦许（dme - shul）寺曲培（chos - vphel）所著的《日月食推算法·慧剑光华》（shes - rab - ral - grivi - vod - zer）和《汉历用表》，这是我所见到过的表格中最全的一种版本，还有《汉历所需节气及各项数值二五二〇周期表》。“二五二〇”是五行、七曜、八卦、九宫、十二建除、二十八宿、六十干支的最小公倍数构成的周期。

五行：木、火、土、金、水。

七曜：日、月、火、水、木、金、土。

八卦：离为火、坤为地；兑为金（泽）、乾为天；坎为水，艮为山；震为木（雷）、巽为风。

九宫：第一宫白色、第二宫黑色、第三宫碧色、第四宫绿色、第五宫黄色、第六宫白色、第七宫赤色、第八宫白色、第九宫紫色。

十二建除：（1）建，（2）除，（3）满，（4）平，（5）定，（6）执，（7）破，（8）危，（9）成，（10）收，（11）开，（12）闭。

二十八宿：角、亢、氐、房、心、尾、箕，
斗、牛、女、虚、危、室、壁，
奎、娄、胃、昴、毕、觜、参，
井、鬼、柳、星、张、翼、轸。

十天干：甲、乙、丙、丁、戊、己、庚、辛、壬、癸。

十二地支：子、丑、寅、卯、辰、巳、午、未、申、酉、戌、亥。

每天都有其值日的五行、七曜……二五二〇日循环一大周。该书下半部大量地采用了汉文《玉匣记》的诹吉法。麦许的这三种书配合成套，使用方便，被普遍采用，影响较大。《汉历用表》的自叙中说：“此诸表与他处之表有不一致之处，何正何误，尚待研究。”可见他在使用中发现过问题，但因不知制表原理和公式，无法判断、改正。这是蒙藏历算家们迫切要求解决的问题。《藏历的原理与实践》提供了一部分答案（如第18表），但尚不完备，有待于继续研究。

进入20世纪后陆续还有青海省丹第(tan－tig)寺的才旦夏茸(tshe－tan－zhabs－drung)、隆务(rong－bo)寺的第钦(bde－chen)喇嘛,甘南拉卜楞寺的札贡巴(brag－dgon－pa)等人的著作,内容大抵不出以前各书的范围。值得注意的是札贡巴指出:"此法所用六十五年的闰周与汉历原法不符,故求得之积月(总月数)应做适当的调整。用前后两月实朔(即前面提到过的'定朔')之差定月之大小,汉历用真黄经(而不是平黄经)定节气,无中气则置闰,两原则最可靠,但亦发现与'宪书'不符之处,此方(指藏区)学者须反复仔细推算实朔数值,勿使有误,再进一步推究。不可有任何成见、偏见"。他的这种精益求精的科学态度是非常可贵的。同时,由此也可以看出他已清楚地觉察到藏传时宪历中的某些问题,而尚未完全明白问题症结之所在。

1916年拉萨"医算院"(sman－rtsis－khang)成立后将第钦活佛的两书校订,更换历元为火兔年(1927年),开课讲习,并将用时宪历推算日食、月食的结果和汉历中的某些项目增入每年编制的藏历里,至今保持不断。

1987年出版了两种藏传汉历的书,一是《藏历的原理与实践》一书里用汉文翻译了《汉历要旨》全文并且加了译注和例题演算。一是桑珠嘉措的《汉历·文殊欢喜供云》(rgya－rtsis－vjam－dbyangs－dgyes－pavi－mchod－sprin,西藏人民出版社)将历元改为第十七胜生周丁卯(1987年),全书分四章①五项根数②实朔③日月食④其他。第四章里是根据《文殊供华论》和麦许曲培的书写了12个月的节与中气求法,廿四节气,春牛经,龙、牛、饼数,月天干、月九宫等的求法。

* * * * *

本章第二节论证时宪历以前,藏族地区未曾系统地传入过汉族历法的原因是汉族历代帝王严禁历法外传,其情况我们在本书《时宪历交食推步术在蒙藏》一文的注④里即已述及。本书中引用了更丰实的藏汉文史料。排校过程中又见到江晓原《天学真原》一书(辽宁出版社1992年版)其第三章内"历代对私藏、私引天学之严禁"一节所引汉文史料与本书可以互为补充,请参阅。

五、余　论

1. 藏历新年与农历春节异同原因

本节内容与《藏历新年与农历春节日期异同》一文相同，此处从略。

2. 时轮历与时宪历的准确程度

(1)几项基本数据的准确度

时轮历	体系派	宫年	365.27065
	作用派		365.25876
时宪历	康熙汉历大全	周岁	365.24219
	马杨汉历要旨	转年	365.24291
现代天文学		回归年	365.24220
现代天文学		恒星年	365.25636

时轮历	体系派	太阴月	29.53059
	作用派	太阴月	29.53056
时宪历	康熙汉历大全	朔策	29.53059
	马杨汉历要旨	太阴月	29.53059
现代天文学		朔望月	29.53059

时轮历	月亮的周期	27.32174
时宪历、汉历要旨	由太阴自行间接推得	27.32158
现代天文学	恒星月	27.32166

时轮历	由月亮不均匀 运动公式推出	27.55407
时宪历、汉历要旨	太阴转终分	27.55457
现代天文学	近点月	27.55455

时轮历	罗睺 周期	按太阴日计	6900.0
		按太阳日计	6792.4
时宪历、汉历要旨	太阴交周		6793.2
现代天文学	黄白交点退行周期		6793.49

	水星	金星	火星	木星	土星
时轮历	87.97	224.7	687	4332	10766
现天文学	87.97	224.7	686.98	4332.59	10759.21

(2)日月食预测的准确度

现介绍《藏历的原理与实践》一书中各按其原来的方法演算实例所得结果如下：

1)时轮历推算月食实例

第十六胜生周土羊年牛宿月十五日

农历　　己未年七月十五日

公历　　1979年9月6日

	拉萨食甚时刻	食分
时轮历体系派	16时24分	全食
Oppolzer 《日月食典》	格林威治时间10时54分 折合拉萨时间17时10分	13.4 12为全食
误差	早46分	无

2)时轮历推算日食实例

第十六胜生周土羊年鬼宿月三十日

农历　　　己未年十二月三十日

公历　　　1980 年 2 月 16 日

	拉萨食甚时刻	食分
时轮历体系派	12 时 50 分	10/12
《天文普及年历》	18 时 28 分 20 秒	0.77 1.0 为全食
误差	早 5 个半小时	大 0.06

3)藏传时宪历推算月食实例

第十六胜生周铁鸡年十一月十五日

农历　　　辛酉年十二月十五日

公历　　　1982 年 1 月 10 日

	北京食甚时刻	食分
藏传时宪历	3 时 45 分 16 秒	1.35
《天文普及年历》	3 时 55 分 8 秒	1.337
误差	早 10 分 32 秒	0.013

4)藏传时宪历推算日食实例

第十六胜生周铁鸡年六月三十日

农历　　　辛酉年七月初一日

公历　　　1981 年 7 月 31 日

	北京食甚时刻	食分
藏传时宪历	11 时 36 分 58 秒	0.6
《天文普及年历》	11 时 17 分 58 秒	0.56
误差	迟 19 分	0.04

在这些实例中,藏传时宪历推算日食、月食比时轮历准确度高一些,尤其是日食。不过藏传时宪历推算日食仍比时宪历原法误差大,其原因比较复杂,在《藏历的原理与实践》一书里有一节专门讨论这个问题,这里就不多谈了。

3. 错误的理论与正确的计算结果

《时轮经》所说的这种宇宙结构体系虽然其中局部某些概念有科学意义,但总体上与客观实际很不符合。既然其基础理论是错误的,由此推演出来的结果还可能正确吗?

事实上,历法的理论基础,即宇宙结构体系的观点,不仅时轮历的很不科学,即使是时宪历,在世界天文学史上属于欧洲 16 世纪末的第谷(Tycho Brahe 1546—1601)体系,已经开始进入近代天文学的领域,但是其宇宙结构观仍然是古希腊的托勒密(Tolomy)的地心说,而不是在其 60 年前已有的哥白尼(N. Copernicus 1473—1543)的日心说。不过其推算日月食和行星运动的结果却仍是很精确的,误差很小,这是什么道理呢?

回答这个问题,《中国大百科全书·天文卷》211 页,《历象考成》条说得很扼要:“其整个体系是落后的,《后编》采用的是颠倒了的开普勒(J. Kepler)第一、第二定律,即认为太阳沿椭圆轨道绕地球运动,地球在第一个焦点上,由于《后编》只涉及日月运动和交食问题,因此做出这样的颠倒在数学计算上并没有什么影响”。请注意这里面的“只涉及”三个字和“在数学计算上”六个字。

英国研究中国科技史的著名学者李约瑟(Joseph Needham)也注意到这个问题,他说:“人文学者有时会感到奇怪,耶稣会(Societes Jesu)传教士为什么一方面为中国朝廷制订‘文艺复兴式’的历法如此之成功,而同时又坚持托勒密的观点,摒弃哥白尼的学说?这个问题的答案是:第一,按纯历法的标准来说,他们并不要在两者之间做什么选择,地心说和日心说在数学上意义是完全等同的,不论静止不动的是地球、还是太阳,距离和角度总是一样,要求解的三角形也一样。起决定作用的完全不是历算学家的参考构架,需要的是……较准确的观测数据。第二,……”(《中国科技史》中译本第四卷666页)请注意,他特别说明提出这个疑问的是一位人文学者,那是因为天文学者是不会提出这样的问题的。

由此可见,现在有个别的藏族历算学家由于受到这种外行人的舆论压力,极为试图把时轮历和时宪历都解释成地球绕太阳的学说,好像不这样它们就没有科学上的价值了,从而模糊了科学史上的本来面目,那是完全没有必要的。

4. 舒迪特《藏历西历换算表》简介

许多研究藏学的人希望得到一份藏历、汉历、公历逐日对照的历谱。现简单地介绍一下舒迪特历谱。

原联邦德国舒迪特(Dieter Schuhe)所著《西藏历法史研究》(Unterchungen zur geschichte der Tibetis - chen Kalenderrechung)一书1973年出版后国际上评价甚高,书中的公元1027年至1971年840余年的藏历西历换算表,长达243页,是用电子计算机做出来的,尤其受人瞩目。

此处的“西历”,原文为“欧洲历”,而不是“公历”,这是因为欧洲的历法在历史上有过重大的变动。1582年10月4日以前为儒略历(Julian calender),其后跳过去10天(日历上这一年10月没有5—14日),1582年10月15日以后为格里历(Gregorian calender)才是现行的公历,所以不能简单地说是“公历”。而“欧洲历”一词,对中国的一般读者陌生,所以我们译为“西历”。

这份表不是逐日的,而是逐月的,每月占1行,每3年占1页,已经长达200多页,如果逐日对照则篇幅要大30倍,篇幅过于庞大了。在这一点上此表的性质类似于陈垣先生的《二十史朔闰表》,而由于藏历有重日、缺日这一特点,而且要同时表达4种不同的藏历,如何安排颇为困难,舒迪特的安排设计是颇具匠心,有些巧妙的。读者根据一个月的这一行,就可以自己排出4种藏历全月逐日的历谱来。虽然由于重日缺日这一特点,稍微有一点绕弯子,但并不深奥,只要看懂了其中的一行,其他就会迎刃而解。

为什么会有4组不同的算法呢?原作者舒迪特说:“政治上长期的

不统一和寺院有很大的独立性,一种新的历法被接受使用往往要有一个较长的过程。因此在西藏实际上同时实行着几种不同的历法”。书的正文中举出了10种,为了不使此表过于庞大,他选择了其中的4种。

这4种都是从公元1027年到1971年,这只是机械地按公式推算的结果。并不是说这940年中一定都同时存在这4种不同的历法。例如新浦派产生于15世纪,公元1027年当然不可能有这派的历书,所以在15世纪以前的那些数字是没有实际意义的。更何况实际的历书上还会由于某种其他的考虑而临时改变闰月。他这个表是用电子计算机编制出来的,原作者说他曾用之与第十六胜生周的第36至45(公元1962/1971)年印度Dharamsala出版的藏历核对,除极个别处有微小差异之外,完全符合。我们用察哈尔格西(Cha－har－dge－bshes)文集中保存的200年前的嘉庆六年辛酉(公元1801—1802)的历书核对,完全符合。这个历书在色多(gser－tog)文集中又重新引用,是藏族历算家们所承认的。

5.结束语

现在讲西藏文化的历史根源有3种偏向,一种是僧人们过去出于宗教的虔诚,习惯称印度为“圣域”,有些人对一切好的东西都强调其根源于“圣域”,有些明明是本民族的,或者是有多种根源的事物,也要勉强拉扯或夸大其印度的一面,不少外国人也有这种倾向。无论其有无政治意图,都是一种偏向。另一种偏向是汉族人的,有些人总倾向于过分地强调,夸大其汉族方面的来源,尽量少讲其印度方面的根源,其实这也是不必要的,历史事实终归是历史,应该实事求是,藏文的佛经从梵文译出的比从汉文译出的为多,这是谁也不能否认的,这也无损于西藏是祖国不可分割的一部分。我们讲了一些中原的历法长期未能完整地系统地传入西藏的原因,有的人认为不讲为妙,我认为这也不必要,其实这并未影响霍尔月和汉历中许多项目在西藏的传播,而且这恰恰从反面说明了时宪历传入西藏的难能可贵,讲历史还是应该实事求是。

就拿《马杨汉历要旨》一书来说,它的正文只有短短的16叶,可它是一个丹麦人研究的成果,经过意大利人和德意志人传入中国,由汉族的学者翻译出来,经过藏族的宗教领袖和满族的执政者的倡议与推动,由蒙汉两族的学者译成蒙古文,又转译成藏文,再经过蒙藏两族的学者学习消化之后精心改编而成的。它倾注了汉、满、蒙、藏 4 个民族几代人执著地追求真理的心血,是祖国民族团结合作的结晶,是来之不易的,我们大家应该珍惜它,不能因它比现代的科学落后就抛弃它,不能让它在历史上湮没无闻。这只是一个例子而已,有待于发掘,继承、研究、发展的事物还很多。

第三种偏向是把传统文化里某些与现代科学或西方哲学不符合的东西勉强拉扯成符合的,例如前面说过的,把时轮历五要素里的 sbyor-ba“会合”硬解释为“即月球绕地球的运行与月球、地球绕太阳的运行相结合的意思”,实在没有必要,这种治学的态度本身是违反科学的。

附带声明一下:本书里有几处牵涉了《西藏王臣记》、《白史》和《西藏天文历法史略》的汉文译者,和《藏汉大词典》的统稿者,这几位都是藏学界的耆宿,学问非常渊博、贡献很大的人物,也是我所敬重的老朋友,我直言不讳地用他们的几处错误为例,目的只是因为我想通过正反两面的讨论,给读者的印象,比单单正面的平铺直叙印象更深刻些,概念更清楚些而已。这些错误的发生是由于以前对于藏历的研究没有开展,那时还缺乏参考资料之故。我们不能用现在的条件去苛责前人。而且这点点错误在他们只是小小的微疵而已,瑕不掩瑜,绝不会因此而有损于他们在藏学研究发展史上的重要地位。

藏历是藏族文化中一个重要的组成部分,除汉历之外,在中国众多的少数民族中,其水平是较高的一个,文献也最多,非常值得研究。过去进行深入探讨者少,在国内的藏学研究中几乎是一个空白,难怪遭到一些误解。《藏历的原理与实践》一书有人誉之为“一个新的突破,填补了一项空白”。我们倒是可以不客气地接受这一称赞。但是所谓“突破”毕竟只是突破了一个缺口,打开了通道而已,并不是一切问题都已解决,须要进一步解决的问题还很多。例如,时轮历传入时经过哪些斗争,时轮历各派的差别究竟是什么? 无中气置闰对固定闰周的调节作用怎样体现? 等等。纵向的、横向的问题多得很,一部水平较高的中国科学史,尤其是中国天文历算学史的写作是摆在面前的任务,其中藏历是不可缺少的部分,主持人找过我,我不敢应承,但心里总存着这件事。

过去也有过几篇藏文的讲西藏天文历算史的文章，有的已有汉文译文，其写法都是写一代又一代历算家求学的过程，他的师承、重要弟子、著作书名等。总之，是一连串人名和书名，而写出来某一重要学者新的贡献内容是什么，比他的前人有什么新的资料，新的观点者不多。现在写一部像样的学术史、文化史，写不出这些来是不行的。有了这些才能进一步分析其社会背景，划分发展阶段，找出规律性的东西，这才能叫做“史”。汉族的天文历算学史已有几百篇这样的论文做基础，藏文的还很少。至少要有十来篇这样的专题论文做骨架，一部西藏天文历算学史才能站得起来。我们的《藏历的原理与实践》只是通过局部代表性的著作的翻译、注解、搬开了一般认为藏文历算书难懂的拦路虎，打开了这个宝库的门，开了一条路。总而言之，只是一个好的开端而已，离走完全程还差得远。因此我衷心热诚地呼吁年轻的学者里有人立志继续做下去。我深知其中的甘苦，也得到其中的乐趣。我体会到做成这件事要具备几方面的条件：一、真正熟悉这个专科的藏文典籍；二、熟悉现代天文学；三、能准确地翻译搭桥；四、国外进展的消息灵通；五、能及时地将研究成果发表出去。目前同时具备这样多条件的人是很难得的，不过也不必气馁，即使是一个人单独难以完成，但几个人凑起来合作还是能够完成的。最后再重复一遍那句话，希望青年人里有人继续努力使这颗民族文化宝库里的明珠在祖国的文化史上放出它的光芒！

第十七胜生周水鸡年室宿月初一日

1993 年 9 月 18 日　于北京图书馆

主要参考书目

1.《时轮摄略经解说》（藏文），色多第六世文集。

2.《五行算年首答问》（藏文），阿嘉第二世文集。

3.《黑白算答问》（藏文），五世达赖文集。

4. 铁猴年至木狗年历书（藏文），西藏天文历算研究所编（1980—1994）。

5.《怎样看藏历》（藏文），西藏天文历算研究所编，西藏人民出版社，

1985 年版。

6.《天文历算学发展简史》(藏文),崔臣群觉,西藏人民出版社,1983 年版。

7.《藏历的原理与实践》(藏文、汉文),黄明信、陈久金,民族出版社,1987 年版。

8.《清史稿·时宪志》,中华书局排印本,1976 年版。

9.《中国天文学史》,薄树人主编,科学出版社,1981 年版。

10.《中国天文学史》,第一、三册,陈遵妫,科学出版社。

11.《历法漫谈》,唐汉良等,陕西科技出版社,1984 年版。

12.《西藏的历学》,山口瑞凤,铃木学术财团学报,1973 年版。

13. Unterchungen zur Geschichte der Tibetis – chen Kalenderrechung 1973, Weisbaden.(西藏历算学史)

附表(一) 时轮历六十年名称、序数与五行、十二生肖和天干地支关系简明对照表

	兔	龙	蛇	马	羊	猴	鸡	狗	猪	鼠	牛	虎
阴火	1 丁卯 胜生		51 丁巳 金黄		41 丁未 猕猴		31 丁酉 金沿		21 丁亥 普化		11 丁丑 大自在	
阳土		2 戊辰 妙生		52 戊午 信使		42 戊申 木曜		32 戊戌 悬垂		22 戊子 遍持		12 戊寅 多粒
阴土	13 己卯 沉迷		3 己巳 太白		53 己未 义成		43 己酉 温文		33 己亥 致变		23 己丑 违越	
阳铁		14 庚辰 奋威		4 庚午 沉醉		54 庚申 猛厉		44 庚戌 共通		34 庚子 具备		24 庚寅 仪态
阴铁	25 辛卯 行健		15 辛巳 超群		5 辛未 生主		55 辛酉 恶意		45 辛亥 致违		35 辛丑 超升	
阳水		26 壬辰 欣悦		16 壬午 众杂		6 壬申 数苑		56 壬戌 巨鼓		34 壬子 纲维		24 壬寅 致善
阴水	37 癸卯 致美		27 癸巳 尊胜		17 癸未 太阳		7 癸酉 瑞颜		57 癸亥 呕血		47 癸丑 无忌	
阳木		38 甲辰 忿怒母		28 甲午 胜利		18 甲申 救日		8 甲戌 实有		58 甲子 荧惑		48 甲寅 庆喜
阴木	49 乙卯 罗刹		39 乙巳 多宝		29 乙未 致醉		19 乙酉 护国		9 乙亥 华年		59 乙丑 忿怒明王	
阳火		50 丙辰 炎火		40 丙午 威摄		30 丙申 丑颜		20 丙戌 不尽		10 丙子 能持		60 丙寅 终尽

附表(二)藏汉年名、公元年次对照表

藏名	汉名＼公元＼胜生周	1	2	3	4	5	6	7	8	9	10	11	12	13	14	15	16	17
火兔	丁卯	1027	1087	1147	1207	1267	1327	1387	1447	1507	1567	1627	1687	2747	1807	1867	1927	1987
土龙	戊辰	1028	1088	1148	1208	1268	1328	1388	1448	1508	1568	1628	1688	1748	1808	1868	1928	1988
土蛇	己巳	1029	1089	1149	1209	1269	1329	1389	1449	1509	1569	1629	1689	1749	1809	1869	1929	1989
铁马	庚午	1030	1090	1150	1210	1270	1330	1390	1450	1510	1570	1630	1690	1750	1810	1870	1930	1990
铁羊	辛未	1031	1091	1151	1211	1271	1331	1391	1451	1511	1571	1631	1691	1751	1811	1871	1931	1991
水猴	壬申	1032	1092	1152	1212	1272	1332	1392	1452	1512	1572	1632	1692	1752	1812	1872	1932	1992
水鸡	癸酉	1033	1093	1153	1213	1273	1333	1393	1453	1513	1573	1633	1693	1753	1813	1873	1933	1993
木狗	甲戌	1034	1094	1154	1214	1274	1334	1394	1454	1514	1574	1634	1694	1754	1814	1874	1934	1994
木猪	乙亥	1035	1095	1155	1215	1275	1335	1395	1455	1515	1575	1635	1695	1755	1815	1875	1935	1995
火鼠	丙子	1036	1096	1156	1216	1276	1336	1396	1456	1516	1576	1636	1696	1756	1816	1876	1936	1996
火牛	丁丑	1037	1097	1157	1217	1277	1337	1397	1457	1517	1577	1637	1697	1757	1817	1877	1937	1997
土虎	戊寅	1038	1098	1158	1218	1278	1338	1398	1458	1518	1578	1638	1698	1758	1818	1878	1938	1998
土兔	己卯	1039	1099	1159	1219	1279	1339	1399	1459	1519	1579	1639	1699	1759	1819	1879	1939	1999
铁龙	庚辰	1040	1100	1160	1220	1280	1340	1400	1460	1520	1580	1640	1700	1760	1820	1880	1940	2000
铁蛇	辛巳	1041	1101	1161	1221	1281	1341	1401	1461	1521	1581	1641	1701	1761	1821	1881	1941	2001
水马	壬午	1042	1102	1162	1222	1282	1342	1402	1462	1522	1582	1642	1702	1762	1822	1882	1942	2002
水羊	癸未	1043	1103	1163	1223	1283	1343	1403	1463	1523	1583	1643	1703	1763	1823	1883	1943	2003
木猴	甲申	1044	1104	1164	1224	1284	1344	1404	1464	1524	1584	1644	1704	1764	1824	1884	1944	2004
木鸡	乙酉	1045	1105	1165	1225	1285	1345	1405	1465	1525	1585	1645	1705	1765	1825	1885	1945	2005
火狗	丙戌	1046	1106	1166	1226	1286	1346	1406	1466	1526	1586	1646	1706	1766	1826	1886	1946	2006
火猪	丁亥	1047	1107	1167	1227	1287	1347	1407	1467	1527	1587	1647	1707	1767	1827	1887	1947	2007
土鼠	戊子	1048	1108	1168	1228	1238	1348	1408	1468	1528	1588	1648	1708	1768	1828	1888	1948	2008
土牛	己丑	1049	1109	1169	1229	1289	1349	1409	1469	1529	1589	1649	1709	1769	1829	1889	1949	2009
铁虎	庚寅	1050	1110	1170	1230	1290	1350	1410	1470	1530	1590	1650	1710	1770	1830	1890	1950	2010
铁兔	辛卯	1051	1111	1171	1231	1291	1351	1411	1471	1531	1591	1651	1711	1771	1831	1891	1951	2011
水龙	壬辰	1052	1112	1172	1232	1292	1352	1412	1472	1532	1592	1652	1712	1772	1832	1892	1952	2012
水蛇	癸巳	1053	1113	1173	1233	1293	1353	1413	1473	1533	1593	1653	1713	1773	1833	1893	1953	2013
木马	甲午	1054	1114	1174	1234	1294	1354	1414	1474	1534	1594	1654	1714	1774	1834	1894	1954	2014
木羊	乙未	1055	1115	1175	1235	1295	1355	1415	1475	1535	1595	1655	1715	1775	1835	1895	1955	2015
火猴	丙申	1056	1116	1176	1236	1296	1356	1416	1476	1536	1596	1656	1716	1776	1836	1896	1956	2016
火鸡	丁酉	1057	1117	1177	1237	1297	1357	1417	1477	1537	1597	1657	1717	1777	1837	1897	1957	2017
土狗	戊戌	1058	1118	1178	1238	1298	1358	1418	1478	1538	1598	1658	1718	1778	1838	1898	1958	2018
土猪	己亥	1059	1119	1179	1239	1299	1359	1419	1479	1539	1599	1659	1719	1779	1839	1899	1959	2019

续表 1

藏名	汉名 \ 公元 \ 胜生周	1	2	3	4	5	6	7	8	9	10	11	12	13	14	15	16	17
铁鼠	庚子	1060	1120	1180	1240	1300	1360	1420	1480	1540	1600	1660	1720	1780	1840	1900	1960	2020
铁牛	辛丑	1061	1121	1181	1241	1301	1361	1421	1481	1541	1601	1661	1721	1781	1841	1901	1961	2021
水虎	壬寅	1062	1122	1182	1242	1302	1362	1422	1482	1542	1602	1662	1722	1782	1842	1902	1962	2022
水兔	癸卯	1063	1123	1183	1243	1303	1363	1423	1483	1543	1603	1663	1723	1783	1843	1903	1963	2023
木龙	甲辰	1064	1124	1184	1244	1304	1364	1424	1484	1544	1604	1664	1724	1784	1844	1904	1964	2024
木蛇	乙巳	1065	1125	1185	1245	1305	1365	1425	1485	1545	1605	1665	1725	1785	1845	1905	1965	2025
火马	丙午	1066	1126	1186	1246	1306	1366	1426	1486	1546	1606	1666	1726	1786	1846	1906	1966	2026
火羊	丁未	1067	1127	1187	1247	1307	1367	1427	1487	1547	1607	1667	1727	1787	1847	1907	1967	2027
土猴	戊申	1068	1128	1188	1248	1308	1368	1428	1488	1548	1608	1668	1728	1788	1848	1908	1968	2028
土鸡	己酉	1069	1129	1189	1249	1309	1369	1429	1489	1549	1609	1669	1729	1789	1849	1909	1969	2029
铁狗	庚戌	1070	1130	1190	1250	1310	1370	1430	1490	1550	1610	1670	1730	1790	1850	1910	1970	2030
铁猪	辛亥	1071	1131	1191	1251	1311	1371	1431	1491	1551	1611	1671	1731	1791	1851	1911	1971	2031
水鼠	壬子	1072	1132	1192	1252	1312	1372	1432	1492	1552	1612	1672	1732	1792	1852	1912	1972	2032
水牛	癸丑	1073	1133	1193	1253	1313	1373	1433	1493	1553	1613	1673	1733	1793	1853	1913	1973	2033
木虎	甲寅	1074	1134	1194	1254	1314	1374	1434	1494	1554	1614	1674	1734	1794	1854	1914	1974	2034
木兔	乙卯	1075	1135	1195	1255	1315	1375	1435	1495	1555	1615	1675	1735	1795	1855	1915	1975	2035
火龙	丙辰	1076	1136	1196	1256	1316	1376	1436	1496	1556	1616	1676	1736	1796	1856	1916	1976	2036
火蛇	丁巳	1077	1137	1197	1257	1317	1377	1437	1497	1557	1617	1677	1737	1797	1857	1917	1977	2037
土马	戊午	1078	1138	1198	1258	1318	1378	1438	1498	1558	1618	1678	1738	1798	1858	1918	1978	2038
土羊	己未	1079	1139	1199	1259	1319	1379	1439	1499	1559	1619	1679	1739	1799	1859	1919	1979	2039
铁猴	庚申	1080	1140	1200	1260	1320	1380	1440	1500	1560	1620	1680	1740	1800	1860	1920	1980	2040
铁鸡	辛酉	1081	1141	1201	1261	1321	1381	1441	1501	1561	1621	1681	1741	1801	1861	1921	1981	2041
水狗	壬戌	1082	1142	1202	1262	1322	1382	1442	1502	1562	1622	1682	1742	1802	1862	1922	1982	2042
水猪	癸亥	1083	1143	1203	1263	1323	1383	1443	1503	1563	1623	1683	1743	1803	1863	1923	1983	2043
木鼠	甲子	1084	1144	1204	1264	1324	1384	1444	1504	1564	1624	1684	1744	1804	1864	1924	1984	2044
木牛	乙丑	1085	1145	1205	1265	1325	1385	1445	1505	1565	1625	1685	1745	1805	1865	1925	1985	2045
火虎	丙寅	1086	1146	1206	1266	1326	1386	1446	1506	1566	1626	1686	1746	1806	1866	1926	1986	2046

（原为中国藏学出版社出版的《西藏知识小丛书》之一，1994 年）

时宪历交食推步术在蒙藏(合作)

一、历史背景

西方系统的时宪历日月食推算法已进入近代天文学的领域,是较难掌握的。18世纪中蒙藏学者经过极大的努力,才把它引进蒙藏,受到很大的重视,直到现在,不仅历算专职人员运用它,在民间也还有众多的业余爱好者仍在学习,并用它预报日月食。这是有深刻的社会历史背景的。

首先,除天文历算上的需要外,藏族学者们对于日月食的推算,还有其宗教上的特殊需要。释迦牟尼的成道年代,各国学者异说纷纭,藏族学者之间也有争论,各有其文献或文物上的根据。在藏族文献中,还有释迦牟尼成道在氐宿月正逢月全食的记载,但是没有明确的年代。于是用天文学方法推求佛祖成道之年,就成为学者们追求的目标①。

世界上大多数民族都把日月食看成是不祥之兆。而佛教徒,特别是密宗信徒则认为是最吉祥的时刻。他们相信人体气息的运行与天体上的宿曜的运行是相应的。例如人体的中脉里每23息中有一次"慧风",就是与天体的罗睺的周期6900个太阴日相应的(6900 = 23 × 300)。左右两个主脉又与日、月相应。日、月、罗睺相遇的时刻正是左中右三脉气息相遇的时刻。在这个时刻修证的效果比平时高若干"俱

---

①参见藏文《甘珠尔》(德格版第七十二字帙)《出家经》;松巴・益西班觉:《佛教史・如意宝树》179页;五世达赖:《西藏王臣记》,民族出版社,汉文译本第9页,译注均有误。

胝”倍。释迦在月食之日成道，即职此故[①]。一般人也应趁此机会多多修法行善，因此预知这种宝贵的准确时刻是极重要的。但是到五世达赖时为止，藏族所掌握的还只有时轮历一种。时轮历本来就不够精密，长期使用后误差积累得更大，所以他们亟想寻求其他的方法。

其次，在清代以前，他们是很难从汉族学到系统的历算知识的。一位藏族学者深有感慨地说：“实则中原历数，远自汉武，即已大备，下迄于今，传承未替。”“唯其术均秘藏内府，不出阃限，僧俗百姓，无由获知，是以蕃土未传。”[②]汉族皇室大都垄断天文知识，禁止民间私习，历朝史籍多有记载，明代尤甚。[③] 原来的目的是怕人利用天象制造预言，危害政权。后来发展到“习历者遣戍，造历者诛死”。对本民族的官员、百姓尚且如此，对于少数民族就更不在话下了。只有到了清朝，皇帝是少数民族，没有汉族皇室的那种禁忌。所以只有到这时才有可能有系统地传入蒙藏地区。第十三世达赖的太医钦饶努布说：“迨由国法历禁，汉师缄口。乃迄第十三丁卯周(1807—1866)好学者多方觅求，始于安多地区，初见译本。”[④]时宪历传入西藏，得之不易，所以就更为珍惜了。

第三，第五世达赖(1617—1682 年)爱好历算，本人就有关于历算的著作[⑤]。1651 年他在北京曾两次参观紫禁城内的钦天监，并听人介绍过时宪历的推算方法。他非常兴奋地说：“汉历是有办法用时轮历的语言表达的！”[⑥]记载下来的这段话虽然很简单，却充分表示了他殷切的心情。这里所说的汉历，显然不是民用历书，因为闰月、大小月、廿四节气等用藏语表达是没有困难的，不值得他这样兴奋。这里所说的，肯定是天文历书上的日缠、月离、交食等方面的术语和推算方法。藏族习惯于使用时轮历的数学语言，时轮历用分数运算，时宪历用小数运算，而且用到球面三角函数，所以存在能否用时轮历的语言表达的问题。为

---

①藏文《时轮历精要》第 5 章第 18—19 节。

②藏文《色多全集》第 7 帙《格登新历解》120—122 页。

③《晋书》卷 11、《旧唐书》卷 36,《宋史》卷 48,明沈德符《野获篇》,焦竑《玉堂丛话》卷 1。

④藏文《汉历发智自在王篇》重刊题记。

⑤《五世达赖全集》第 20 帙《黑白算答问》。

⑥藏文《汉历发智自在王篇》重刊题记。

实现这个目的,就首先要培养人才。康熙年间,钦天监里有学习天文历算和大地测量的喇嘛,楚儿沁藏布·兰占巴等人[①]大概就是达赖派来学习并准备翻译时宪历的。

清廷方面,康熙皇帝(1657—1722)对天文有很大的兴趣,而且积极向少数民族传播。在钦天监学习的喇嘛中,有的甚至可得到做他的“亲弟子”的荣誉[②]。当时,每年的时宪书都要译成满文、蒙古文颁行。当《历象考成》正在编制的过程中,就开始组织蒙藏学者将其蓝本翻译成蒙古文,随即转译成藏文。

总之,由于藏族方面的迫切需要和时代的变化,又由于汉文的天文资料允许外传,加上五世达赖和康熙皇帝这样两位有力人物的促进,培养了专门的人才,从而在18世纪初期,出现了《文殊皇帝康熙御制汉历大全藏文译本》。

二、《康熙御制汉历大全藏文译本》

《新法算书》和《历象考成》这样高水平的专著,其翻译工作不可能一蹴而就。五世达赖于康熙廿一年(1682)逝世,没有能见到他这个愿望的实现。他的继承人第巴·桑吉嘉措(1653—1705年)也精通历算。他主持编纂的巨著《白琉璃》木刻本达635叶之多,是藏历的官书。书中规定了编制历书的详、中、略3种模式一直为后世所遵循。但是从此书的内容可以看出,直到17世纪末,时宪历的日月食推算法还没有介绍到西藏。

布达拉宫藏有《汉历大全》木刻本,我们只见到其下函。拉卜楞寺有手抄本870叶。其后序中说:“康熙皇帝集一切历象典籍之大成,以汉文撰写成书,于汉地广为传播。复命驾前之凯雅扎西主持,与汉蒙大译师共同译成蒙古文。又命文殊菩萨大皇帝之亲弟子、精通此道之格

①《大清一统志》,据王庸《中国地图学史》转引。
②《康熙御制汉历大全》藏文译本后记。

隆(比丘)二人为钦使,携此蒙古文译本送交哲布尊丹巴呼图克图(1635—1723),请其译为藏文。译成之时予正承乏驻京掌教,奉旨校阅刊版……竭尽绵薄,细勘蒙藏两文,遇难解处则对勘汉文。浑天仪等图,绘制者系汉族算术博士刘玉思(译音)。大清康熙五十四年刊版。"

蒙古文译本刊于1711年。呼和浩特内蒙古文史研究所藏有一部,北京图书馆(今国家图书馆)有其复制本。蒙藏文译本都是39卷:日缠表1卷,月离表4卷,五纬表共6卷,交食表9卷,增42°—66°交食表及来源图说共10卷,八线表2卷,其他5卷。

它大体上相当于《四库全书》中明徐光启等所修《新法算书》的卷25至81,而略去了其中《历指》10余卷。对于《历象考成》来说,则等于是只译了表16卷。而上编《揆天察纪》16卷、下编《明时正度》10卷则均未译。总之,是个选译本,只选了实践部分,而略去了原理部分。

汉文的《御制历象考成》撰于1714—1722年之间①,反在蒙古文本和藏文本之后。可见蒙藏文翻译时所根据的只能是其蓝本《新法算书》。我们曾将其《算交食诸表法》、《历元后二百恒年五行表算法》以至所举崇祯元年戊辰(1628)的例题与《新法算书》核对,字句完全吻合,而与《历象考成》则有出入。可惜译笔生硬晦涩,以致费了那么大的力量翻译并刊刻出来,竟未能发挥应有的作用,五世达赖的遗愿仍未实现。

三、时宪历的藏文改编本《马杨汉历要旨》

《汉历大全》的蒙藏文本由于内容较深,未能马上被蒙藏族的学者所掌握。真正实现五世达赖遗愿的是乾隆初年北京雍和宫的一位蒙古喇嘛。他把此书学通,并加以简化,创造了一套与时轮历糅合起来的运算方法。随即有人用藏文写下来,题为《汉历中以北京地区为主之日月

①整研组编:《中国天文学史》第232页。

食推算法》,通称为《汉历要旨》。其历元乾隆九年甲子(1744)距《汉历大全》成书仅29年。未见刻本,抄本只16叶。书中提到应用的表格有16种,亦未见。但可用后世的刻本(共44叶)代用。抄本末尾有一段题记:“此书系华瑞马杨寺之数理学人索巴坚参依精于此道之师尊口传,忠实于支那历算原文而意译。”马杨寺在今甘肃北部的天祝县境,与内蒙阿拉善旗接壤。题记下面另有一行小字写道:“此汉历系录自《马杨历书》,尾跋原文如此。唯北京雍和宫及蒙古地区亦有此算法流行,予曾目睹其书,历元年份、正文词句以及算表均与此无异。彼等云此系前雍和宫之一精通历算者所授,但均无署名。”把卷帙浩繁的《新法算书》的交食部分压缩到16叶的藏文《汉历要旨》(不包括算表),并且能实际运用它来推算日月食,达到比时轮历精确的效果,实非易事。五世达赖的这个心愿至此才真正实现了,从此藏族的历算又开辟了一个新天地。

《康熙御制汉历大全》与《马杨汉历要旨》这两部著作的作用和价值完全不同,前者是摘译本,其作用是在忠实于原著的基础上将它翻译成藏文,以便于蒙藏族学者学习和研究;后者则是蒙藏族学者自己关于时宪历的著作。它是蒙藏学者经过自己的学习和钻研后写成的,是已经为蒙藏学者所吸收了的。因此,至少从此书开始,蒙藏族已经建立起自己的研究时宪历的学派①。

《马杨汉历要旨》对时宪历的改编工作如下:

(一)简化了一些步骤。如:原法正午黄赤距纬、黄平与子午圈交角、正午黄道宫度和高度等几项步骤各有用时、近时、真时、初亏、复圆等5套,此法省略了,由食甚近时、真时直接求黄平象限距午和宫度。从限距地高到东西差、南北差之间的步骤也有所简化。总的说来,推日食的步骤减少了约二分之一,推月食的步骤缩减得较少。

(二)求平朔、太阳平行、自行、月自行、平交周等五项根数。原法用

①原著我们已译成汉文,并依照他的方法进行了两个例题的演算,作为《藏历的理论与实践》一书的一部分由民族出版社出版。

积日求，此法改用积月，然后加入年月数，再加入月日数去求，这是时轮历的习惯。

（三）把小数运算改为分数运算。具体的方法是选择一个适当的数值，用它去乘原来的小数，使之成为近似的整数。例如：

$$\frac{\text{太阳一小时平行 } 147.847}{\text{一小时化秒 } 3600} \times \frac{14.4}{14.4} = \frac{2129}{864 \times 60}$$

（四）凡用三角函数的地方都制出现成的表，直接检表即得，不用查八线表。

（五）所用基本数据，在康熙甲子元与雍正癸卯元三者之中更接近于后者。例如：

	朔策	每月太阳平行	太阴交周
康熙甲子元	$29^{d}12^{h}44'3''14'''$	$29°6'24''13'''$	$1^{z}0°40'14''0'''$
雍正癸卯元	$29^{d}12^{h}44'3''1'''$	$29°6'24''15'''$	$1^{z}0°40'13''55'''$
马杨历书 乾隆甲子元	$29^{d}12^{h}44'3''3'''$	$29°6'24''15'''$	$1^{z}0°40'13''55'''$

由此可见，《马杨汉历要旨》不是简单地省去一些步骤，而是经过一番改编，成为有蒙藏特色的时宪历了。它参考了《历象考成》后编，某些数据的精密度有所提高。这次改编，大大便利了蒙藏族的学习和使用，其功绩是不可磨灭的。但也存在一些缺点和错误：

（一）它自造了一个用分数表示的回归年的长度，$365\frac{60}{247}=365.2429149$，既不等于康熙甲子元的 365.2421875，也不等于雍正癸卯元的 365.24233442。其实康熙甲子元有一个现成的分数，即回回历的 $365\frac{31}{128}$，不知因何不用？这个分数带来的误差是不小的。

（二）闰周。65 年 24 闰是时轮历的闰周，是与其回归年的长度 $365\frac{4975}{18382}$ 相应的。此书用了另一个回归年值，而坚持 65 年 24 闰不改，于是便自相矛盾。其他步骤,例如太阳平行,也有此问题[1]。

(三)拉萨与北京的经度时差。《马杨汉历要旨》说:"在蕃土推初亏和复圆辰刻时,太阴从食甚用时,太阳从食甚真时,似以减去一小时十二分为宜。"按:北京与拉萨的时差应该是1小时44分,藏传汉历所用数值小了将近半小时,这个误差影响也不小。

四、《汉历要旨》的传播和使用情况

从18世纪40年代起,这种改编了的简化时宪历就在北京雍和宫、内蒙和甘肃省北部的藏区流传。但是其后的120年间曾经被人篡改,把时宪历与时轮历两种不同的体系混淆在一起,附会上许多占星术,面貌全非。又因地方变乱,典籍散逸,濒于绝传[2]。到19世纪60年代才又重新兴旺发达起来,同时出现了3种同样以同治甲子(1864)为历元的时宪历著作。

一种是蒙古人乌拉季巴图著的《摩诃支那(梵语:大秦)派日月交食推算术》(北京图书馆藏写本34叶)。此人是北京雍和宫的喇嘛,执笔者是马杨寺的罗锥桑布欧色。《恭息历书》说:"幸赖罗锥桑布欧色师细绎原书文义,重新传习,才又爝火重燃。"[3]乌拉季巴图的书比《马杨汉历要旨》的内容要多一些,例如:关于黄赤升度差表有一说明,大段地引用了《汉历大全》里有关的原文。关于求起复方位,《汉历要旨》省略了一些步骤,此书却仍有。又例如:求各地交食三限的时刻,《汉历要旨》只给出了北京和拉萨的时差,而没有给出经纬度。此书中则完整地给出了18省首府和蒙古22个旗的北极高度(即纬度)和距京师的东西偏度(即经度差)。用到的算表也比《汉历要旨》多。从此书的内容来看,

①后来的学者也发现了这个问题。《第十六丁卯周积日表》的题记中指出:"此法所用六十五年的闰周与汉历原法不符,故求得之积月应做适当调整,汉历用前后两月实朔之差定月之大小,用真黄经定节气,无中气则闰,两原则最可靠。此方学者务须反复细推实朔数值,勿使有误。再进一步推究,不可厌烦,不可存任何成见、偏见。"

②据《文殊供华篇》题记。

③《恭息历书》题记。

它所据的原本可能要比《汉历要旨》更早一些。《汉历要旨》可能是从原本进一步缩编而成的。

第二个是甘肃永登县天堂寺的赛钦·扎巴丹增(1819～?)。他在1862年的著作《汉历发智自在王篇》中对运算步骤的前后做了调整,带食出没部分也有所补充。1862年他又著《黄历编制法》,介绍了时宪历民用历书的编制方法。

第三个是甘肃西南部拉卜楞寺的图登嘉措,著有《文殊笑颜篇》和《文殊供华篇》。他在自序中说,他曾经将推算的结果与汉蒙文历年颁布的黄历作过核对。他的第三部著作为《醉蜂嗡嘈篇》,其中包括《六十年积日表》、《春牛经》、《廿四方位图》、《汉历简史》、《释迦年代考》、《汉蒙藏历注对照用语》等。

这三个人的工作标志着时宪历在蒙藏地区的复兴。它是由北京传到内蒙、陇东北,又传入陇西南的。在这种形势推动下,拉卜楞寺在1879年建立了喜金刚院,与时轮金刚院并行,开设时宪历的专修课,进行有组织的传习,并逐年自己独立地编制时宪书,而不是像满蒙那样由汉文翻译。我们曾见到过该寺编制的《宣统五十一年(!)戊戌(1958年)时宪书》。1959年后,因地方动乱喇嘛星散,曾一度中止,现又恢复。

1864年以后,这方面的著作仍不断出现,有同治丁卯元(1867)的《恭息历书》,光绪庚子元(1900)的《慧剑光华篇》,民国甲子元(1924)的《文殊悦容篇》,丁卯元(1927)的《聪人遂愿篇》,《十六丁卯周六十年积日表》等。庚子元(1900)《汉历节气合朔等2520年周期表》里面大量采用了《玉匣记》的历注。2520则是七曜、八卦、九宫、十二建、六十干支的最小公倍数周期。这些书都出现于陇东北、陇西南。

时宪历传到拉萨要更晚一些。1916年西藏建立医算院,由十三世达赖的太医钦绕努布(1883—1962)主持。这时时轮历在拉萨已经衰微①,时宪历尚未传入。他从安多地区古让活佛处学得了时宪历,将《文殊供华篇》和《汉历发智自在王篇》校订刊版,更换历元(1927),与《时

①崔臣群觉《西藏天文星算发展简史》(藏文)第1节。

轮历精要》同元,以便互相参照。

五、小　结

时宪历的日月食推算法起源于16世纪末欧洲的丹麦。17世纪中叶清廷采用。经五世达赖与康熙皇帝的推动,于18世纪初摘译为蒙古文,随即转译成藏文。18世纪中叶,北京雍和宫的一位蒙古族人将它简化并改编,使其适应时轮历的运算习惯,受到蒙藏历算家的欢迎,传播到内蒙和甘肃东北部的藏族地区。经马杨寺的一位喇嘛用藏文写下来,通称《马杨汉历要旨》,成为藏传时宪历的祖本。19世纪中叶传播到甘肃西南部和青海,20世纪初传播到拉萨。现行的藏文历书中仍有此项内容。

这项改编工作在推广普及方面成绩很大,但是由于过分迁就时轮历的运算习惯,产生了几个重要的缺点,致使推算结果的精确度稍逊于原法。

关于藏传时宪历科学原理的研究,我们另有一文载科学出版社1985年出版的《自然科学史研究》季刊,第四卷第一期。

(原载《中国科技史国际讨论会第三次会议论文集》,1983年;合作者陈久金)

藏传释迦成道日之月食小考

释迦牟尼的年代在佛教史上,乃至世界史上,都是很重要的。但是由于文献上没有明确的记载,异说纷纭,各家的论证自然各有其依据,这里不去说它。蒙藏学者们的论证则另有一条途径,就是藏文的大藏经里面的《出家经》(མངོན་པར་བྱུང་བའི་མདོ)和《律本事》(འདུལ་བ་གཞི 汉文译本名《毗奈耶药本事》)里都有释迦牟尼成道之日,月亮圆满,位于氐宿,此日适值有月食的记载。根据这条记载,利用天文历算的方法,逆推这个年代,再上推其生年,下推其卒年(释迦住世 80 或 81 年,35 岁成道,各家没有大的分歧)就成为蒙藏学者们认为可靠的一种方法。只是由于推算所得的数值不同,结论就有不同。其中最著名的是浦巴·伦珠嘉措著、克珠·诺桑嘉措(1423—1513 年)补编的《时轮传规历算·白莲法王亲教》(པད་དཀར་ཞལ་ལུང་)一书里推算的结果。流传 200 年后,经五世达赖喇嘛(1617—682 年)肯定推崇,名气更大。现将五世达赖在其名著《西藏王臣记》一书里引用这一推算的结果的一段文字译出并解释如下(此书有郭和卿、刘立千两种汉文译本,但这一段译文均未得历算要领,故自己另译):

“义成王子　三十五岁　木马之年　氐宿之月
望日拂晓　现证妙智　经云是日　罗睺食月
甘露饭子　名罗睺罗　亦生此日　此次月食
曜位为一　三十八刻　月宿十六　弧刻为零
罗睺头在　第十六宿　二十九刻　此诸数值

犹如莹镜　　准确显示　出现月食　清楚无误”

“义成王子”是释迦牟尼未出家前的名字。

“木马之年”，据五世达赖精心培养的接班人第斯·桑吉嘉措(1653—1705年)所著《白琉璃》认为相当于公元前927年的甲午年。

“氐宿月望日”相当于藏历四月十五日，即著名的“萨噶达瓦”(ས་ག་ཟླ་བ)。

“现证妙智”即证道、成佛。

“甘露饭子罗睺罗”即义成王子之子，名罗睺罗。传说住胎七年才诞生。因诞生之日适值罗睺食月，故以此命名。

“曜位为一”即日曜日，不可误为星期一。

“三十八刻”，1漏刻=24分钟。(郭、刘译为38小时。)

38漏刻×24=812分钟=15小时12分。

时轮历不是从半夜零点算起，而是从天明算起，因此，15小时12分大致相当于上半夜的21时许。所指是食甚时刻。

“月宿十六，弧刻为零”，月亮的位置在第十六宿，即二十七宿里的房宿；弧刻为零，意味着在氐宿与房宿交接处，也可说为在氐宿尾。(郭译为“月和星之星位，有十六座星位落空不计”，误。)

“罗睺头在十六宿29弧刻”即与月亮同位于一宿内，二者相距仅29弧刻。时轮历规定食限为50弧刻，此处在食限之内，故判定有食。这一段文字的主要意义在此。(郭译为“十六座罗睺面星位，计二十九小时”，误。)

“莹洁的镜面”形容推算所得的这些数据能准确无误地反映出天体的情况，犹如莹洁的镜子，能毫发不爽地映现出客体的形象。郭译本理解为从镜子的映像去观察食分的大小和时间，肯定是错误的。藏族有用深色器皿内盛清水，于无风处观察日食的方法，那是因为日光强烈伤目；观察月食不用，因为对月食，肉眼能直视，而且夜间镜子里映像不清楚。

这里还要解答一个问题。汉族古代认为，日食、月食是很不吉祥的天象。释迦牟尼成道是一件大事，怎么会偏偏在这样一个很不吉祥的时刻呢？例如台湾版《佛灭纪年论考》一书收新加坡王仲厚文《略论佛祖纪年与卫塞节》（wesak or wisakha）一文里提出疑问："意即五月间之月圆日……佛祖降生、涅槃与成道三者同在是日……顾说者谓是次卫塞日之夜月，圆则圆矣，其如中经剥蚀，变为黑暗无光何？"

原来密宗有不同的说法，认为日食、月食是最佳时刻。《底哩摩耶经》和《陀罗尼集经》说"求闻持经等密轨，往往明期日月食以求悉地"，梵语悉地即修行成就。藏文的《时轮历精要》第5章15节："月食时善恶作用增长七俱氐倍"；又说："昔者释迦牟尼于氐宿月望日夜间证佛果时适值罗睺入食月轮。现在诸多大士亦复如是，登密道之阶梯，升三身之高堂"，"是故一切明智之士，凡际此刻，皆应加行修习生起、圆满、入尊诸法，以及念诵、朝山、布施、放生等善事"。蒙藏信徒特别重视交食的预报，这是其原因之一。

上述《白莲法王亲教》推算得到了这个结果：释迦牟尼成道日的月食是在公元前729年木马年。虽然为很多历算家承认，尤其是格鲁派的学者们也大都以此为准，但是他们对于时轮历推算日食的准确性不是十分有把握，很希望从现代天文学中得到证实。

现代天文学家查考历史上的日月食，过去通用1887年奥地利人奥波尔子Oppolzer所编制的《日月食典》（canon der Einsternisse）。此书百年来一直是历史学家研究过去的日月食和天文学家计算未来日月食不可少的参考书。《中国大百科全书天文学卷》中说："近年来以电子计算机核算《日月食典》中的日月食表，结果大部分准确，只有极少数边缘情况存在误差……月食也有误差，古代误差略大，近代误差略小。"而这里我们所希望解决的却正是远在2500年以前的一次古代月食，因此，奥波尔子的《日月食典》未能解决我们的问题。所幸1983年中国科学院紫金山天文台台刊上发表的我国自己的天文学家刘宝琳用电子计算机计算出来的《公元前1000年至公元3000年月食典》和《公元前1500年至公元1000年月食典》（载《天文学集刊》）更精确地改正了奥波尔子的细微误差。有了这个可靠的依据,我们就能够对这个问题准确地科学地进行判断了。

现将刘宝琳《月食典》中与此有关部分摘录如下:

日	期		儒略日数		食分	食甚		偏	全	结果
年	月	日				h	m	m	m	
—926	4	16	138	2942	1.485	2	43	104	45	月全食
—897	4	6	140	0099	1.336	20	8	110	42	月全食
—590	3	22	150	5641	1.822	19	41	106	50	月全食

表的说明:第一栏　月食食甚的日期。公历纪元以前采用天文纪年方法,即零年相当年于公元前1年,(负一)—1年相当于公元前2年,余类推。

第二栏　当天历书时为12时的儒略日。儒略日数系从—4712年1月1日起计算,该口干支为甲寅。

第三栏　食分(以月亮直径为单位,半影食加括号,1分相当于时轮历的10分)。

第四栏　食甚的历书时。化为世界时应减△T,△T的近似值见该文附表,其中—900年为5h　58m,—600年为4h42m。世界时是格林威治时间,释迦牟尼成道的地点是印度的菩提伽耶(Gaya),在东经85°,每度差4分钟,需加5小时40分。

第五栏　初亏至复圆时间的一半。食甚时刻减此值为初亏,加此时刻为复圆。

第六栏　全食食既至生光时间的一半。

按以上的说明,将表中最有可能的三次月食进一步推算得下表:

公元前干支	儒	略	食	甚	伽耶时	
	月	日	世界时	伽耶时	初亏	复圆
浦派　927 木羊	4	16	20:45	20:35	0:51	4:19

布敦	880 铁蛇	4	6	14:10	19:50	18:06	21:39
上座	591 铁马	3	22	14:59	20:39	18:53	22:25

核查结果：

公元前880年和公元前591年两次有月全食，在上半夜，与记载不甚合。公元前927年有月全食，在下半夜，复圆时已近拂晓，比浦派推算结果更接近藏文文献的记载。也就是说藏传时轮历浦派所推定的释迦成道于公元前927年甲午年氐宿月望日有月全食，用现代天文学推算的结果核查，这一天确有月全食。至于是否能就此肯定释迦牟尼成道是在这一天，则是另外一个问题了。

（原载《中国少数民族天文历算学学术会议论文集》，1985年4月）

藏历新年与农历春节日期异同

今天我要讲的是一个不大的题目:《藏历新年与农历春节日期异同》,不是讲两种节日风俗习惯的区别,而是只讲日期的同与不同。

首先声明,我不是天文学家,对于历法只是一知半解:对于藏历,我所不知的比我已经知道的多得多。只能说是半个内行。其所以选这样一个题目,是因为题目太大了,深了不是,浅了不是,掌握不好。今天是正月初五,藏历新年和农历春节都刚过去不几天,大家对这样一个题目也许还有点兴趣,"日期异同"题目小一点,犯错误的可能小一点。大的错误自信还不至于有,小的错误以至于外行一些的话,如果有,请指正。

开始时我对于历法的基本知识有没有必要讲,有些犹豫。昨天看到2007年2月21日《北京晚报》五色土副刊上有一篇"知识小品"题目是《阳历、农历的来历》,大意好像是想说:农历里的二十四节气是根据太阳的运动而制定的,与月亮无关,所以不应该叫做"阴历",而应该叫做"阳历"。而一般所说的"阳历"(指公历)则因为其是从西方传入的,应该叫做"西历"或三点水的"洋历"。看到这个"知识小品"之后,我感觉什么是阳历、阴历、农历、夏历、旧历、西历等历法的基本知识还是有讲一讲的必要。

1. 只管太阳运动周期而不管月亮运动周期者叫做阳历,纯阳历,这是一个类名,不是一个专名,古埃及的太阳历、古罗马的儒略历、格里历都是阳历。2. 只管月亮运动周期,不管太阳运动者叫做阴历,纯阴历,也是一个类名,以伊斯兰教所用的阴历位代表。3. 阴阳合历,既有阳历的成分,又有阴历的成分。4. 农历,二十四节气是其阳历的成分,朔望月,以月亮的圆缺定日期者,是其阴历的成分,不能因为其有阳历的成分就说它是“阳历”,也不能因为它有阴历的成分,就说它是阴历。所以不能管农历叫“阴历”。5. 农历。因为其中有二十四节气,是用来指导农事操作的(例如农谚“白露早,寒露迟,秋分种麦正当时”),所以叫做“农历”。6. 夏历。汉族古代把比较容易测定的冬至所在之月定为子月,其后的一个月为丑月,再后一个月为寅月。相传周朝以子月为正月,被称为“周正”,商朝以丑月为正月,被称为“殷正”。夏朝以寅月为正月,被称为为“夏正”。周朝以后各朝,绝大多数都沿用“夏正”,现行的农历也是以“寅月”为正月,所以称为“夏历”。不过仅仅是因为这一点相同而已,并不能因此就肯定现行的夏历就与《书经·夏小正》所记载的完全一样。7. 旧历,是一个相对的称呼,凡是采用一个新的历法之后,以前的历法都可以称为“旧历”,我国现在采用国际通用的“格里历”,把以前使用的夏历叫做“旧历”没有什么不可以。不过不可以把旧历与夏历画等号。8. 现行的夏历实际上是清朝所使用的《时宪历》的继续。《时宪历》不是汉族原有的历法的继续,而是明朝末年从西洋引进的 16 世纪丹麦人第谷(Tycho Brahe 1546—1601)系统的历法。徐光启把它翻译成中文,名之为《西洋新法历书》,清朝初年采用,给了它一个中国的名称叫做《时宪历》。原书后来因避乾隆皇帝弘历的名讳,改称《西洋新法算书》。从这个意义上讲来,夏历(即时宪历)却正是地地道道的“西历”、“洋历”“西洋历”。《北京晚报》上“知识小品”的那个说法是有问题的。

以前一般人很少注意藏历新年。1955 年毛泽东主席向达赖喇嘛和班禅额尔德尼祝贺藏历木羊年新年的那张照片发表,大家才注意到原来藏历的元旦与农历的元旦不是一致的。去年——2006 年藏历火狗年一月一日农历是丙戌年二月初一日,相差一个月,而今年——2007 年藏历火猪年一月一日新年,却与农历丁亥年正月初一春节同在一天、没有差别。这究竟是怎么回事?其实这个问题过去我在一些书和文章里已经讲过了,现在并没有什么新的内容,不过既然社会上还有一些误解,我再讲一下,也算是一点科普知识吧。

回答这个问题,可从2001年到2007年间藏历新年与农历春节的异同考察一下:

藏历新年	公历	农历春节	农历比藏历
铁蛇年一月一日	2001年2月24日	辛巳年二月初二日　闰四月	晚一个月零一天
水马年一月一日　闰十月	2002年2月13日	壬午年正月初二	晚一天
水羊年一月一日	2003年3月3日	癸未年二月初一	晚一个月
木猴年一月一日	2004年2月21日	甲申年二月初二闰二月	晚一个月零一天
木鸡年一月一日闰六月	2005年2月9日	乙酉年正月初一	不晚,正相合
火狗年一月一日	2006年2月28日	丙戌年二月初一闰七月	晚一个月
火猪年一月一日	2007年2月18日	丁亥年正月初一	不晚,正相合

从这个表中可以看出,藏历新年与农历春节同与不同的情况有4种不同之多,1.晚一天,2.晚一个月,3.晚一个月零一天,4.不晚,正相和。不过也只有这4种,没有第五种。

汉族的时宪历以雨水所在的那个月的朔日为新年,藏族以时轮历的星宿月初一日为新年,二者似乎应该是一致的。其所以出现这些不同情况的原因是:1.设置闰月的方法不同,2.安排月的大小的方法不同,3.安排朔望与日期的方法不同,4.计算一天开始的时间不同。

先说第一点,现行的藏历的主体是时轮历,现行的农历的主体是时宪历。这里加上"现行的"三个字,意思是不涉及早期的历法。藏族11世纪引进时轮历以前历法的情况我们所知尚不完整,时宪历与其前汉族所用的历法不属于同一体系。二者都是阴阳合历,而各有其特点。阴阳合历就是说,不是纯阳历,也不是纯阴历,而兼有二者的成分。阳历只管地球绕太阳运动周期,不管月亮圆缺。阴历只管月亮圆缺,不管季节变化周期。农历兼管二者,所以是阴阳合历,不少人把农历(夏历)叫做阴历,是不准确的。

阴阳合历都要设置闰月,为什么?因为朔望月的长度是29.5306日,12个朔望月是354.3672日,而一个回归年的长度是365.2422日,二者相差约11天,大约3年就会相差1个月,所以必须加1个月才能使二者均衡。加上的这个月叫做闰月。最简单的闰法是3年1闰,11世纪时藏族的拉喇嘛叶协欧(lha－bla－ma－ye－she－od)曾教给他的臣民一个闰月的口诀"逢马、鸡、鼠、兔之年,闰秋、冬、春、夏之仲月"。12年里安置4个闰月,这实际上就是3年1闰。这是很粗疏的,时轮历的闰周比它精密得多,是65年24闰,比之更精密的是许多国家都采用的19年7闰,名为默冬章(Metonic cycle)。不过事实上不可能有绝对精确的闰周。直到后来发明了"无中气置闰"的方法才永远地、彻底地解决了这个问题。藏族的历算家称赞说:无中置闰是聪明人的办法(sgang－bral－zla－bshol－mkhas－pavi－lugs)。

无中置闰的原理与时轮历里最特殊的"缺日、重日"的原理相似,了解它对了解时轮历有帮助,所以这里介绍一下。

农历一年24个节气,是把回归年分为24段,与月亮的圆缺无干,不属于阴历。立春、惊蛰、清明、立夏、芒种、小暑、立秋、白露、寒露、立冬、大雪、小寒等12个是"节",雨水、春分、谷雨、小满、夏至、大暑、处暑、秋分、霜降、小雪、冬至、大寒等12个是"中气",合称为"节气"。农历里规定月份的名称按中气所在而定,含第一个中气雨水的那个月名为正月,含第二个中气春分的那个月为二月,以下类推。谷雨为三月,小满为四月,夏至为五月,大暑为六月,处暑为七月,秋分为八月,霜降为九月,小雪为十月,冬至为十一月,大寒为十二月。节与节或中气与中气相隔的时间一年的各月的长度本来是不相同的,相差约一天,为了使问题简单一些,这里采用其平均值30.4368日,叫做"平气",(暂不说定气)而一个朔望月平均是29.5306日,因此就会出现某一个朔望月的头尾都在一个平气之内,两头各有一点空隙,这个平气的前一个中气在这个朔望月的前一个月里,其后一个中气在这个朔望月的后一个月里,于是,这个朔望月里就没有中气,因而无法命名了。只好重复一下其上一个月的名称,成为闰某月。举一个具体的例子:2006年农历丙戌年,7月30日处暑,8月2日秋分。第八个月里没有中气,所以闰7月。时轮历与时宪历设置闰月的原理是相同的,但是设置的方法和历元不同,所以常常相差一个月,不过,也有相同不相差的时候。

第二个不同是月的大小的安排。时宪历安排月的大小的方法是："以前朔(shuo)与后朔相较，日干同者前月大，不同者前月小。"这是因为日的天干以十为周期，前后两个朔日的天干不同，意味着其间的天数不是十的整倍数，不是30，那就是29天，是小月了。(举例：公元2007年，农历丁亥年，正月朔即初一日癸未，二月初一壬子，前后两个朔的日干不同，所以正月小。三月初一辛巳，日干仍不同，二月又小。四月初一辛亥，三、四两朔的日干相同都是辛，"居前的那个月"即三月大。)

时轮历的方法与众不同、非常特殊。时轮历的历书里每个月都有30日，但不是都有三十天。在这里"日"是序数单位，"天"是数量单位。月的大小决定于缺日和重日的多少和有无。

	重一	重二	无重
缺一	30天	不可能	29天
缺二	29天	30天	不可能
不缺	不可能	不可能	30天，吉祥月

重日、缺日与月的大小的关系就是这样，并不复杂。但其原理却比较复杂。重缺日是为调节太阳日与太阴日的关系如而设置的。太阴日是时轮历特有的一个概念术语，它的传统的定义是："月亮黑白分增损十五分之一的时间长度"或者说是"月亮在空间里所行弧长的三十分之一所需的时间长度"。(这里不能更详细地讲，有兴趣的人可以参看拙著《西藏的天文历算》24－26页)一个平太阴日＝0.9843平太阳日，这只是一个平均数，由于月亮运行的轨道不是正圆形，而是椭圆形的，所以在相等的角度对应的弧长中运行的时间是不相等的，有长有短。月行快时太阴日比太阳日短，最短时间为54漏刻＝0.90太阳日；月行慢时太阴日比太阳日长，最长时刻为64漏刻＝1.066太阳日。每个太阴日开始和结束的时刻落在太阳日一天的任何不同时刻都有可能，可能在上午也可能在下午，可能在中午也可能在半夜。计算时是用它在太

阳日里所处的时刻来表示的。时轮历规定太阴日与太阳日要有一定的对应关系。每个太阴日结束时所在的太阳日的日序,应该与那个太阴日的日序相同。于是就会出现两种情况,一种是太阳日比太阴日长,于是有时会有相邻的两个太阴日的结束时刻,都在同一个太阳日之内,这时候太阳日的日序应该按这两个太阴日里的哪一个去命名呢?历法中规定:依前一个太阴日的日序命名。于是就缺少了与后一个太阴日相对应的太阳日序数,缺少掉的那一个太阳日序数就称为“缺日”或“空日”。另一种相反的情况是太阴日比太阳日长,造成某一个太阳日内没有一个太阴日的结束时刻落在其内,也就是说这个太阳日缺少与它相应的太阴日序,那么,这个太阳日的日序应该怎样命名呢?只好把前一个太阳日的日序重复一下了,这种日子称为“重日”或“闰日”。可是要注意,这个“闰日”与闰年、闰月没有关系,不过闰日的道理与“无中置闰”的道理有相似之处,明白后者就不难明白前者了。我的《西藏的天文历算》一书的第46—47页还有一个实例,可以参阅。由于设置月的大小的方法不同,因而二者有时相差一天,有时又不差。

由于这种算法在其他历法中少见,引起一些误会,天津科学技术出版社出版的《中国天文学简史》197—198页上说:“宗教统治者还规定凶日要除去,吉日可重复,从而造成藏历日序的混乱。在黑暗的封建农奴社会里,藏族劳动人民在生产实践中创造和使用的藏历,就这样被反动统治阶级篡改成了宣传宗教迷信的工具。”此书出版早在1979年,那时左的影响还比较大,这种错误不足为奇。到上个世纪80年代中期,这个问题本来已经澄清,可是其影响仍然存在。2002年增补本的《现代汉语词典》仍在说:“为了使十五那天一定是月圆以及宗教上的理由,往往把某一天重复一次,或把某一天减掉,例如有时有两个初五而没有初六等。”为此,我又写了一篇《对于几种辞书里“藏历”条释文的评论》一文,刊登在《中国藏学》2006年第2期上。(已收入本书)

固然,过去在藏族社会中确实有人把日期的重缺与人类社会的吉凶祸福联系起来,但这毕竟是某些人牵强附会地利用本来是用科学方法推算出来的重、缺日期进行迷信附会，实际上不是用吉凶定重、缺，而是盗用重缺定吉凶，这与汉历中有吉、凶、祸、福、宜、忌等历注性质是一样的，我们不可因果倒置，因噎废食。

第三、朔望与日序的安排。现行的藏历规定“望”必须是十五日，我们知道一个朔望月是 29 天半，从朔到望平均大约是 14 又四分之三天，不是整整 15 天。于是，藏历的“朔”就不一定是初一了。而汉历规定“朔”必须是一个月里的初一日，于是望就不一定是十五日，有时到十六日去了。汉族有一句俗话说“十五不圆十六圆”，就是这个缘故。这也是藏历的初一与汉历的初一有时差一天的原因之一。

藏历初一与汉历初一有时差一天的另外一个原因是一天的起点不同。时轮历一天的起点是“天明能分辨掌纹”的时刻；而农历是以夜半的“子正”即现代钟表的零点为起点。从子正到天明这一段时间时轮历把它算在前一天里，汉历却算在后一天里。譬如我们说“昨天夜里两点钟”，其实两点钟在子正之后，已经是今天而不是昨天了。天明比夜半的子正更便于直观。但是天明的时刻是随季节而变动的，不如子正精确。

当然也有相差一个月和相差一天两个因素遇在一起的时候，这时就会出现相差一个月零一天的情况。

顺便谈谈藏历特殊的纪年法。我国现在所采用的公历是欧洲的格里历，其纪元是从耶稣降生的那年算起的。1949 年前以辛亥革命的次年 1912 年为中华民国元年，例如藏学家刘立千自述其加入华西边疆研究所的年份为民国 29 年（1940），台湾到现在仍旧使用这种纪年法，2007 年为中华民国 96 年。再往前使用的是皇帝的年号纪年，例如，文成公主进藏是在唐太宗贞观十五年辛丑（公元 641 年）。可是一个皇帝的年号又往往经过多次“改元”，例如唐高宗就有过永徽、显庆、龙朔、麟德、乾封、总章、咸亨、上元、仪凤、调露、永隆、开耀、永淳、弘道等 14 个年号，因此，即使是知道那一年的干支，想要知道其确切的时间，也必须要查阅历史年表，否则无法知道，例如，金城公主入藏的年份，汉文的史书里记为唐中宗景龙四年,唐中宗还有一个年号是神龙。无法与公元直接折算。不过也没有其他的办法,非常不方便。

藏文史书里使用的是 rab－byung“饶迥”和干支结合的纪年法,比汉族的皇朝、皇帝年号纪年法方便得多。这种方法是以火、土、铁、水、木五行各分阴阳表示十天干,用十二动物属肖表示十二地支,二者结合构成六十年一个周期。这与汉族的以六十年为一周期,思路是相同的。有的人认为这是藏历的一个特点。我认为这仅仅是名词的不同,还不成为一种历法的特点。不过,其第一年不是从甲子年开始,而是按照时轮历的习惯从火兔年即丁卯年开始。时轮历里这六十年每一年各有一个名称,其第一年的名称翻译为藏文 rab－vbyung 汉文音译写为“饶迥”,意译为胜生,就像甲子也成为这种六十年周期的名称一样,“饶迥”就成为这种周期的名称,也可以称之为“胜生周”或“丁卯周”。以时轮历传入西藏的那一年(公元 1027 年)开始,为第一个“饶迥”。960 年后,1987 年为第 17 个饶迥的开始。今年(2007)藏历火猪年,是这个饶迥的第 21 年。这种方法用一个简单的公式就可以换算成公历,非常方便,(举例)

A＝丁卯周序数　B＝时轮历年序数　C＝公历纪元年份

$$C = (A - 1) \times 60 + B + 1026$$

例:第 17 绕迴(丁卯周)　火猪(第 21 年)

$$(17 - 1) \times 60 + 21 + 1026 = 2007$$

这种方法比汉族的皇帝年号纪年方便得多。我认为这才应该算是藏历的一个特点。有的人看到这个周期也是六十年,而不是从甲子年开始,不能理解,就说成“喇嘛教的强制推行给藏历的发展造成了恶劣的影响。藏历的干支纪年法,本是从阳木鼠(甲子)年开始,叫做‘迥登’(即木鼠之意)纪年。可是封建农奴主为便于宗教统治,从公元 1027 年起强行用喇嘛教的‘饶迥’(即火兔之意)纪年法取代‘迥登’纪年,以阴火兔为首年。”这种说法是根本错误的,只能说是作者对藏历的无知。

公元是以耶稣诞生纪元,是基督教徒的方法,佛教徒以释迦牟尼涅槃之年(现在多数承认为公元前554)纪元,伊斯兰教徒以相当于公元622的那年为纪元,这些都有宗教色彩,不易被其他宗教的教徒接受。

饶迥这种纪年法虽然比较方便,也有其缺点,第一,时轮历的以丁卯年为六十年周期的开头,究竟不如以甲子年开头更易于被更多数的人接受;第二,以相当于公元1027之年纪元,太晚了,其前的年份都要逆推,很不方便。如果以较早的一个甲子纪元,其后的年份都用第某个甲子周的某个干支年来表述,可能被更大多数人所接受,问题在于要找到一个合适的甲子年。最近有人又重新提出用黄帝纪元,以公元2007年为黄帝4705年,如果此说被接受,那么第一个甲子就可以定在相当于公元前2678年的那年,(现在一般把商朝的年代设定为公元前2070至1600年,黄帝在其前约六百年)。相当于公元2007之年可以表述为第78个甲子的第25年丁亥。$78 \times 60 + 25 = 4705$。当然这仅仅是一个初步的设想而已。

(2007年2月22日国家图书馆文津讲座)

附：公历 1999—2020 年藏历新年与农历春节异同表

公元	干支	藏历			农历			公历		藏历迟早
		月	日	闰月	月	日	闰月	月	日	月 日
1999	己卯	1	1		1	2		2	17	迟0 1
2000	庚辰	1	1	正	1	2		2	6	迟0 1
2001	辛巳	1	1		2	2	四	2	24	迟1 1
2002	壬午	1	1	十	1	2		2	13	迟0 1
2003	癸未	1	1		2	1		3	3	迟1 0
2004	甲申	1	1		1	1	二	2	20	迟1 1
2005	乙酉	1	1	六	1	1		2	3	相符合
2006	丙戌	1	1		2	1	七	2	28	迟1 0
2007	丁亥	1	1		1	1		1	18	相符合
2008	戊子	1	1	三	1	1		2	7	相符合
2009	己丑	1	1		2	1	三	2	25	迟1 0
2010	庚寅	1	1		1	1		2	14	相符合
2011	辛卯	1	1	十一	2	1		3	5	迟1 0
2012	壬辰	1	1		2	1	四	2	22	迟1 0
2013	癸巳	1	1	八	1	2		2	11	迟0 1
2014	甲午	1	1		2	2	九	3	2	迟1 1
2015	乙未	1	1		1	1		2	19	相符合
2016	丙申	1	1	四	1	2		2	9	迟0 1
2017	丁酉	1	1		2	2	六	2	27	迟1 1
2018	戊戌	1	1		1	1		2	16	相符合
2019	己亥	1	1	正	1	1		2	5	相符合
2020	庚子	1	1		2	2	四	2	24	迟1 1

据英巴《三十年藏历》和唐汉良《实用二百年历》编

《康熙御制汉历大全蒙译本》考（合作）

一、书名与卷次

在搜集整理蒙古文古籍的过程中，我们复印了内蒙社科院图书馆所藏的一部历法学丛书。此书为康熙五十年（1711）木刻本。原书为线装，双栏，栏框高 25.3 厘米，宽 16.5 厘米，行文每栏为八行，白口，书口上部有卷名，卷次，中部有章节题名，下部有汉文的译名、卷次及叶码。每卷书文前有卷名或章节名。

我们没有见到这一复制品的总书名，据《全国蒙文古旧图书资料联合目录》所记，该书的前半部题名为《qitad J̌iruqai yin sudur eče monggolčilagsan J̌irugai yin gool》，直译即《蒙译汉历正要》，该书的后半部题名为：《qitad eče monggolčeilagsan J̌iruqai yin nomlalga》，直译即《蒙译汉历原理》。《联合目录》上的该书有个汉译名为《（蒙译）数理精蕴丛书》。此译不知有何依据，但我们认为它不够妥当。蒙古文J̌iruqai 一词多义，可做星相学、历法学、数学讲。四库全书中的御制《律历渊源》100 卷包括三部分：（1）《历象考成》，（2）《数理精蕴》，（3）《律吕正义》（论述音乐原理）。《数理精蕴》讲的是数学，而这部书讲的是历法学，但又不完全相同于《历象考成》。仁钦戈瓦在《蒙古文翻译史略》① 一文中将此书称为《天文历算正要》。基于上述书名之不统一，我们根

①见 1987 年民族出版社出版的《民族语文翻译研究论文集》第 13 页。

据此书的蒙古文题名、序文内容，并参考该书藏译本的题名[①]，将这部书拟名为《康熙御制汉历大全蒙译本》。

据悉，此书除内蒙古社会科学院图书馆藏有之外，内蒙古民族师范学院和蒙古人民共和国还各藏有一部。

原书卷次紊乱，两套排号，各不齐全，互有重复。经过整理，区分出卷次完整的一部及卷次残缺的一部复本。其卷目如下：

汉历蒙译序　一卷，7 叶；

日躔表　二卷，卷一 90 叶，卷二 54 叶；

月离表　四卷，卷一 41 叶，卷二 28 叶，
卷三 34 叶，卷四 50 叶；

土星表　一卷，68 叶；

木星表　一卷，67 叶；

火星表　一卷，60 叶；

金星表　一卷，65 叶；

水星表　一卷，65 叶；

五纬表　一卷，63 叶；

交食表　八卷，卷一 59 叶，卷二 51 叶，
卷三 42 叶，卷四 41 叶，
卷五 63 叶，卷六 58 叶，
卷七 34 叶，卷八 41 叶；

（增）交食表序　一卷，19 叶；

（增）交食表 42°　一卷，23 叶；

（增）交食表 44°　一卷，18 叶；

（增）交食表 46°　一卷，17 叶；

（增）交食表 48°　一卷，17 叶；

（增）交食表 50°　一卷，18 叶；

---

①该书的藏译本题名为《康熙御制汉历大全藏译本》（vjam – dbyangs – bde – ldan – rgyal – bos – gdams – pavi – rgya – rtsis – bod – skad – du – bsgyur – ba）。

(增)交食表54°　一卷,18叶;

(增)交食表58°　一卷,17叶;

(增)交食表62°　一卷,18叶;

(增)交食表66°　一卷,18叶;

天文步天歌　一卷,29叶;

八线表　一卷,108叶;

凌犯表　一卷,17叶;

仪象表　一卷,76叶;

七政(18叶)与新七政(15叶)合为一卷共33叶;

交食草(34叶)与交食细草(21叶)合为一卷共55叶。

全书共37卷,1584叶①。现将序文一卷翻译注释如下。

二、序文译注

《汉历蒙译序》

印度古代历法有外道①与内道两种,外道之历远在释迦牟尼诞生之前即有传播;内道之历即时轮历,则是释迦牟尼口述《时轮根本经》②之后传播的。

至于汉地,朝代多次更迭,非仅一姓。在二十二代王朝③之前便有历法④,自是以后,历法有七十二家之多⑤,虽皆系计算日、月、曜、星的运行周期之理,但都不是精确无误,明白无遗。

在西藏有纯内道的"体系派"的历算⑥,也有内道与外道合参的"作用派"历法⑦。虽然这两种历法都源远流长⑧,但是精确地推算日、月食的时刻,必须把地理位置之高低、日月出没时刻⑨的因素都考虑在内,而这两种历法都没有写出来,这就给历算家们的精确计算造成了困难。我们蒙古如果仅从藏地翻译引进历算,就无法解决这类计算上的困难。

---

①据悉,与内蒙社科院图书馆所藏本相比较,内蒙民族师范学院所藏本多交食表第九卷,蒙古人民共和国所藏本缺(增)交食表序卷。

文殊师利护祐之下的汉地[10]则已将一切历象典籍之精华集中起来，剔除不明确之处，增加新的知识，将各地地理位置高低之观测法[11]，及有关日、月、曜、星的各种行度，全部明确无误地展示出来了[12]。因此，为了精历算，彰百家、益算者，圣文殊师利康熙皇帝召谕将此前所未有的历算典籍之精本[13]重新用汉文编写[14]，再用蒙古文翻译刊刻[15]。

谨遵圣命，我等将文殊师利圣天子历算新编中计算日、月、曜、星之时刻，地理位置之高低之精确数据及其图、说，以及学习、使用历法必需之典籍[16]都译成了蒙古文并刊刻木版。

从繁荣昌盛之汉地，将文殊菩萨所传汉历译成藏文曾有多次[17]，但将其奥义真谛《文殊皇帝御制汉历》译为蒙古文则大非易事，只以圣旨难违，唯有竭尽赤诚，尽力而为。此汉历新编犹如文殊师利智慧渊海，汪洋浩瀚，博大精深，又无前人之蒙古文旧轨可循，译文不确、不达之处在所难免，尚请方家见谅。

译者孤陋寡闻、才疏学浅，实难胜任，理解不适之处，含混浮泛之词亦出于无奈。幸得学博识广之士赐予审阅，匡正谬误，或尚不致贻误众人。

经过此译，历算真谛必将流传于各方，流传于整个大地，永不停息，不断完善，终不负众人之望也。

康熙五十年八月初八日，始译自汉文。

下面是翻译通事名录，领衔者为奏藏蒙事内府御前侍卫拉锡[18]，次名为藏文学校藏蒙文教习扎萨克喇嘛丹金格隆，其他主要有：蒙历法师伯吉，蒙译师奥其尔，汉历法师何国宗、刘玉思等共 36 人。文中“汉历新编”里的“新编”二字值得注意。

序文注释：

①外道，印度各教派都自称内道，而把其他教派叫做外道。此处指佛教以外的其他教派。

②《时轮根本经》据说是公元前 881 年释迦牟尼临近涅槃时口述的，公元 1027 年传入藏区。原文有一万二千颂，藏文只译了其中的一

品。对其真伪曾有过争论,后经布顿和宗喀巴等大师的肯定,才被普遍地接受,在北京版的蒙藏文大藏经中排在首帙第二部。

③汉文的纪传体史书从史记到明史共22种称为22史,将新唐书、新五代史也计算在内即现在通称的二十四史。并非22代皇朝,原作者于此名称的理解不甚准确。

④这句话是科学的,各民族由于生产与生活的需要都不能不有其各自的纪日、纪月以至纪年的方法。黄宗羲说:“三代以上,无人不知历。”

⑤七十二是个成数,并非准确的统计,不过大体也差不多。《中国天文学史》(科学出版社1981年版)列举时宪历以前的历法91种,其中有22种未颁行,曾颁行者69种。

⑥体系派与作用派都属于时轮历系统,来源于印度。体系派注重数值理论体系的完整,故名。

⑦作用派注重应用(主要是推算日月食的准确与方便)。据说体系派是以《时轮根本经》为依据,作用派是以《时轮摄略经》为依据,而《时轮摄略经》是吸收了作用外道的历法而成的。

⑧体系派计算中所用的近距历元是公元624年,作用派计算中所用的近距历元是公元806年,这可能是产生该历法稍前不远的年代。

⑨这里“地理位置的高低”指地理纬度的高低。月食的食分各地所见相同,与纬度关系不大。日食则各地见食与否及所见的食分大小相差很大,影响最大的因素是纬度。“日月出没时刻”是晨昏的日月食见食与否或带食出没的决定因素。时轮历只考虑黄道经度,未考虑纬度的因素,所以日食的预报误差较大。

⑩蒙藏佛教徒认为西藏是观音菩萨教化之域,蒙古是金刚手菩萨教化之域,汉地是文殊菩萨教化之域。汉地的皇帝是文殊的化身,汉族的历算是文殊菩萨留传的。

⑪《新法算书》有测北极高度的方法,并有北京圆明园内畅春园观测所得的数值及18省省会、蒙古各盟旗所测的北极高度(代表纬度)和

时间差（代表经度）。

⑫这一段是指《新法算书》的前身《崇祯历书》和《西洋新法历书》。这些书是明末徐光启和意大利传教士利玛窦等人编写的，采用的是16世纪丹麦的卓越的天文观测者第谷（Tycho）的系统与数值。蒙译者不甚了解这一段来历，由于是通过汉文而得到的这种知识，因而笼统地说是汉族的。

⑬指《西洋新法算书》，因其不是完整地一次进呈，而是陆续编译陆续进呈，所以成了丛书的形式，而且章节较乱。

⑭指1669年完成的《新法算书》整整100卷。

⑮即指这部蒙古文译本。公元1711年刊版，37卷。

⑯指运算中必须查用的数据表是书中占篇幅最大的部分。

⑰藏文史书中说文成公主和金城公主入藏带有算书，并曾派人入唐学习、翻译。但我们未找到所译是何书，从流传的书名看来大都是占星择吉、卜筮堪舆之术，未见唐代历法的藏译本。

⑱《康熙御制汉历大全藏译本》后记中作御前凯雅·扎西。

三、源与流

以下谈谈这部《康熙御制汉历大全蒙译本》的源流及其在蒙藏科技史上的影响。

我国有悠久的历法学史，清朝以前用汉文正式颁行的历法就约有60余种。实行最长的是元代王恂和郭守敬制定的《授时历》，在明代改名《大统历》，实际内容未变。这种历法先后使用了360多年。《授时历》比以前的各种历法都精确，所用的数据当时在世界上也是最先进的，但仍然有细微的误差。经过300多年，这些误差积累起来，就形成了较大的数值，影响到推算日月食的精确，到明朝晚年就很清楚地感觉到重新修改历法的必要了。这时西洋的耶稣会传教士来到中国，带来了16世纪末欧洲的天文历算。这时欧洲已经有了望远镜等观测手段，其成就已经超过十三世纪授时历的水平。于是以徐光启为首的一批中国学者向他们学习,1635 年制订出新的历法 137 卷,取名《崇祯历书》,已经刻版,但由于政治动乱,没有来得及颁行,明朝就灭亡了。顺治元年(1644)清朝在北京建立政权,曾经参加《崇祯历书》编写工作的意大利传教士汤若望,把这部书稍加删改压缩成 103 卷献给清廷,取名《西洋新法历书》,清廷果断地立即采用,顺治二年(1645)颁行,并且给它定了一个新的名称叫做"时宪历"。时宪历从顺治二年(1645)颁行到清末(1911),共沿用 260 多年,公元 1911 年辛亥革命之后改用公历,时宪历则被称为农历,与公历并行。

《西洋新法历书》的木刻版入清后曾经多次挖改或重刻,卷次紊乱。1669 年重编卷次为整 100 卷,并改名《新法算书》,后被收入四库全书。

耶稣会的传教士们当时虽然在天文历法上有较高的水平,但是为了保持他们在学术上的垄断地位,采取了"留一手","故神其技"的手法,致使《新法算书》中有"图与表不合而解多隐晦难解"等严重缺点。

公元 1661 年康熙即位,他对数学和天文学有很大的兴趣,而且系统学习过,到晚年曾组织我国的天文学者重新修订《新法算书》,从康熙五十三年(1714)开始,到他去世那年(1722)才完成,题名《御制历象考成》。

值得注意的是,《康熙御制汉历大全蒙译本》成书于康熙五十年(公元 1711),从它的成书时间看,它在《新法算书》之后,而在《御制历象考成》之前。从内容上看,《康熙御制汉历大全蒙译本》大体上相当于《新法算书》的卷 25 至卷 82,而略去了其中讲原理的《历指》10 余卷,对于《历象考成》来说则等于是只译了表 16 卷。上编《揆天查纪》16 卷和下编《明正时度》10 卷则均未译。总之,这是个选译本,只选了推算时直接用到的实践部分,而省略了原理部分。

我们拿蒙古文交食表卷一开首的 3 页与汉文《新法算书》核对过。算交食诸表法的说明,历元后 200 年 5 行(hang)表①的算法,以至所举

①首朔、太阳引数、太阴引数、交周度、太阳经度各占一栏,即一行。见附图Ⅰ。附图Ⅱ取自(增)交食表序卷第二叶下。

崇祯元年戊辰（公元1628）的例题，都与《新法算书》字句完全吻合，而与《历象考成》有出入。

经过初步核对，《康熙御制汉历大全蒙译本》相当于《新法算书》的卷数如下：

日躔表二卷相当于卷二十五、卷二十六，

月离表四卷相当于卷三十二至卷三十五，

土星表一卷相当于卷四十六、卷四十七，

木星表一卷相当于卷四十八、卷四十九，

火星表一卷相当于卷五十、卷五十一，

金星表一卷相当于卷五十二、卷五十三，

水星表一卷相当于卷五十四、卷五十五，

五纬表一卷相当于卷四十五，

交食表八卷相当于卷七十二至卷七十九，

八线表一卷相当于卷八十一、卷八十二。

只是天文步天歌、凌犯、仪象、七政、交食草、增交食表共15卷尚有待于进一步仔细查核。从内容上看，步天歌卷讲三垣四区廿八宿的星名、星数、形状和位置①，凌犯卷是行星与恒星的会合表，仪象卷是黄道和赤道经纬度的换算表，七政卷为推算日、月、五星位置的步骤，交食草卷为推算罗睺的步骤，增交食表十卷是因为原交食表仅到北纬40°为止，是为北京及其以南地区用的，对蒙古地区不适用，所以又增加了42°至66°的表。

在整体结构上，《康熙御制汉历大全蒙译本》与《御制历象考成》是相差较远的，可见此书是以《新法算书》为主要蓝本，经过选择和整理而进行翻译的。这与蒙古文序文中所谈的相吻合，只是序文中所说的《康熙御制汉历》，不是指《御制历象考成》，而是指《新法算书》。

从序文中可以看出，康熙帝欲把汉历翻译成蒙古文是由来已久了。其目的在于向少数民族地区推广时宪历——这个当时最先进的历法。

---

①此天文步天歌卷与李迪的《〈蒙文星占学〉研究》一文中的第二部分第3章相当。

为什么先译成了蒙古文，而没有同时或先译成满文或藏文呢？我们分析这是因为蒙古族学者有其得天独厚的地方。第一，蒙古族在天文学上有较长的历史，它从很早的时候起就注意结合本民族的特点，兼收并用其他民族的历法。13 世纪初，最早的蒙古史书《元朝秘史》中就采用了十二属相纪年法；在元代初期，曾采用过金的“大明历”，其后编制过著名的“授时历”，并在钦天监中还曾有人编制过“万年历”；15 世纪以后曾兼用汉历与藏历。蒙古族有自己的杰出的天文学家，著名的有：铁木尔的孙子乌鲁伯格（1394—1449）、明安图（1692—1763）。第二，蒙古族统治过汉地，吸收了不少汉族文化，精通汉语文和汉历的人比较多。相比之下，满族的文化历史较短，藏族虽有自己悠久的文化历史，但离汉地较远，精通汉语、汉历者不如蒙古族多。第三，由于蒙古族信奉佛教，佛教是从西藏传来的，蒙古族喇嘛都是要习藏文、藏经的，所以蒙古族中也不乏精通藏语文与藏历者。

基于这些因素，所以首先出现的是汉历的蒙译本，这部《康熙御制汉历大全蒙译本》本身就显示了蒙古族科学家的天文历法知识和语言翻译水平。而且，这个译本的出现确实起到了向少数民族地区推广时宪历的作用。首先是使蒙古族学者掌握了当时的先进历法——时宪历，并使它在蒙古族地区得到推广和应用，更重要的是它促进了时宪历在藏地的传播。

藏族有历史悠久的、独具特色的藏历，藏历在我国丰富多彩的文化宝库中占有重要的地位。11 世纪藏族从印度引进了时轮经，藏历的基础是保存在藏文大藏经里。13 世纪藏族开始有了自己关于时轮历的著作，其后流传渐广。直到现在，西藏天文历算研究所和印度达兰萨拉每年出版的藏历，基本上仍是属于时轮历体系的，不过吸收了不少时宪历的内容。

藏历在发展过程中虽然吸收了一些汉历的内容，如“霍尔月”①、二

①13 世纪西藏从元朝接受了汉历的以寅月（冬至后第二个月）为正月即年首，称之为“霍尔月”，也作“蒙古月”。

十四节气和春牛经等。但都是枝节的,不成体系的。有系统地从汉族引进的历法只有一种,这就是18世纪从北京引进的时宪历,蒙古族、藏族人不熟悉《时宪历》这个名词,而称之为“新汉历”,进而简称之为“汉历”。而《康熙御制汉历大全蒙译本》则在其中起了重要的桥梁作用。

时轮历在推算日食、月食方面不够精确,基于历算上和宗教上的需要,藏族的历算学者们渴望掌握汉族的推算方法。又因能从蒙古文译成藏文的人才比能直接从汉文译成藏文的人才容易得到些,于是《御制汉历大全蒙译本》译成之后,马上就被转译成藏文。关于此事,《康熙御制汉历大全藏译本》的校阅刊版题记中写到:“……文殊诞生后二千四百九十二年(公元1654年)?康熙帝诞生,铁牛年即帝位,大弘佛法……集一切历象典籍之大成,以汉文撰写成书,于汉地广为传播。复命驾前之凯雅扎西主持,与汉蒙大师共译成蒙古文。又命文殊大皇帝之亲弟子,精习此道之格隆·阿旺罗卜藏、格隆·丹巴加木参二人为钦使,携此蒙古文译本送交哲布尊丹巴呼图克图,请其译为藏文。于是以大师为首,与呼毕拉干·兰占巴、衮班智达、额尔德尼·毕力克图等共同译成后,进献于帝。时予承乏驻京掌教,奉旨校阅刊版,参与其事者有总管京师喇嘛扎萨克·阿旺巴拉珠尔呼图克图(以下名单共8人,略),竭尽绵薄、细勘蒙藏两文,遇难解处则对勘汉文,浑天仪等图绘制者系汉族算术博士刘玉思。大清康熙五十四年乙未(公元1715年)刊版”①。

《康熙御制汉历大全藏译本》是一部忠实于原著的选译本,可惜译笔生硬晦涩,加之一些藏族的历算家们缺乏几何、三角的数学基础,因此无法使用此书。这样,虽然有了时宪历的藏译本,但是还未能达到时宪历藏传的目的。

虽然如此,《汉历大全》蒙译本和藏译本的出现,究竟是大大地方便了蒙藏学者对时宪历的学习与研究。不久(乾隆初年),雍和宫的一位蒙古族喇嘛将此书学通,创造了一套与时轮历的运算方法揉合起来的

①见黄明信、陈久金:《藏历的原理与实践》,民族出版社,1987年,第570—571页。

方法,随即有人用藏文写下来,题为《汉历中以北京地区为主之日月食推算法》,通称为《汉历要旨》。此书末尾有一段题记:"《以首都北京地区为主之日月食推算法》系华瑞马杨寺[①]之数理学人索巴坚参,依精于此道之师尊口传,忠实于支那历算原文而意译。愿此法遍扬于大地!"题记下面另有一行小字写道:"此汉历系录自马杨历书,尾跋原文如此,唯北京雍和宫及蒙古地区亦有此法流行,予曾见其书,历元年份、正文词句以及表格均与此无异。彼等云系此前雍和宫之一精通历算者所授,但均无署名[②]"。

把卷帙浩繁达 100 卷的《新法算书》压缩到 60 页的藏文(包括表格),并使其能为广大的藏族学者接受,能实际运用它来推算日月食达到比时轮历精确一些的效果,实在难得!可惜是改编者没有留下姓名,但从中也足以看出蒙古族科学家之聪明才智了。

之后,《马杨汉历要旨》就成为藏传时宪历的祖本。到这时,时宪历藏传的目的可以说基本达到了,藏族的天文历算学从此开辟了一个新的领域。不过广泛地传布还有一段过程,其间有一百余年濒临绝传,直到 19 世纪中才又恢复。《汉历要旨》从甘肃东北部的马杨寺传到甘肃南部的拉卜楞寺,1879 年该寺建立喜金刚院传习这种汉历,每年自己编制"黄历",直到 1958 年,80 年间没有中断过。20 世纪初期传到了拉萨,在藏医院里设立了传习的课程,并将按这种方法推算日月食的结果载入每年编制的藏文年历里,至今仍保持不断,也已有 60 年的历史了。

200 多年来,蒙藏历算家关于时宪历的著述不下二三十种[③],大都是祖述马杨的,但其中有一种例外,即《摩诃支那传规日月交食推步术》(藏文)[④]。此书的作者也是雍和宫的蒙古族达喇嘛,名叫乌里季巴图。此书的历元为 1864 年甲子,比《汉历要旨》虽然时代晚,内容却多一些。例如:关于黄赤升度表有一说明,大段引用了《汉历大全》里有关的原

①马杨寺在今甘肃永登与阿拉善旗交界处。
②见《藏历的原理与实践》第 418 页。
③见《藏历的原理与实践》第 582 页以下。
④北京图书馆藏手写本,他处未见。

文。又如:求各地交食三限的时刻,《汉历要旨》只给出了北京和拉萨的时差而没有给出经纬度,此书则完整地给出了康熙年间实测的18省首府和蒙古22个旗的北极高度(即纬度)和距京师的偏度(即经度)。可见它与《汉历要旨》虽是同源,却是《汉历大全》的另一分支,它在蒙藏历算学典籍中也是一份不可多得的珍贵资料。

总之,一部浸透蒙古族科学家智慧的《康熙御制汉历大全蒙译本》,促进了蒙藏历算学的发展,促进了各个民族之间的文化交流,它应该在蒙古族科技史上,在我们伟大祖国的科学文化史上占一席应有的位置。

(原载《文献》1988年第2期,合作者申晓亭)

拉卜楞寺藏书中的《汉历大全》

拉卜楞寺的藏书里有一部书名为《文殊菩萨康熙皇帝御制汉历大全藏文译本》,以下简称为《汉历大全》,共 870 叶(正反两面为一叶),行书体小字精抄,是一部大书,可惜没有人能看懂,包括学识博大精深的拉木·策称穆(Lha – mo – tshul – khrims)大师(我的师傅,20 世纪 60 年代去世)和现仍健在的天文历算专家桑珠先生都说看不懂。

1946 年我代表第五世嘉木样活佛去南京接洽拉卜楞寺喇嘛职业学校的事,临行时师尊郑重托付:"藏历有时轮历和汉历两种算法,时轮历的算法和原理我们都掌握,汉历则只知其算法,不知其原理,原理在《汉历大全》一书里,但此书没有讲授的传承,现在没有人能看懂,这是一大遗憾。我有一个弟子,卓尼杨家阿拉贺,从小跟我学经,人很聪明,时轮历和汉历两种算法都非常熟练,多年以前到北京去了,没有回来,这些年失去联系。估计他已精通汉语、汉文,很可能已学通汉历的原理,看懂了《汉历大全》。你此去一定要找到他,让他到拉卜楞来一次,把汉历的原理带回来"。我到北京后找到了此人,他说他通汉语,粗通汉文,但没有学过汉历原理,也不想回去了。我回复师尊后,他很失望。1948 年我离开拉卜楞时,师尊又嘱咐我说:你是汉人,精通汉文,将来一定要学一学汉历的算法,学通其原理,补足我们的这个缺憾。此后 30 年内我始终没有忘记师尊的这个心愿,但是前十年忙于革命文件书籍的翻译,后二十年在农场劳动,都没有实现这个遗愿的条件。直到 1983 年我旧地重游,到拉卜楞寺向桑珠老师学习了藏传汉历,当时我已 66 岁,演算天文历算的庞大数字是很吃力的，我咬牙学下来了。关于其中专门术语的汉文原文是什么，是老友韩志华同志从合作（今甘南地区合作市）借来了《清史稿·时宪志》才基本解决。不过只对出来这些名词术语的汉文，仍解决不了其天文数学原理问题。

当时拉卜楞寺的藏书还堆集在时轮学院经堂里，我在其楼上找到了《汉历大全》这部书，看了好几天仍然看不懂，这样大的书手抄一遍是不可能的，拍照和复制当时都不具备条件，只好空手而归。此外，我也曾到拉萨去，藏医院的强巴赤烈院长对此事很热心，亲自陪我到布达拉宫五世达赖的书库里找出《汉历大全藏译本》，意外地看到它不是手抄本而是木刻本，可惜的是只有下函，没有上函。可幸者拉卜楞寺的手抄本里所缺的“交食表”的三卷这里不缺，而这里所缺的上函拉卜楞寺的手抄本里完整无缺，如果能把二者合在一起，就能整理出一部完整无缺的《汉历大全藏译本》来。可惜那里规定不准拍照全书，只准拍三叶，因此我只拍到了该书的后序三面和交食表卷一的三面。

回到北京后我拿学到的藏传《汉历要旨》一书和推算日月食的例题演算给中国科学院自然科学史研究所的研究员陈久金先生看，他结合《康熙御制历象考成》进行研究，我们二人共同写出了《藏传时宪历源流述略》一文发表在《西藏研究》（用汉藏两种文字）和《藏传时宪历原理研究》发表在《自然科学史研究》1985 年第 4 卷第 1 期，得到藏族历算学者和现代天文学家的好评。至此完成了先师的遗愿，可惜他老人家已见不到了。

但是这一次对于其原理的研究，究竟还是从汉文资料间接得来的，不是直接从藏文的《汉历大全》得来的，因此藏文的《汉历大全》的研究仍然很有必要。为了此项研究工作，首先是要把拉卜楞寺和拉萨两处都有两部不完整的此书汇合在一起，现在拍照和复制的技术条件具备，不是什么难事，关键在于资料的所有者能否打破禁锢，肯于公开。

可以借鉴的是此书蒙古文译本的情况。此书的蒙古文译本内蒙图书馆有完整的一部，他们毫无保留地为北京图书馆复制了一全套。内蒙古师范学院也有一套,该校数学系的几位老师已开始着手研究,其第一篇文章1988年发表于《中国少数民族科技史研究》第三辑。蒙古人民共和国的巴·巴图吉白嘎拉在其《蒙古古代数学》一书中也有述及。

《汉历大全藏译本》原书我们未得到其全文,只得到其交食表前3面的照片,将这3面的藏文与《新法算术》(《四库全书》里有,不是很难见到)里的汉文原文对照后,发现藏译本之所以难懂有三个原因:一是藏译本过分地直译,词句生硬;二是所用到的数学较深,用到球面三角函数,时轮历里未用到这样深的数学;三是名词术语与后来流传的马杨寺《汉历要旨》(见拙者《藏历的原理与实践》)里所用的名词术语不完全一致。

利用汉文,把两种不同译法的对应关系找出来,对读通此书是会有帮助的。

(原载《安多研究》1993年创刊号)

拉卜楞寺的喇嘛生活

普通称蒙藏的僧侣为喇嘛,这是根据蒙古习惯而来的。严格地说来,蒙藏的佛教不妨称为喇嘛教,而蒙藏的僧侣称之为喇嘛,却不甚妥当,不过既成了一种习惯,我们就不妨从俗,就如汉文的“和尚”原也是一种尊称,涵义与藏文的喇嘛相仿,习惯上既成为通称,我们也就从俗,一样的称呼。喇嘛的正式称呼དགེའདུན是梵语“僧伽”的意译,是“聚而行善者”的意思,人数在 4 人以上方能这样称呼,单独称གྲྭ,是学生的意思。“穷学生”(གྲྭ་གྲྭ་རྐྱང)是喇嘛们常挂在嘴边的自谦词。别人当面对他们的称呼,在塔尔寺是“师傅”དགེརྒན,据说拉萨也是如此,在拉卜楞寺是“大叔”ཨཁུ,其来源不甚明了,据我猜想是这样:喇嘛自小出家,在寺中自然需要一个年长的人照管,这照管者普通多是他的伯叔之属。藏语伯叔为阿喀,于是阿喀就成了照管人的代名词。同时,他对于一切年长的喇嘛,也都叫“阿喀”。于是“阿喀”又成了一个普泛的对喇嘛的尊称,与照管人同义的狭义的“阿喀”,并不限于他的亲伯叔,他的亲戚或同乡都可以,再不然请人介绍一个也可以。这些“阿喀”之所以愿意收这个“子弟”——这里用“子弟”一则别于学法的“徒弟”,二则与原义的叔叔的阿喀相对区别。除了情面的嘱托以外,主要的目的是长大以后可以伺候他。一个喇嘛若没有子弟,到年老以后其情况是很苦的。除了这种自愿的以外,也有寺主དགོན་བདག或法台ཁྲི་པ指派给他的,也有寺主或法台为扩充人数,命他自己找来的。

无论“子弟”的来源怎样,阿喀对他的责任第一步是带他去受戒རབ་

བྱུང。传戒的喇嘛是自由选择的,有资格传戒的喇嘛,总是众所推服的活佛或高僧。受戒以后,请一个他所预备入的那个学院གྲྭ་ཚང的毕业生བཀའ་རམས་པ带他到那个学院的法台(拉萨称堪布མཁན་པོ)面前,去请求入院。这个带他去的人便算是他的世间师傅འཇིག་རྟེན་དགེ་རྒན。理论上世间师傅对他所带去请求入院的徒弟,有照管的责任。但实际上照管的责任是由阿喀承担的。不过阿喀大都具有上述的条件,所以世间师傅往往就是他的阿喀罢了。至于入哪个学院,是由他的父母和阿喀商议决定的。也有父母替他找阿喀的时候,已经考虑过这个条件的,那么就没有商议的必要了。

本来照黄教的教理是先显后密。应当是先入显宗学院(མཚན་ཉིད་གྲྭ་ཚང,直译当为相性学院),毕业后再转入其他密宗学院。但事实上,显宗学院毕业的人,大都不肯再入密院,而以毕业生的资格留在显院,相反的,新学生却很多直接入密宗各院。其普通的理由,是自己的阿喀(照管人)不在显院,照顾无人,但另有见解的也大有人在。例如我邻居的一个活佛,去年由家乡带出两个小喇嘛,一个入了续部下院རྒྱུད་སྨད་པ,一个入了医学院སྨན་པ,而活佛自己则是在显院的。我问他为什么不送他们入显院?他说:“显宗的教理研究好了固然极好,但十个人里能学得像个样子的不过两三个,其余的大都一无所成,甚至有连度母赞སྒྲོལ་མ(这是最普通的一种经,藏民大都会念,乞丐也多念此乞钱)都背不出来的。我这两个‘子弟’,大的比较伶俐,叫他学医兼及历算声明等,回去可以活人济世,小的比较迟钝些,叫他练嗓子学仪规,将来回去做个经头དབུ་མཛད,应酬经忏,总可以不成问题。”总而言之,是恐怕画虎不成反类犬之意。这个活佛家乡的寺里,还是有个显宗学院。青海、甘肃一带有显院的寺不过屈指可数的十几个。其他没有显院的地方,更认为就算学好了回去也无用处,这与内地或专参禅或专修士,以及大学生重“工”而轻“理”是同样危险的趋势。

请求入寺并无日期的限制,随便哪一天都可以,一般说来,十二月底及六月底为最多。因为正月及七月则有大规模的法会,有布施可拿。

重法不重钱的人，尤其是活佛们，大都在二月十七日（冬季大法会དགུན་ཆོས་ཆེན་མོ始业式ཡར་ཚོགས那一天）。一则是一年的开始，二则此次法会里有般若部毕业生的庆祝会ཕར་ཕྱིན་སྟོན་མོ，是个好兆头。

再回来说，世间师傅带着徒弟，到了本学院法台的家里向他三叩首后，起来说，这个沙弥请求入本学院肄业，若徒弟有六根不净，或年龄过大（10 岁以上）等情形，师傅就根本不会领他前去的，所以既有师傅领着去请求，大约很少不准的，法台他问问法名、籍贯、阿喀是谁而已。年龄稍大及远处来的间或说几句勉励的话，随即指定一名善知识དགེ་བཤེས做他的传法师傅ཆོས་ཀྱི་དགེ་རྒན，并给他一个纸条，上写“兹准沙弥某某入某年级肄业，法台某印年月日”，这就是准许证了。汉族的学校里小学教员不教中学，所以只要有中学程度，就可做小学传法师傅，藏族则不然，既经指定，便是他终身的师傅，所以虽然是一年级的新学生，传法师傅也是相当高的学者。但太高的也不屑于教初级的课程，因此新生的传法师傅以中等的学者为多，也可以由其大徒弟代授。除了法台任意指定以外，自己也以请求指定某人为师。若所望不太奢，也可得到允许。

所入的年级在密宗各院的上中下三级中，只有下级འདོན་གྲྭ་ཞོལ་མ可入，显院普通应入红白色级ཁ་དོག་དཀར་དམར，即一年级，但在其他寺院已经学过几年自信有相当程度的，也可请求插入第五级因明级རྟགས་རིག。又因为本寺寺主嘉木样大师（法尊《西藏政教史》 中作“妙音笑”）原是拉萨哲蚌寺多门院སྒོ་མང་གྲྭ་ཚང的堪布，所以多门院的学僧也可以他在拉萨的资格插入相当的年级，无需考试。再者，旁处的学僧来此请求直入律学部，则需得到寺主之特许。

世间师傅把准许证交给传法师傅后，再由法师带着徒弟到正副总司仪ཞལ་ངོ，及掌堂师（院司仪）དགེ་བསྐོས处报到，入寺的仪式就完了。

入寺以后的生活，按时间的支配，可以分为公共集会时期及个人自修时期两部分。公共集会时期（ཆོས་ཐོག直译为“在法上”）是整日有殿会和法会，没有空间的。个人自修时期（ཆོས་མཚམས直译为“法之间隙”）则除清晨的殿会以外，上午是自修时间，中午和下午是听讲时间，晚间是复习时间。公共集会时期每年有九次(闰年十次),每次自十五天至三十天不等,每次之内殿会和法会的时间支配和内容,都有不同。内容另文详述。每三次间隔着一个个人自修时期,自九天至十七天不等。

集会期间,殿会每日两次,在殿内举行。早会由拂晓至日出,午会约在中午十一时一刻至十二时半,都以念诵为主。法会每日三次,春夏秋三季在露天的法苑内举行,冬季和雨天在殿内举行。早会自日出至十一时半,午会自一时至日没〔午殿会与午法会之间有院茶(ཇ་ར)约半小时〕,晚会自天黑开始,约3小时,晚会散时冬季在九时,夏至前后则至十一时,名为བཀུར་རིམ(尊奉祈福),高年级者以念诵祈福为主,散去较早。中低年级留下继续辩经,最低一级散去时,已至深夜。佛家讲福慧双修,大抵殿会中注意修福,法会中注重修慧。青年人偏重智慧者,喜欢参加法会,殿会隔数日去一次。老年人偏重福德者,喜欢参加殿会,法会则不常到,而且事实上若每天的两次殿会、三次法会完全参加,委实连吃饭的空间都没有,只能在殿会上用茶,所以掌堂师们也就不过于苛求,只要间或到就成了。

所学的功课有三种,一是短篇经颂的背诵,由"经头考试",每次集会时期背一次,因明部毕业后即无。一是辩论讲义(རྩེ་བཞག,直译"建立")的背诵。每半年考一次,由法台主持,每次约十余至一百长叶不等,由法台指定背诵其中一段。升入律部以后算毕业,即不再参加考试。一是辩论(རྩོད་པ),考试不定期,约每年一次,由寺主主持,所有的人都要参加。短篇经颂及辩论讲义的背诵,由世间师傅负责督促,辩论则由传法师傅指导。辩论的成绩视个人的智力而定,好坏尚不十分要紧。短颂和讲义的背诵,则是起码的条件,尤其是短颂若不及格,不但学僧受罚(申斥、体罚磕头、颈上挂水桶),连他的世间师傅都要受斥责。内地的学校每苦于学校和家庭不能联系,在本寺的教育制度下,是没有这种问题的。

以辩论见长的人叫做དཔེ་ཆབ,仿佛汉文里的"书生",我们可以译之为"书僧"。书僧很受人重视,而且出路也很宽。各级的级长(འདོན་གྱི

སྐྱོར་དཔོན)都是本级里的好"书僧",穷苦的可以做小活佛的侍读ཞབས་ཕྱི,衣食住都由该活佛供给。到般若部毕业后就算是"格西"(善知识)了。格西里每年还有4—8个然谏巴的荣誉学位(རྒྱལ་མཚན,直译当做法幢)可考。藏文然谏巴是硕学之士之意,本可译作硕士,但为避免误会起见,故用音译。考然谏巴倒也不一定需要五部大论全部学完,只要般若部毕业,进入中论部一年就可应试,考得然谏巴学位之后在经常就有了固定的座位,而且不必应一般的差役了。

此外所有的学僧,俱舍部毕业升入律学部以后,都称为བཀའ་རམས་དགེ་སྐོར,这个名辞的涵义与其字面不大相称,我们可依其实际地位而名之曰"研究僧"。研究僧除了比较使人尊重外,并没有什么特权,本寺闻思院(显宗学院)的研究僧约有一千多人,其中有24个"多仁巴"(རྡོ་རམས་པ)待位者。但每年只取两名,所以至少要等待10年以上,才有取得学位的机会。在这十几年中,他们殿会可以完全不出席,但法会却一次都不准缺席。无故缺席一次,据说有罚金子一两的规定。法会里是以辩论为主的,所以也就是说他们在这十几年里要特别努力研究辩论。得到学位以后,照例须入密宗学院3年,若考密宗学位སྔགས་རམས་པ,还须稍长。其后或留在密院研究,或回到显院各随自便,从此不但在经堂里有了很高的位置,而且不必参加日常的集会。有的被派到本寺所属的支寺去做法台,有的学成名就,回到家乡去,被人像活佛一样的尊敬信仰。

所谓"考"然谏巴或"考"多仁巴,并不是从若干应试者之内录取一两个,而是由法台推荐,当众立宗དམ་བཅའ་བཞག་པ,由全寺研究僧及学僧问难。对答有错则哄场大笑。但既是由法台推荐的,"立宗"就不过是个形式,没有不通过的。而又因为取得学位时要有不少的开销,所以法台推荐时,学问之外,同时还要斟酌财力的情形,因此学问只要中等就可中选。本寺的多仁巴相当于拉萨的"拉仁巴"(ལྷ་རམས་པ)。拉萨正月里考的拉仁巴是最高的学位。在本寺,多仁巴的法幢,是不能保证学问必定高明的。除了考学位以外,研究僧大都一面研究,一面以授徒传法为乐。其中学问道德兼优者,多被正在学习期内的活佛们聘为经师,负责指导活佛的经典及言行。除衣食住都由活佛供给以外,也有致送束脩者。但无数额的约定。唯因学问大的往往脾气也大,为顾及脾气的条件,所以活佛的经师也不一定都是第一流的学者,平均起来水准比多仁巴要高些。就聘者以家境不裕者较多。本寺活佛甚多,所以这种机会很不少。

掌堂师的条件,是学问中上等,谙熟仪律,精明强干,家境宽裕。因为前两个条件的关系,大都由研究僧中选任。掌堂师半年一任,所以被选任的机会也很多。

经务师གཞུང་ལས་པ负责主持一切学术方面的典礼。如然谏巴与多仁巴的学位考试,七月的辩论大会,每月十五、二十九的布萨等,是最尊贵的一个职位。例由大善知识担任,三年一任。比经务师地位更高的还有密宗各院的领经上师བླ་མ་དབུ་མཛད,但其地位虽高而必须找来较富的施主,经济的条件较重,特别德高望重的也有被任为法台的。做过大法台的有些转世为活佛,犹如拉萨的甘丹墀巴དགའ་ལྡན་ཁྲི་པ一样,不过这是很稀有的。

研究僧里固然有些千方百计地想谋一个职位干干,但大多是一面研究,一面授徒传法为乐,淡于名位的。但声名逼人,学问太好了,职位纷至沓来。欲避不能,他们就出之一走,走到远处找一个胜地来静修,所以据说本寺所产生出来的第一流学者,现在留在本寺的只有少数的几位,其余的都被声名地位逼走了,这倒是古今中外所共有的一个问题。

但是佛教教理深奥繁难,“书僧”不是人人所能做的。五部大经的前三部,一部比一部难,因明部(属一切有宗)里出色的人,到般若部也许就相形见拙了。般若部里的智者,到中论部(属中观宗)里也许就成钝者了。所以真正做了学僧或研究僧的人,不过十之一二。学僧以外的人,颂文娴熟声音洪亮的人做“学声僧”སྐད་གྲ་པ,学成以后,可以做经头或应酬经忏གྲོང་ཆོག,但背过的经颂必须有1000多叶,而且非滚瓜烂熟,音调抑扬,合节合拍不可,所以这也不是很容易的事。除去已做过经头者的，显院的学声僧有五六十人，其他各院学僧，发展的机会少，大都走向此途或“学艺”。所谓“学艺僧”སློབ་གཉེར་བ 所学的有文法、文学、历算、绘像工艺以及书法等应用文字。学好后可做秘书及派驻所属部落去做代表寺院的管理人员等，绘画好的可做画师，其余的也可藉此谋生。近来本寺寺主鉴于太过闭塞、落后，提出一部分僧侣，特别开始训练应用文字等，后来又发展到学习汉文（后来发展为喇嘛职业学校）。然而受到寺院内外保守人士的阻挠，不能迅速推展，但无论如何，这是可注意的一个动向。（详李安宅先生《拉卜楞寺之僧官制度》一文）

此外各经堂佛殿看守打扫，在在需人，所以真正饱食终日无所事事的“懒种”ལད་རྒྱུད་པ 是很少的。现在有些批评喇嘛教的人说：“真正研究佛理固然不坏，但既然懂经者，不过十之一二，则喇嘛人数太多，那些不学经的都不应当做喇嘛”，殊不知喇嘛寺是个复杂的社会组织，正如内地的学校里，除了教员、学生之外，还必须有许多职员和工役一样，何况藏地交通不便，一切都要相当的自给自足呢。所以用上述的理由来批评喇嘛的人数太多，是不全面的。

（原载《康导月刊》第 2、3、4 期合刊，1945 年 3 月，有删改。2007 年注：这是 60 年前的情况，现在可能有些不同。）

《旃檀瑞像图题记》校注

佛像之多不可胜数，甚至来自印度者也并不十分罕见，而像“旃檀瑞像”那样，在中国辗转多处，千余年间流传的过程有如此详细记录者，则极为罕见。因此，作为文物，其价值之高，不待多言。尤其对于各民族的佛教信士，更是非常珍贵的圣物。不过现在下落不明。13 世纪时有人因原物是木质制的，恐其损坏失传，摹刻于石，可惜现在也已无存，甚至其拓片我们也未找到。16 世纪时有人将该碑复刻，此碑原在北京宣武门外南横街西口圣安寺瑞像亭内，后移于陶然亭公园东北角土山上，现在碑已不存，只剩空亭。所幸国家图书馆藏有其拓片。但是其题记里有几处错误。

我们发现问题，首先是由于碑文中所记此像在 14 个地方奉祀的年数总计为 2218 年，而碑文中却说“凡二千三百年矣”。是否此三字是“二”字之误呢？经与 1263 年藏文的《旃檀瑞像来仪记略》和 1316 年程钜夫的《旃檀像殿记》等资料核对，发现其错误还不止此 1 处，而是有 6 处。现先将碑文照录于下，凡我们发现其错误之处均随文加方括弧，将应如何改正写于其内，然后在校注中叙述其理由，并对碑文内容略加解释；最后提供一些关于此像下落的信息。

旃檀瑞像

佛像之设，所以想像圣德，启物敬慕之诚，劝俗而致化也。自古灵像颇多，唯填王檀像其传最远[①]。按诸记录，佛以周昭王二十四年甲寅诞圣西域，穆王五十二年壬申入灭[②]。佛成道之后，尝升忉利天为母说法[③],数月未还,时优填王以久阔瞻依,乃刻旃檀,像佛圣表,以抒翘想之怀。目犍连[④]虑有缺谬,以神力摄三十二匠升天,谛视相好[⑤],三反乃得其真。既成,王与国人若与神对。及佛复降人间,王率臣庶往迎,其像升空谒佛,佛为摩顶授记曰:“我灭千年后,尔往震旦国[⑥],大兴佛化。”佛灭[按:应作“由是”][⑦]千二百八十余[按:应为“五”字][⑧]年始自西域[⑨]传至龟兹[⑩]六十八年[⑪];东至凉州[⑫]十四年[⑬];至长安一十七年[⑭];传至江左百七十三年[⑮];至淮南三百一[按:应为“六”]十七年[⑯]:复至江南二十一年[⑰];北至汴京百七十六年[按:应为“七”]年[⑱];北至燕京居圣安寺一十二年[⑲];又徙上京二十年[⑳];复至燕京居于内殿五十四年[㉑];会旧内火,复迁居圣安一十九年[按:应为五十九年]。诏迎入万岁山置于仁智殿六[按:应为“十四”二字]年[㉓]。当己丑之岁,诏迎入大圣寿万安寺,处于后殿[㉔]。计自填王刻像之初至今泰定乙丑[㉕]凡二千三百余岁矣[㉖]。瞻之仰之,如大圣之在焉。昭文殿大学士、荣禄大夫、宣徽使、大都统脱因以积善余庆、深慕上乘、恐圣踪不彰于后[㉘],恭就丽正门西观音堂内模刻于石,庶远方中古或若瞻对,有所兴感云[按:以上应为照录脱因碑原文]。泰定丁卯至万历己丑[㉙]又二百六十四年,今圣安寺钦依僧录司、左觉义、通月号印空,重刊于石。越山阴弟子诸臣表斋沐书,秦应瑞画。

校　注

首先需要声明的是:这里要考订的仅仅是这个碑与原碑的出入,至于碑文中所说的释迦牟尼的年代是否正确,以及这尊佛像是否原物等问题都不在本文讨论范围之内。

①填王即优填王,梵语 utrayana,亦译为邬陀衍那,与释迦牟尼同时。优填王刻旃檀佛像故事出自《增一阿含》卷二十八及《报恩经》等处。阿含经是早期佛教的基本经典,是大乘、小乘共同承认的,可见此故事来源甚早。

②周昭王、周穆王在位年代无定说，此处所说周昭王甲寅年相当于公元前 1027 年；周穆王壬申年相当于公元前 949 年。吕澂《印度佛学源流略讲》5 页："在我国内地有以佛诞生为纪元的，为公元前 1027 年说，这是唐代法琳(572－640)根据伪书《周书纪年》的记载，在其《破邪论》中引用的。"

③释迦牟尼之母摩耶夫人于释迦生后 7 日逝世，据说上生忉利天。释迦牟尼成道后升忉利天为母说法，居夏 3 个月后，复降人间和建旃檀像事，《佛祖历代通载》系于周穆王庚寅(公元前 991 年)，章嘉《旃檀像史略》(藏文)说在辛卯(公元前 990)年。

④目犍连，号称神通第一，故有"以神通力摄三十二匠升天……"之语。

⑤释迦牟尼之"相好"。一般有关佛教的词典里都有，兹不赘。

⑥"震旦"，梵文 cinasthana。cina 音译为"支那"，来源于"秦"字，缩写为"震"。sthana 音译为"斯坦那"，意译为"国"，缩写为"旦"。合起来为"震旦"。为古代印度对中国之称。(参看《大唐西域记校注》序二第 25 页，卷五 437 页。)

⑦《殿记》此处为"由是"二字，指从释迦 38 岁旃檀像雕成之时起。如果为"佛灭"则按上文应为穆王五十二年壬申(公元前 949)年，这两个年代相差 42 年。这个错误可能是由于脱因原碑年久剥蚀，而上文有"我灭度千年后"之语，遂误以为此处为"佛灭"二字了。

⑧千二百八十余年的"余"字是含糊之词，《来仪纪略》和《殿记》都明确为"五"字。相当于公元前 991 至公元 294 年。

⑧"西域"一般用为新疆及其以西的广大地区的泛称，此处《殿记》作"西土"，藏文《来仪纪略》作 rgya－gar，指天竺(印度)。

⑨龟兹(qiu－zi)藏文《来仪纪略》作 kusen，《大唐西域校注》卷一屈支国条注："龟兹属回鹘高昌王国，回鹘称该地为 kŭsün，汉文作'曲西'、'苦先'等。"在今库车一带。

⑪"六十八年"相当于公元 294—362 年。

⑫"凉州"辖境大小历代不同,魏晋以后为今甘肃黄河以西,以姑臧(今武威)为中心之地区。

⑬"一十四年"相当于公元362—376年。藏文《来仪纪略》作"四十年"恐误。按:前秦苻坚遣吕光从龟兹迎取来旃檀像、佛祖舍利及鸠摩罗什法师,385年苻坚被杀。386年吕光自立一国,国号[后]凉,建都姑臧,将旃檀像迎请到姑臧。事在376年以后,年代不符,存疑。

⑭"至长安一十七年",相当于公元376—393年。

⑮"江左百七十三年",相当于393—565年。《殿记》、藏文《来仪纪略》均作"江南"。

⑯"淮南三百一十七年"《来仪纪略》及《殿记》均作三百六十七年,相当于公元565—932年。通月碑此处"一"字为"六"字之误。可能由于原碑漫漶之故。

⑰"江南二十一年",相当于公元932—953年。

⑱"汴京百七十六年"。《殿记》作一百七十七年,相当于公元953—1131年。藏文《来仪纪略》漏译。

⑲"燕京圣安寺一十二年",公元1131—1143年。藏文《来仪纪略》作sui-zhang-si,确切的原文不详,暂译作"绥祥寺"。《历代传祀记》和藏文《瑞像史略》均作"悯忠寺"。悯忠寺即今法源寺,与圣安寺均在宣武门外南横街,但不是一个寺。明万历丁酉(公元1597)释绍乾所撰《旃檀瑞像来仪记》记载:"自宋高宗绍兴元年辛亥(公元1131)金国太宗迎至燕京,安奉于悯忠寺,十二年。"(陈庆英引姚均编《贵德县志简本》)

⑳"徙上京二十年",相当于公元1143—1163年,《殿记》作"上京大储庆寺";《历代传祀记》作"储庆寺积庆阁"。上京,今黑龙江省阿城县白城子,原为女真完颜部居地,金太宗时始建都城,称会宁府,熙宗时号上京。

㉑"燕京内殿五十四年",相当于公元1163—1217年。绍乾碑此处作"金国海陵王复南迎燕京内殿五十四年"。按:海陵王即完颜亮,公元

1491—1161 年在位，1163 年已故，绍乾此说似有误。（陈庆英文）

㉒“复迁居圣安一十九年”。《殿记》及《佛祖通载》均作五十九年，相当于公元 1217—275 年。通月碑及《历代传祀记》均作一十九年，“一”字应为“五”字之误。

㉓“万岁山仁智殿六年”。《殿记》及《通载》均为十四年，相当于公元 1275—1289 年。绍乾碑及《历代传祀记》均作十五年，通月碑此处有误。万岁山即今北京市北海公园内的白塔山，金代称琼华岛。

㉔“己丑之岁诏迎入大圣寿万安寺后殿”。此己丑年为元世祖至元二十六年（1289）。大圣寿万安寺即今北京市阜成门内之白塔寺。初建于辽寿昌二年（1096），至元十六年（1279）元世祖发帑重建，至至元二十五年方竣工，历时十载。《元史·世祖纪》：“（至元）二十六年七月，幸大圣寿万安寺，置旃檀佛像，命帝师及西僧作佛事、坐静二十会。”

㉕“泰定乙丑”公元 1325 年，为脱因建碑之年。公元 1289—1325 年在圣寿万安寺 36 年。

㉖“二千三百余岁矣”。填王刻像在公元前 991 年，至泰定乙丑公元 1325 年共 2316 年。

旃檀瑞像在各地年数对照表

1316 年《殿记》		1338 年《佛祖历代通载》		1589 年通月碑	
所在地	年数	起讫年代		所在地	年数
西土	1285	造像之年起	公元前 991—294	西域	1285
龟兹	68	西晋初永平	甲寅　294—362	龟兹	68
凉州	14	苻坚六年	壬戌　362—376	凉州	14
长安	17	晋孝武帝四年	丙子　376—393	长安	17
江南	173	孝武帝	癸巳　393—565	江左	173
淮南	367	陈文帝六年	乙酉　565—932	淮南	[367] 317
江南	21	吴越钱蓼末年	壬辰　932—953	江南	21

汴京	177	后周太祖三年	癸丑 953—1131	汴京	176
燕京圣安寺	12	金太宗天会九年	辛亥 1131—1143	燕京 圣安寺	12
1316 年《殿记》		1338 年《佛祖历代通载》		1589 年通月碑	
上京大储庆寺	20	金熙宗皇统三年	癸亥 1143—1163	上京	20
燕京内殿	54	金世宗大定三年	癸未 1163—1217	燕京内殿	54
燕京圣安寺	59	金宣宗五年 元太祖十二年	丁丑 1217—1275	圣安寺	［59］ 19
万岁山仁智殿	14	元初至元十二年	乙亥 1275—1289	万岁山	［14］ 6
大圣寿万 安寺后殿	27	至元廿六年 至元统元年	癸酉 1289—1333 1289—1325		36
共计 ［2317］		公元前 991—公元 1333 年 共计 ［2324］		991BC—1325AD 2218	
原书自计总年数 2307		原书自计总年数 2324		原书自计总年数 2300	

㉗《殿记》所记 14 项年数总计为 2317 年，原文自计总数为 2307 年，二者有出入，原因是由于各项年数都是首尾并计的，有重复。

㉘“恐圣踪不彰于后……模刻于石”。旃檀佛像为木质，易于损失，故模刻于石以垂永久。

㉙元泰定丁卯为公元 1327 年，明万历己丑为公元 1589 年，前后共 263 年。

1589 年通月所刻此碑乃 1325 年脱因碑重刊。脱因碑今未见，但其前 9 年（1316 年）的《旃檀瑞像殿记》存于《释氏稽古录》中可以为据。又其后仅十余年（1338 年）的《佛祖历代通载》中记述此瑞像在各地年代的起讫甚详，亦足资参考。现将《殿记》、《佛祖历代通载》、《通月碑》三处所记年数对照所在地列成“旃檀瑞像在各地年数对照表”（见上）。

关于公元 1324 年脱因石刻瑞像图以后，这座像的情况目前我看到的不多，只有以下一些记载：

《奉祀记》载：元世祖至元二十六年乙丑自仁智殿奉迎于［大圣寿万安寺］之后殿，百四十余年（1289—1430 年以后）自尔迎于庆寿寺，至嘉靖十七年(1538)后百二十余年(1418? —1538)[按:这中间有十余年年数不对,存疑。]因寺回禄,奉迎于鹫峰寺。至康熙四年乙巳1665]计127年(1588—1665)。计自优填王造像之岁当穆王十二年辛卯(公元前990年)至我朝康熙五年丙午(1666)凡二千五百五十余年矣[按:应为二千六百五十余年]。

同年的弘仁寺碑载:“今择景山西之善地,创建殿宇,于康熙四年十月二十七日自鹫峰山迁移奉养。”(均见高士奇《金鳌退食笔记》)又见于章嘉的《史略》,但将此寺名写为 snying - rje - chen - po - lha - khang,直译当为“大悲寺”。这可能即是弘仁的意译,“弘大仁爱”与“慈悲”相通。汉语通常称之为“旃檀寺”,其旧址在今西安门养蜂夹道,现为国家图书馆分馆与北大医院之间105医院所在地。

值得注意的是:此像于嘉靖十七年移往鹫峰寺,此后直到康熙四年(1665)一直在那里,万历十七年(1589)通月重刊此碑时,已经不在万寿寺,但碑中对此未作交待。

妙舟《蒙藏佛教史》第七篇弘仁寺条:“乾隆二十五年(1760)又发帑重修,有御制碑文[按:《清代喇嘛教碑文》170页收有此碑文],属于噶勒丹锡勒图呼图克图所辖。庚子之役,毁于兵燹。”寺的房屋建筑毁于兵燹,其内的旃檀瑞像呢?是否同时被焚?未明白交待。

近年来国外有一种新的传说。台北编印的《佛灭纪年论考》第350页载有王仲厚《略论佛祖纪年考与卫塞节》一文中说:据本年(1956)7月25日加尔各答法新社电称:“近有印度大艺术家恒哥利氏谓:佛祖生前之唯一檀香木雕肖像早已由印度辗转移至中国、朝鲜,最后流入日本。”又据8月18日东京法新社电:“日本佛教协会发言人报告,日本有两处,不知真伪云云。”又有一说:“于八国联军侵北京时被帝俄掠走,至今下落不明。”(黄颢《在北京的藏族文物》1993年)

旃檀瑞像是极其珍贵的文物,乃世界各国各族佛教信士共同关心之圣物。本人孤陋寡闻,博雅君子如有见闻、见解务乞不吝赐教是幸。

参考文献

1. 元世祖中统四年癸亥,藏文 tsan - dan - gyi - sku - rgya - nag - nas - bzhugs - pavi - byon - tshul(《旃檀瑞像来仪记略》),简称《来仪纪略》,《丹珠尔》ru 字函 150 叶

2. 志磐:《佛祖统记》

3. [元]觉岸编:《释氏稽古略》,止于宋德佑二年(1276)。其续编止于明熹宗天启七年(1627),内有 1316 年程钜夫撰《旃檀瑞像殿记》。本文中简称为《殿记》

4. [元]念常集:《佛祖历代通载》,简称为《通载》。内有旃檀瑞像在各地的起讫年代,本文所列主要根据此书

5. 通月:《旃檀瑞像图题记》

6.《旃檀佛西来历代传祀记》,《清代喇嘛教碑文》,天津古籍出版社,1986 年

7. 章嘉若必多吉撰:tsan - dan - jo - bovi - lo - rgyas - skor - tshad - phan - yon - mdor - bsdus(《旃檀瑞像史略及绕礼功德》),章嘉文集 ja 字函

8. 丁福保:《佛学大辞典》

9. 季羡林主编:《大唐西域记校注》

10. 黄明信:《旃檀瑞像来仪记略藏文译本纠误》,《章恰尔》(藏文)1986 年第 2 期

11. 陈庆英:《青海珍珠寺碑记》,《青海民族学院学报》1989 年第 4 期,内转引明代僧人释绍乾所撰《旃檀瑞像来仪记》

(未曾发刊)

敦煌藏文写卷《大乘无量寿宗要经》及其汉文本之研究（合作）

北京图书馆收藏的敦煌藏文写卷《大乘无量寿宗要经》，编号从新0413号至新0621号，共209号，标题均为“tse－dpag－du－myed－pa－zhes－bya－bavi－thag－pa－chen－povi－mdo”（大乘无量寿经）。据《中国所藏“大谷收集品”概况——特别以敦煌写经为中心》（尚林、方广锠、荣新江著）一文所载，这些经卷的来源如下：本世纪初，日本西本愿寺第二十二世宗主大谷光瑞曾三次派出中亚探险队，收集了新疆、甘肃等地出土的大批文物和文献。这些写卷运回日本后，曾于1914年8月在神户郊外的大谷光瑞别墅里，举办过一个“中亚发掘物展览”。后于1914年9月被寄托在旅顺、汉城和京都等地。其中旅顺部分在1916年由满铁转交给1917年4月开馆的关东都督府满蒙物产馆（该馆于1934年12月改称旅顺博物馆）。日军撤出东北后，1945年8月，苏联红军接管了旅顺博物馆，改称旅顺东方文化博物馆。1951年2月1日，苏联将该馆移交中国政府。不久，改名为旅顺历史文化博物馆，并组织有关人员对馆藏文献和文物登记造册。1954年1月6日，旅顺历史文化博物馆将大谷收集品中的敦煌写卷部分上交给北京，由北京图书馆收藏。据北京图书馆现存大谷收集品登记册及实物，共有藏文经卷209件，编号自新0413至新0621号。大谷收集品入藏北图后，一直被妥善保管。1949年以后陆续入馆的敦煌经卷均给以“新”字编号。由旅顺博物馆上交的敦煌写卷的编号即新0001至新0621号。

在新字头编号当中,尚有30多卷藏文写卷,也是此经,标题相同。只是编号不相连,为后期收购或由社会人士私人收藏者捐赠给北京图书馆收藏的敦煌写卷。北京图书馆藏中皇75号(北106号)也是此经的藏文写卷。此外,我国甘肃省的敦煌等地和国外的巴黎、伦敦、日本各处也有大量的此经的藏文写卷。此经的木刻本则在各种版本的藏文大藏经《甘珠尔》部中均有。国内外各处尚有数量极其可观的此经的汉文写卷。

近几十年来国内外学者对敦煌写卷中的此经已有不少人进行过研究。[①] 我馆收藏的敦煌藏文写卷200多个编号,过去一直未经整理编目,所以也未曾提供阅览,久为国内外学者所关心。最近经过我们整理、研究,发现这200多个卷子虽然标题完全相同,但内容并不完全一致,基本上藏文有两种译本,藏汉两种文字此经的刻本与写卷有所不同。

现拟以北京图书馆藏的这200多个藏文写卷为主要资料,对其外观与内容、敦煌写本与后世刻本之间、藏文本与汉文本之间的关系等方面,在前人研究的基础上,进一步进行更细致、深入的考查研究,并做出细致的比较研究。

一、外观情况

1. 北京图书馆藏文写卷的形制及用纸等

北京图书馆藏文写卷的形制,通常是若干长约46厘米、宽约31厘米的纸粘接起来并卷制而成的,大多是三纸粘接而成,也有四纸到三十纸不等,十五纸、十八纸的卷子比较多见。每纸之间的接缝约0.5厘米左右。每纸分左右两栏,分别用细墨线(或铅,尚不详)划有横格,即所谓“乌丝栏”,每栏横格十七到二十二行不等,十九行、二十行者为多。

①见王尧:《藏汉佛典对勘释读之三〈大乘无量寿宗要经〉》,载《西藏研究》1990年第3期。

横格两边齐头处用竖直线框起来，每纸中间留出 1 厘米左右的空白处做间隔。经文自左至右、自上而下单面横写在每栏的横栏中，用竹笔蘸墨书写。一部经一般用三纸写完，分六栏，也有一部经抄写四纸七栏的，这因字的大小而定，字稍大一点的则用四纸七栏，最后一栏就空着。一个卷子写经一遍到十遍不等，抄写五遍的用十五纸，十遍的则用三十纸。通常是每横格中写一行字，但也有例外，每栏加行至二十行甚至三十、四十行者亦有之，有些是刮涂后重新补写，或因纸张规格小而挤写多行。每行的字数因字体大小或纸张的大小而异，一般在 40—50 个字母之间，出现加行等情况者字体小、字数多，有达到每行 60—70 个字母的情况。有少量的写卷，在第一纸前左有三分之一的空白处类似引首，有的划界栏、有的则无界栏，这样第一纸只在右边一栏有字，这一栏比较宽，约有 20 厘米。每个写卷的最后一栏一般写不满，只写尾题、抄经者和校勘者姓名等。有些经卷最后一栏则全空着。抄完经后纸尚有空白，无论大小均不再接写下一部经。每抄写一遍经，末尾一般都有抄写人和校勘者的署名。很多写卷都是经过三校的，并分别签有初校、二校、三校者的姓名，均用竹笔蘸墨签署，而校勘大多是用朱笔的。卷末除抄者、校者的署名外，间或抄一段（或一句）咒文，或者杂写，如新 455 号卷末写“na - mo - a - myi - da - phur”（南无阿弥陀佛?）lhag - chen - ni - ma - mchis - ho（soh）”（余大无?）。从签名看，少数人既是抄写人又是校勘者。写卷均是从卷尾内向卷面制成，即有字的一面在内。大部分经卷首尾边沿均有被剪去或粘连的痕迹，看得出这些经卷原来粘接的要更长，后来被揭去或剪去一部分后剩下的，一卷上抄写若干遍。藏文写卷从外貌上看，与汉文写卷的形制相同，都是用多纸粘接而成的卷子，但藏文写卷的格式和书写方式与汉文写卷不同，有着自己的特点，呈现出吐蕃经卷的特定形制。藏文经卷开头写“rgya - gar - skad - du”（梵云），再用藏文字母转写该经梵音的名称“A - pa - ri - mi - ta - a - yur - na - ma - ha - ya - na - su - tra”，接着写“Bod - skad - du”（蕃云），再用藏文意译经名，后又加上一句“Sangs - rgyas - dang - byang -

cub – sems – dpav – sems – dpav – thams – cad – la – phyag – vchal – lo”（顶礼诸圆觉菩萨），卷尾写“大乘无量寿经终了”。这些都是汉文写卷中所没有的，就是梵文原本也无此特点。尤其是藏文经名后加上的一句，独具特色，它基本上反映了此经是经、律、论三藏中的哪一种的内容，内容不同其写法也不同。后世的各版大藏经《甘珠尔》中也有此形式和特点，其具体形成时间不详，但从这里我们可知，至少在吐蕃时期，藏文的经中已有了这些特点。后世的藏文大藏经中，经名后的一句“顶礼××××”中反映该经更具体的内容，但不是绝对如此。

2. 关于敦煌藏文写卷的写经纸

北京图书馆所藏敦煌藏文写卷绝大部分都完好无损。这些经卷因在敦煌石室中封闭多年，避免了空气、日光、水分、细菌和虫蛀的破坏，因而至今保存极好，破损、残碎的经卷甚少。绝大部分经卷的纸质较厚、纸面平整，显得有点坚硬，大多呈淡黄色，乍看起来就如现代的“牛皮纸”。有些经卷前后粘接用纸并不一致。有些经卷纸色较深，呈暗黄色（或棕黄色、土灰色、棕灰色等），有些用纸色泽较淡，呈淡黄色且发白。有的则又白又薄呈半透明，显得较柔软，这种纸上抄的经文大多较潦草，多为一人所抄，签名 Se – thong – pa 者为多。写卷用纸均为麻纸，从纸面可见到麻筋，纤维不均匀并且较长，迎光还可见到纸浆分布不均，纸质粗松。“此盖第九世纪敦煌纸质衰退后之典型产品，或因安禄山之乱而百业凋敝使然也。”[①]这些经卷用纸中未见“入潢纸”和“硬黄纸”。[②] 写卷纸粘接得均较牢固，除极少数外绝大部分经卷都无脱胶。元陶宗仪在《辍耕录》中载：“因问光（僧永光、字绝照）：前代藏经接缝如一线，岁久不脱何也？光云：古法用楮树汁、飞面、白芨末三物调和如

---

①引自《敦煌写经纸之考察》一文，载《世界华学季刊》第二卷第四期，英·克莱佩顿著，金荣华选译。

②见潘吉星：《敦煌石室写经纸的研究》，载《文物》1966年第3期。“入潢纸”者，“外表呈黄或淡黄色，以舌试之有苦味，以鼻嗅之有特殊香味”。“这种纸被染成适合写经需要的黄色，染液中化学成分少令纸长年防蛀，如有书写误笔，可以雌黄涂后再写，便于校勘。装潢后再加蜡砑光的叫‘硬黄纸’，这种纸一般较光亮，书写流利，其质地坚硬，防蛀、抗水，是敦煌石室写经中最高级者。”

糊,以之粘接,纸缝永不脱解,故如胶漆之坚。"①藏文经卷接缝用的糊剂不一定是以上这种胶料,但其胶之功用也是相当好的,历经数百年,于今粘性良好,接缝开胶的极少。从纸边粘痕可以看得出,是用面粉等配制成的糊状粘料连接而成,粘剂看来比较粘稠,虽非"接缝如一线",但其接缝往往也在0.5厘米以内。

在敦煌藏文写卷中,《大乘无量寿宗要经》为数最多。"藏于巴黎的伯希和劫经中有P.T.96、105、308、559、560、2079诸号","在巴黎藏卷中……共约659个编号,均为此经之复本"。② 藏于伦敦的斯坦因劫经中也有不少是此经。日本天理图书馆藏有7件,龙谷大学图书馆及台北中央图书馆均有收藏。分散各地和诸私家收藏的敦煌遗书藏文写卷中还有一些。

我国甘肃省敦煌、酒泉、张掖、武威、兰州等地收藏的河西吐蕃文书中有大量的藏文写卷《大乘无量寿宗要经》。③

3. 关于此经汉文写卷的形制、数量及其他

在敦煌汉文写卷中,《大乘无量寿宗要经》的数量也相当可观,是隋唐时代流传最广的六部经卷之一(六部经是:《大般若波罗蜜多经》、《金刚经》、《金光明最胜王经》、《妙法莲华经》、《维摩诘所说经》、《大乘无量寿宗要经》、《观世音经》)。在北图藏《敦煌劫余录》中有513卷;伦敦藏《斯坦因劫经录》中有288卷;巴黎藏《伯希和劫经录》中有35卷,加上分散各地及诸私家收藏的数目,此经总计有977卷。这部经是吐蕃统治时期在敦煌为数最多、最为通行的一部经。伦敦藏卷S.1995号《佛说无量寿宗要经》的题记中有这样的记载:"佛说无量寿宗要经功德决定王如来经卷第一万五千五百五十九。"说明S.1995号经卷是此经的第15559卷了。

汉文写卷也都由多张纸粘接成一长纸,再用木轴起,每卷均划有竖

①见潘吉星:《敦煌石室写经纸的研究》,载《文物》1966年第3期。
②见王尧:《藏汉佛典对勘释读之三〈大乘无量寿宗要经〉》,载《西藏研究》1990年第三期。
③见黄文焕:《河西吐蕃文书简述》,载《文物》1978年12期。

道界栏(乌丝栏),每纸一般20—30行不等,每行的字数也不尽相同,每卷经纸首行写经名及卷数,接着是正文,卷尾再写卷名(尾题),隔行再写抄经人(有时抄经人名署在首题下),接着写抄经年代、地点和题记、供养人等,有时还有监校人等,大部分经卷尾题后什么也不写。(以上据《敦煌宝藏》中收录的该经情况)日本上山大峻的《汉文"无量寿宗要经"写经人名簿》中列有88个抄经人的姓名。其中张姓居多,共有18位;其次宋姓与李姓,各有5位;索姓4位;王、吕、汜、唐姓各有3位……。以上名录中大多数是汉人姓名,其中有一些姓名不像是汉人姓名。上山大峻统计的各地收藏部门收藏的该经汉文写卷总数为842卷、藏文写卷总数为1899卷。[①] 以上名录中的田广谈、张涓子、张良友、令狐晏儿、张略没藏等"写经生"所抄经卷"留传下来的最多的有四十多卷,少的有十多卷,其中张略没藏是一个少数民族"。[②]

汉文写卷的用纸"大体说:晋、六朝多是麻纸,隋唐除麻纸外有楮皮、桑皮纸,五代时麻纸居多"。[③] 自公元781年以后,吐蕃统治敦煌和归义军时期,写经用的纸墨质量下降,写本粗糙,字迹潦草,至后来西夏入侵敦煌的两个半世纪,由于地方经济遭到破坏,所以当时写经用的"纸质下降,少入潢,后期不用入潢纸,书法多不端正,草率者居多,尤其是佛经的注释,字迹更加潦草"。[④] 敦煌汉文写卷《大乘无量寿宗要经》的情形正是如此。在我们所见的卷子中,绝大多数写卷的字体潦草,不甚美观。书法书品低劣,有些经卷的字体如初学者抄写,抄字不端正规范,字体大小不一,抄经格式也不规范,每页行数与每行字数多少不等,也无规律可循,与唐前期和以前的汉文写卷相比竟有天壤之别。究其原因,"唐朝从755年安禄山叛乱以后,国家的经济力量大大衰退,对于敦煌不能有所接济。这就使得这一时期以后(848—996年)敦煌的经济更差了,反映到佛经上就是写本

①见[日本]上山大峻:《テイッソテッソモと敦煌のイム教资料》。
②引自王重民:《论敦煌写本的佛经》,载《敦煌吐鲁番文献研究论集》第二集。
③见潘吉星:《敦煌石室写经纸的研究》,载《文物》1966年第3期。
④引自周丕显:《敦煌佛经略考》,载《敦煌学辑刊》1982年2月号(总第12期)。

纸墨低劣，甚至比吐蕃时期也不如了”。①

4. 关于《大乘无量寿宗要经》的版本

此经的原典为梵本。据王尧先生的文章讲，大致有三种为世公认的梵文原本：①柯诺氏传本。②威尔斯氏传本。③池田澄达氏合成本："梵本大乘无量寿经陀罗尼校合"。②

其藏文本有二类：①敦煌写本：收藏在各地，为数众多。从北图收藏的200多卷情况来看，其中有甲、乙两种本子。②传世刻本：卓尼版——ba字函二种复本、va字函一种复本，共三种复本。德格版——ba字函二种复本、Ae字函一种复本，共三种复本。拉萨版——pa字函二种复本。那塘版——pha字函二种复本。北京版——ba字函二种复本、va字函一种复本，共三种复本。③

其汉文本有五种：敦煌写本三种——①北7789（雨三四）；②北7751（余九七），与北7746（余二三）同，敦煌汉文此经的写卷中绝大部分均与此同本，《大正大藏经》中NO. 936系收自敦煌写经，也与此同本。③伦敦藏本S. ch. 147号。以上三种敦煌写本均题名“无量寿宗要经”。《大正大藏经》中二种——①秘密部第十九卷，NO. 936号，题名“大乘无量寿经”，原为敦煌写本，与北7751号、北7746号同本。②秘密部第十九卷，NO. 937号，题名“佛说大乘圣无量寿决定光明王如来陀罗尼经”，为西天中印度摩伽陀国那烂陀寺传教大师三藏赐紫沙门臣法天所译。

此经的其他文字传本据王尧先生文有以下几种：①于阗文本；②粟特文本；③西夏文本。此外还认为有回纥文本、满文本、蒙古文等译本。王尧先生的文中对各种文本的传布情况列有详表。④

此外，台北中央图书馆所藏敦煌写卷《佛说无量寿宗要经》四个卷子，编号0041—0044，为宋畺良耶舍译。这个宋是南北朝的刘宋，约在

---

①引自王重民：《论敦煌写本的佛经》，载《敦煌吐鲁番文献研究论集》第二集。

②见王尧：《藏汉佛典对勘释读之三〈大乘无量寿宗要经〉》，载《西藏研究》1990年第3期。

③见王尧：《藏汉佛典对勘释读之三〈大乘无量寿宗要经〉》，载《西藏研究》1990年第3期。

④见王尧：《藏汉佛典对勘释读之三〈大乘无量寿宗要经〉》，载《西藏研究》1990年第3期。

公元5世纪,当然不可能是由藏文转译的。可惜我们未能见到这个本子。有吴其昱用法文撰写的研究文章。

5. 关于藏文写卷的年代

(1)此经译成藏文的年代无考。812年的《丹噶目录》中未见到,将此经藏文本译为汉文本的法成生活的年代是9世纪前半叶。河西吐蕃经卷中有法成署名的此经写卷有20处,有的署名是校勘者,有的仅仅是署名,可能是抄经人。① 根据吐蕃时期吐蕃本部从梵文翻译佛经的情况来推断,藏文本的《大乘无量寿宗要经》也有可能是译自梵文。

(2)据敦煌汉文写经S.3966号(《大乘经纂要义》,S.553号、P.2293号等卷同)的题记中载:"壬寅年,大蕃国有赞普印信并此十善经本传流诸州流行读诵,后八月十六日写毕记"。壬寅年即藏历水虎年,公元822年。文中的赞普即指815—838年在位的赤祖德赞王。《大乘纂要义》在敦煌藏文写卷中也有其译本,与《大乘无量寿宗要经》系同一时期的写卷。以上经卷中的题记表明这一时期的吐蕃赞普和藏汉文两种文字写卷的抄写与流传有着直接关系。敦煌藏文写卷P.T.999号中有为赤祖德赞赞普之功德抄写《无量寿宗要经》并有藏汉两种文字的写卷的记载。

(3)从藏文写卷的字形上看,9世纪初第二次藏文改革前的一般特征明显。吐蕃时期第二次文字改革前,藏文的书写形式、文法规则、书法书品都与后期的藏文有着明显的不同处。敦煌藏文写卷中的文字有以下特点:①字母符号ི的反写ྀ(ི、ྀ两种写法兼用)。②韵母མ下有ྱ。如མྱ、མྱི、མྱིད།。③保持再后置字ད(ད་དག)。如འགྱུརད།。④单根基字的垫音འ。如བརྒྱའ、བྱ་བའ。⑤清音的送气与不送气音的互换。如བྱང་ཚུབ、དཕལ(དཔལ)、བསམ་གཐན(བསམ་གཏན)、ཤཱག་ཁྱ་(ཀྱ)ཐུབ་པ、ཐེ་ཚོམ(ཚོམ)。⑥正字法若干例字与现代不同。如མཐའས་ཅད(ཐམས་ཅད)、བཅོམ་ལྡན་འདདས、མེན་ཏོག(མེ་ཏོག)、སྭ(ས)、སྭོ(སོ)。⑦缩体字:ལསྒོགས(ལ་སོགས)、ཡོངསུ(ཡོངས་སུ)。⑧字母va字写法不同,右上角有一小点。⑨隔音符号在字母顶齐线的稍下方。如བྱང

①见黄文焕:《河西吐蕃经卷目录跋》,载《世界宗教研究》1980年第2期。

བྱང་ཆུབ་སེམས་དཔའ་སེམས་དཔའ་ཆེན་པོ།⑩书法不同。藏文写卷中有几种不同的书法形式(参见附图丁、戊):一种是正楷体,写法工整整齐,与后期的正楷体十分相似;一种是类似于后期的草书体,在正楷的基础上写得更快、更流畅,连笔简笔较多,比较潦草,除极个别字外与现代规范的藏文草书体不同;另一种写法介于正楷和草书之间,类似于现代藏文的行书体,或是接近于正楷,或是接近于草书体。经卷中藏文字的形体和笔势均有其特点。如字母 ཁ、ག、ཅ、ཉ、ཏ、ཐ、ད、ན、པ、ཕ、བ、མ、ཙ、ཞ、ས、འ、ཡ、ལ、ཨ 等写法特别,其中 ཁ、ག、པ、ཕ、བ、མ、ས、ཡ 等字母的笔画有些是自下而上构成,与前一笔相连,而大多字母的写法笔画前后相连,均是一笔构成,楷书、行书、草书均如此(见附图甲),སྟོ、ཏ、ཀྲ、ཁྲིས、ཀྱ、ཀྱུ、ཚུལ、ཁྲིམས、ཇ、ཛ、སྒྱུ、སྦྱུ、ཏ 等字的写法均有其特点(见附图乙)。草书中个别字的写法与现代藏文草书的写法几乎没什么区别(见附图丙)。从新 0450 号的片段手迹不难看出,其中很多字与现代的草书非常近似(见附图丁)。

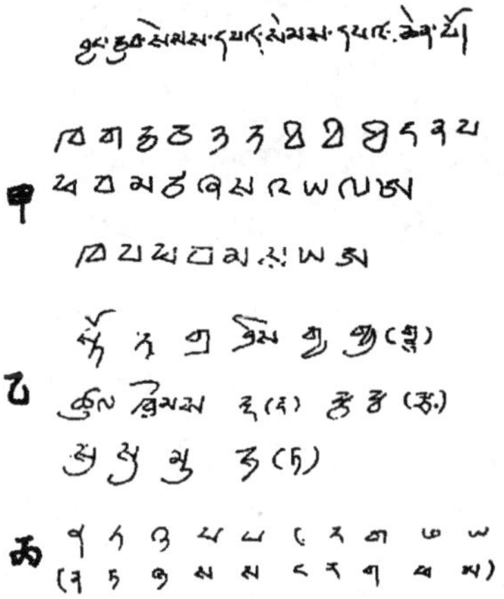

从经卷的字形和书法等情形看,现代藏文的楷、草诸体很像是在吐蕃文字的基础上自身发展而形成的。总之,在写卷中有吐蕃进行第二次文字改革(赤祖德赞赞普在位时期 815—838 年)前的藏文的特征,那么可以推测这些经卷的抄写年代肯定在公元 8 世纪左右,但一般文字的改革规范化从确定到普遍实施需要有一定的时间和过程,并且还有一定的限度。公元 9 世纪时文字规范化不一定在吐蕃和河西地区全面推广实施,所以其年代应在吐蕃进行文字改革的公元 8—9 世纪之间。

6. 关于敦煌藏文写卷的抄写者、校勘者署名

(1)绝大多数写经卷末均有抄经人或校勘者的署名。抄经人一般都是一人,校勘者三人的较多进行三校,也有一人、二人的,其中极少数

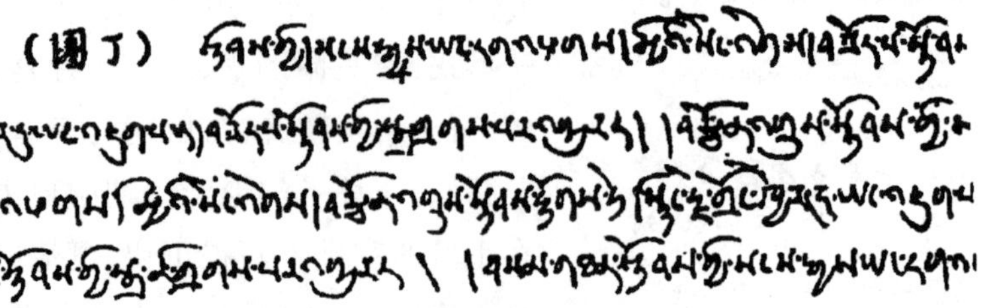

既是抄经者又是校勘者。北图所藏的227个藏文写卷中署名共400多人，其中抄经人380多名、校勘者署名约80人，除重复的共300左右。“应指明，写者并非实际执笔抄录人，而是使人写经而自享功德者。”①写卷中有一部分署名可知是吐蕃人，名前往往冠有吐蕃种姓和氏族名称以及“部落使”、“伦”等吐蕃官职名称。如：གེའུ荀、གུ་རིབ古立、མཆིམས琛、སྣལ悉若、གནང囊、སྣང悉囊、སེ赛、ལེའུ类等、སེ(ཚོང)པ塞部落使、བློན་སྟོང་བཟང伦·董布桑、སྒྲོན་མ悉卓玛、ལིའུ་ལྷ་ལེགས里乌佗历、ཤེས་རབ悉思若等，均是吐蕃人的姓名。一部分署名是汉族的姓名，如：ཅང་ཨི་ཙེ张伊子、ཅང་བེན་ཡིར张文逸、ཅང་ཐོང་ཚེ张通子、བམ་གིམ་ཀང王金刚、ཧུག་འགི福义、ཛོའ་ཚེ་བེང曹子文等等。大部分署名是吐蕃人以外的其他民族的人，署名均用吐蕃文字，有的用汉族的姓而起的是吐蕃的名字，如：ཀྭག་སྣག་རྩན郭悉诺赞、འགུ་མདོ་བཙན吴吐赞、ཅང་ཀླུ་ལེགས张矩历、བང་རྨ་བཞེར王摩亘热、ཁང་འགོ康哥、ཁང་དིག་དིག康弟弟等等。其中不少人名前冠有自己所居地区名称，如康姓为西域康居人，安姓为安国人，里姓为于阗人等。

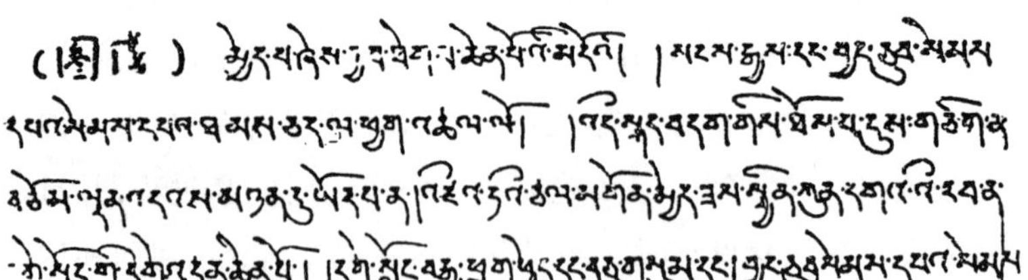

黄文焕先生在其《河西吐蕃经卷目录跋》中说：“从吐蕃经卷上的文

①见黄文焕：《河西吐蕃文书简述》，载《文物》1978年12期。

字来看,吐蕃经卷的实际缮写者有吐蕃奴隶,也有其他民族的抄经手,成分仍然是多民族的。"[1]从汉文写卷《秦妇吟》S. 692 号(写于 919 年)的尾题四名诗中,我们得知当时抄写汉文写卷或书籍的抄写人的社会地位:"今日写书了,合有五升麦,高代不可得,还是自身灾"。抄写人生活贫困,而借高利贷只能带来自身的灾祸,抄写经卷了才能得 5 升麦子以维持生计。从藏文经卷的抄写人和校勘者署名中可以看出,有一部分人是吐蕃人,大部分抄写人或校勘人则是汉族或其他各民族人民。署名均用藏文,绝大部分人起的是吐蕃人的名字,他们"在吐蕃人的主导下,写校吐蕃文字的经卷来做'功德',这是吐蕃进入河西时期政治形势的一种反映,是吐蕃奴隶主拉拢河西各族上层人物共同对付包括吐蕃奴隶在内的河西各族人民的重要反映"。[2]

二、比较研究情况

1. 敦煌写卷《大乘无量寿宗要经》的几种材料

我们用以研究对比的材料有下列几种:

藏文本:(1)北图藏敦煌写卷　新 466 号(新 450 号同)。(2)北图藏敦煌写卷　新 456 号(新 430 号同)。(3)德格木刻版《甘珠尔》ba 字帙,简称德甘。(4)北京木刻版《甘珠尔》ba 字帙,简称京甘。(5)纳塘木刻版《甘珠尔》pha 字帙。(6)北图藏木刻单行本。

汉文本:(1)北图藏敦煌写卷　北 7746 号(北 7751 号、《大正大藏经》936 号同)。(2)北图藏敦煌写卷　北 7789 号。(3)伦敦博物馆藏 S. ch. 147 号(胶卷)。(4)《大正大藏经》936 号　法成译本(同北 7746 号、北 7751 号)。(5)《大正大藏经》937 号　法天译本。

2. 内容概略及结构

其内容大致可以分为 6 个部分:

---

①见黄文焕:《河西吐蕃经卷目录跋》,载《世界宗教研究》1980 年第 2 集。
②见黄文焕:《河西吐蕃文书简述》,载《文物》1978 年 12 期。

第一部分:缘起。与一般佛经相同,首先讲述佛说此经的地点和与会者,然后总论书写、读诵、供养此经有增寿和往生净土的功德。

第二部分:说尔时有若干千万佛一时同声说此经,可见其重要。具体的数字列举了99、84、77、65、55、45、36、25和恒河沙千万佛9种。汉藏文各本中具体数有所不同。其中的84,诸汉文本基本上是104,77在汉文本中均为7,据北京版《甘珠尔》藏文本的顺序,可断定汉文本数字的错误,可见校勘中不能因各本均同就判断为无误,这是一条经验。

第三部分:分说信士自己书写或请人书写此经的各种功德。敦煌写经中此部经为数众多就是因抄写此经有多种功德之缘故云。功德11种或12种,在各本中有所不同。

第四部分:分说布施、供养此经的6种功德。汉藏文本具体数字有所不同。

第五部分:咒语。说完读诵、受持书写或布施供养此经的每一种功德后,即出现一段同样的咒文,总共前后出现24次。各本中咒文的长短有所不同。出现的次数也各有不同。

第六部分:偈语。赞颂了大悲心与布施、持戒、忍辱、精进、禅定、般若(智慧)六波罗蜜之力。总共六段偈语,每四句为一段(也有每六句为一段的),偈语的长短和用词在各本中有所不同。

其中,第二至第六部分中的具体数字和内容,藏汉文各本中互有异同,详见下文对照表。

3. 此经的名称

北京图书馆所藏200多个藏文写卷的名称(首题、尾题)均相同,但是细续起来,其经文内容并不完全相同。主要的区别是咒语有长短两种,结尾处的偈语也有一些差别(个别译词也有不同)。在著录中,我们分别称为甲本、乙本,以作区别。咒文较长的称为甲本,短的则称乙本。209个新字头编号加上已编目、整理的另外分散的18个新字头写卷,共227个写卷。其中,甲本有145卷,乙本有82卷。我们将这两种本子作为同本异译处理。

各种木刻版的藏文大藏经《甘珠尔》里，都有一部首题标为“tse – dang – ye – shes – dpag – du – med – pa – zhes – bya – bavi – theg – pa – chen – povi – mdo”（大乘无量寿智经）的经文，基本内容与此经相同，但有几点差别：①经名中多了“dang – ye – shes”（和智慧）三个音节。②敦煌写卷中有明显的藏文改革（吐蕃时期进行的两次改革）以前的特征；《甘珠尔》本里都用改革后的正字法、语法，某些术语的译法也与改革以前的不同，如“决定”一词，敦煌诸本中用“don – myu – za – ba”，而《甘珠尔》诸本中则作“nges – pa”，是后世通用的写法。“皆大欢喜”这一词组的译法，敦煌诸本均作“mngon – par – dgava”，接近口语，而《甘珠尔》诸本中则作“mngon – par – bstod – do”，比较文雅，也是后世通用的词。③大藏经《甘珠尔》诸本中的咒语比敦煌甲本多35 个字母，比乙本多48 个字母。因此我们不把它作为同本异译，而作为异本处理，著录中仍用其原题，不加增减。

此经诸多的汉译本中，标题有所不同，首题和尾题有“大乘无量寿经”、“佛说无量寿经”、“圣无量寿经”、“无量寿宗要经”、“佛说大乘无量寿经”、“无量寿大乘经”、“佛说大乘圣无量寿决定光明王如来陀罗尼经”、“无量寿宗要陀罗尼”等多种标法。《敦煌遗书总目索引》取“无量寿宗要经”为其标准名称。藏文各本标题中也有“大乘”之意，故在著录中我们用“大乘无量寿宗要经”的名称。

写经的标题中带有“宗要”二字者并不是最多的，为何以此为标准名称呢？经名前面“佛说”、“圣”、“大乘”等字样。在口头传诵和传抄、刊刻过程中常有增减，并不表示实质性的差别，不能据此就论定其是同本还是异本。经名中的主题词是“无量寿”这个词组。这个名为“无量寿”的经，《大正大藏经》是根据敦煌本收入的。

敦煌汉文写经中还有一部题为“佛说无量寿经（二卷）”的经卷，为曹魏康僧铠所译，北图馆藏中有 5 卷（北 101、102、103、104、105 号）。汉文大藏经中收有此经，题名《无量寿经》，但与《大乘无量寿宗要经》并非同一部经，而与《大宝积经》第五“无量寿会”同本。简称《大经》、

《双卷经》,与《阿弥陀经》、《观无量寿经》合称净土三部经。相传此经前后有汉译本 12 种。此经也有藏文译本,收于大藏经《甘珠尔》中。[①]据《至元法宝勘同录》载,其梵文经名为"阿唎亚阿钵罗弥怛阿蹁失怛啰",与藏文《大乘无量寿宗要经》首题的梵文正相符(apari - mitayur-sutra),仅多一可有可无的 Arya(圣)字,容易误解为同一部经。实际上此经主要讲阿弥陀佛成佛前所发的四十八个弘愿及积无量德行、在十劫前成佛的故事。《无量寿宗要经》则讲书写、供养此经的无量功德,内容不一样。为了避免误解,藏文此经的汉译名采用了《大乘无量寿宗要经》是有道理的。

4. **关于此经的不同本**

《大正大藏经》937 号,法天的汉译本与《无量寿宗要经》有极密切的关系,但不能作为同本。

经名前常分别出现"佛说"、"大乘"、"圣"等词,这里把它们一齐用上了。"决定光明王如来"在《无量寿宗要经》的缘起一段中也出现过,"光明"也有作"威德"的。这两种本子的主要区别尚不在此,而在于:

(1)《无量寿宗要经》的藏汉文诸本中咒语反复出现 24 次(除北 7798 号中前面出现共 5 次,以后 19 处均空着,没有将咒语写出来外),法天译本中咒语只出现 1 次。

(2)有些地方法天译本中有所扩展,例如:《无量寿宗要经》中有"常得四大天王卫护"一句,法天译本中将四大天王之名称一一列举。又如:两次提到"七宝"处,法天本也是逐一列举出来。记述听讲的会众时,北 7789 号本只 8 个字,北 7751 号本有 22 个字,而法天译本则多达 87 字。

(3)结尾处的六段偈语,藏文本中是每段四句,其他各种汉文本中也都是每段四句,而法天译本是六句。当然,如果是翻译技巧上的需要,这也是容许的,但法天本文意有较大的出入。看来这有以下几种可能:①所据为我们未见到的一种藏文本。法天译出的经有 122 种,其中

①参见《佛教》207 页,中国大百科全书出版社,1980 年 9 月。

未见有译自藏文的。②不是根据藏文转译而直接根据梵文本译出。王尧先生的文中说:"当系据梵本译出。"[①]③是在唐代汉译本的基础上进行了加工改编,或者就是对原文理解不同。以上所述诸本,内容基本一致,但各本用词、长短各异。汉文诸本文字出入较大,繁简开合大有不同,法天译本文字讲究,用词华丽典雅、润饰较多,译文较长;敦煌诸本朴实无华,简洁流畅,接近口语。藏文《甘珠尔》本和敦煌本之间在用词上有一定的差别,敦煌本之间个别用词也有所差异。藏汉文诸本中经文所讲数字和功德种数及其顺序有所不同(详见对照表)。

5. 关于诸汉译本的译者

我们所见敦煌写卷《大乘无量寿宗要经》的汉文各本均无译者署名。《大正大藏经》总目索引中定936号译者为法成,并且注出他的活动年代为"大中十年,公元856年"。王尧先生也用其说:谓"法成据藏文译成汉文本"[②]。此前他曾详细地考证过管·法成活动的年代最早是833年,最晚是859年,并介绍了法成由汉文本译成藏文的经籍14种,由藏译汉的经籍5种,但其中没有《无量寿宗要经》。[③]《敦煌遗书总目索引》中也注明此经是法成译。此经敦煌汉文写卷中,除个别用词有区别外,绝大多数均与此本同。可能在传抄过程中有所增减或改动。北7789号不像是法成所译,此本中出现的"比丘"一词,法成本中常用"苾刍";此本中的"佛"字处,法成常用"薄伽梵"。北7746号(北7751、大正藏936号同)也有几处与法成的习惯用语有些差异:表示千万的单位,7746号本作"姟",法成的《如来像法灭尽记》(大正藏2090号)中作"俱胝";北7789号、S. ch147号作"俱胝"。北7746年中的"犍闼婆",法成译的《诸星母陀罗尼经》中作"乾闼婆",北7789、S. 147号均作"乾闼婆"。但这也不排除在传抄过程中产生了改动的可能。

①见王尧:《藏汉佛典对勘释读之三〈大乘无量寿宗要经〉》,载《西藏研究》1990年第3期。
②见王尧:《藏汉佛典对勘释读之三〈大乘无量寿宗要经〉》,载《西藏研究》1990年第3期。
③见王尧:《藏族翻译家法成对汉藏交流的贡献》,载《文物》1980年第7期。

6. 此经汉藏文各本的对照比较

(1)咒语

藏汉文各本的咒语基本上都能找到相应的关系,但长短有所不同。在经文中出现的次数也不同。除大正藏 937 号中咒文出现 1 次、北 7789 号中前面出现 5 次外,其他汉藏文各本中同样的咒文共出现 24 次。各本中的咒文对照如下:

大乘无量寿宗要经藏汉文 7 种咒文对比

说明:〈1〉德格版藏文 《甘珠尔》ba 字帙 212 页;〈2〉敦煌甲本藏文 新 0466 号;〈3〉敦煌乙本藏文 新 0456 号;〈4〉《大正大藏经》936 号法成译本(北 7751 同);〈5〉《大正大藏经》937 号法天译本;〈6〉敦煌汉文写卷北 7789 号;〈7〉敦煌汉文写卷 S. ch147 号(伦敦藏本)

①ཨོཾ་ན་མོ་བྷ་ག་པ་ཏེ ཨ་པ་རི མི་ཏ ཨཱ་ཡུར་ཛྙཱ་ན་སུ་བི

②ཏད་ཐྱ་ཐན་མོ་པ་ག་བ་ཏེ། ཨ་པ་རི་མི་ཏ། ཨ་ཡུ་གཉ ན། སུ་བྱི

③ཏད་དྱ་ཐན་མོ་བྷ་ག་བ་ཏེ ཨ་པ་རི་མི་ཏ ཨ་ཡུ་གཉའ་ན སུ་བ

④南谟薄伽勃底 阿波唎蜜多:阿喻纥砚娜:须毗 ·

⑤曩谟婆 诫□缚底 阿播哩弭哆 俞霓 野曩 索尾

⑥南谟薄伽跋帝阿波唎蜜多 阿喻纥砚那 须鼻

⑦怛姪他南漠薄伽薄底阿波利蜜多 阿喻 也那 须毗

---

①ནི་ཤྩ་ཏ་ཏེ་ཛོ་ར་ཛྙཱ་ཡ། ཏ་ཐཱ་ག་ཏ་ཡ། ཨ་རྷ་ཏེ།

②ནི་ཤྩ ཏ ར་ཛྙཱ་ཡ། ཏད་ཐ་ག་ཏ་ཡ།

③ནི་ཤྩ ཐ ར་ཛྙཱ་ཡ ཏ་ཐ་ག་ཏ་ཡ

④你悉指陀 啰佐耶 怛他羯他耶

⑤宁吉室止怛帝 祖啰惹野 怛他 诫哆 野啰贺帝

⑥你失只多帝 祖啰佐耶 怛他栴 代耶 怛他 诫多耶 阿啰诃瓻

⑦你 只多 啰佐耶 怛他啰 多耶

---

①སཾ་མྱ་ཀྶཾ་བུད་དྷཱ་ཡ། ཏདྱ་ཐཱ། ཨོཾ་པུ་ཎྱེ་པུ་ཎྱེ་མ་ཧཱ

②　　　　ཏད་བྱ་ཐ

③

④　　　　怛姪他

⑤三麼麽药讫三没驮野　怛你也他

⑥三藐　三勃驮耶　恒姪他

⑦

---

①པུ་ཎྱེ་ཨ་པ་རི་མི་ཏ་ཨ་ཡུར་པུ་ཎྱ་ཛྙཱ་ན་སཾ་བྷཱ་རོ་པ་ཙི་ཏེ།

②

③

④

⑤

⑥

⑦

---

①ཨོཾ་སརྦ་སཾ་སྐཱ་ར་པ་རི་ཤུདྡྷ་དྷརྨ་ཏེ་ག་ག་ན་ས་མུདྒ་ཏེ

②ཨོམ།　སརྦ་སང་ས་སྐ་ར།　པ་རི་ཤུད་དྷ།དྷརྨ་ཏེ།　ག་ག་ན།　ས་མུད་དགའ་ཏེ།

③ཨོམ་སརྦ་སང་སྐར　པ་རི་ཤུད་དྷ།　དར་མ་ཏེ

④唵萨婆桑悉迦啰　钵唎输底达靡底伽迦娜萨诃某持迦底

⑤唵萨口缚僧塞迦啰 波哩舜驮 达 麼帝 诫诫曩 三母努蘖帝

⑥唵萨婆桑塞迦啰　波啰输驮　达麽瓬　伽伽耶娑啰特羯羟

⑦唵萨婆僧塞羯啰　波利输驮　达摩底

---

①སྭ་བྷཱ་བ་བི་ཤུདྡྷེ་མ་ཧཱ་ན་ཡ་པ་རི་ཝཱ་རེ་སྭཱ་ཧཱ།

②སྭ་བྷ་བྷ་བི་ཤུད་ཏེ།　མ་ཧ་ན་ཡ།　པ་རི་བ་རེ་སྭཱ་ཧཱ།

③　　　　མ་ཧཱ་ན་ཨ　པ་རི་བ་རེ་སྭཱ་ཧཱ།

④莎婆婆毗输底　摩诃娜耶　波唎婆唎莎诃

⑤娑口缚婆缚尾舜弟　麼贺曩野　波哩口缚黎娑口缚贺

⑥莎皤薄婆毗秫提　摩诃那耶　波馀跋馀　莎诃

⑦　　　　　　　　摩诃衍那　婆利跋疑莎诃

第四种"钵"字在7746、7751、大正936号有时用"波"。"唎"字在大正936号和北7751号中用"唎"或"唎"。

敦煌藏文写卷乙本(新456号)中的咒语最短,为60字;甲本(新466号)有73字;甘珠尔部本最长有108字,其中21字其他各本均无。

藏文敦煌乙本是否为甲本漏抄,以讹传讹呢?不然!理由:①乙本相同的卷子甚多。②此咒语反复出现24次,24次均出现同样的漏抄似不可能。③汉译本中有与乙本咒文完全符合的(北7789号)。因此我们怀疑是逐步增添的,甲本在乙本的基础上增添,而甘珠尔本又是在甲本的基础上增添而成的。

汉文诸本的咒文,以北7789号为最短,北7746(北7751、大正藏936号同)比它长,大正藏937号法天译本中的咒文最长,但比藏文甘珠尔本中的咒文短一些,各本所用的汉字译音各有不同,看来都力图接近原来的读音。据说,找出汉藏发音的对应关系对于研究唐韵很有价值。此经中的梵音转写为藏汉文字的咒语,汉卷中用唐代西北方音汉字音译,藏文卷子则用当时藏语语音转写梵音咒语。这样我们从中看出梵藏汉三种文字的读音关系,是研究当时三种语言、语音、文字及其对译规律的重要材料。罗常培先生的《唐五代西北方音》一书的基础就是汉藏文史料。近年李方桂先生作过此项研究。

(2)偈语

一共为六段偈语,每四句为一段(旧称为一颂)。在同一种本子里这六段除了布施、持戒、忍辱、精进、禅定、智慧(般若)等六波罗蜜多之名不同之外,其他语句完全相同。现录几种不同的译文与藏文原本最末一颂如下:

汉文诸本

①北7746号(北7751号、大正藏936号同)

智慧力能成正觉　悟智慧力人狮子智慧力能声普闻　慈悲阶渐最能入

②北7789号

以智慧力佛超胜　智慧能生人狮子欲入慈悲聚落时　殊胜慧力普皆闻

③S. ch147 号

般若之力佛最胜　人中狮子妙能知慈逝慈悲聚落中　般若之力遍闻响

④《大正藏》937 号(此本中每段为六句)

修行智慧力成就　智慧力故得成佛若入大悲精舍中　耳暂闻此陀罗尼

设使智慧未圆满　是人速证人天师

看起来前两种译文生硬费解,第三种较清楚一些,第四种最清楚,但文义有较大的出入。现在再来看看藏文原文。

德格版藏文甘珠尔本:

ཤེས་རབ་སྟོབས་ཀྱིས་སངས་རྒྱས་ཡང་དག་འཕགས།　智慧力(第三格)佛殊胜

མིའི་སེང་གེས་ཤེས་རབ་སྟོབས་རྟོགས་ཏེ།　人之狮子(第三格)智慧力　悟(词尾词)

སྙིང་རྗེ་ཅན་གྱི་གྲོང་ཁྱེར་འཇུག་པ་ན།　具有大悲的聚落(城市)入时(或假定词、条件词)

ཤེས་རབ་སྟོབས་ཀྱིས་སྒྲ་ནི་གྲགས་པར་འགྱུར།　智慧力(第三格)声(音或誉)传扬(被众人听到)

敦煌藏文本和《甘珠尔》本中偈语部分的出入似乎很小,实际上也有不小的出入。藏文有格和时态的变化(རྣམ་དབྱེ།　དུས),关系词较多(ཚིག་ཕྲད),这些对理解文意很有帮助。汉文常因受偈语形式的字数限制,有所省略,以致文义含糊不清。因此有时候藏文比汉文明确些,并且敦煌写卷中的此经,译文准确、洗练、生动易懂、语言流畅,反映译者对原文有深刻理解并能够用藏文清楚地表达出来。

此段咒文的第一、四句里各有一处,敦煌本为第六格(འགྲེལ་སྒྲ),而在“德甘”本中第一句里是第三格(བྱེད་སྒྲ),第四句中为第六格(འབྲེལ་སྒྲ),“京甘”亦同。这一类的出入是很常见的,有时要靠自己的理解去判断。(有些情况下,格的变化,或在同一本子中用法前后有不一致的地方,也许是传抄或刊刻过程中的谬误。)我们对上述一段偈语的理解第一句以第三格(བྱེད་སྒྲ)为是,第四句里以第六格(འབྲེལ་སྒྲ)为是。这段偈语的大意如下:智慧的力量使佛超过一切,由于人中狮子(佛)就是妙悟智慧的力量进入大悲心的境界里，于是智慧力量的声誉广被传扬（受到普遍的赞扬）。

这段偈语的主旨在于颂扬大悲心与六波罗蜜多。“大悲心”是大乘首先强调的，“六度”是菩提道必经之路，此经反复讲了无量寿陀罗尼巨大无比的功德后加上此六偈，用意就在于指明密乘仍要以大悲力与六度为前提。法天的汉文译本中变成只要听到过此咒，哪怕是短暂的一次，六波罗蜜多不修证好也没关系，恐怕是离开此经原来的精神了。

（3）千万佛之具体数字

各本经文中，千万佛的数字有所差异，千万佛的名称也有所不同。是否系原本不同所致，不得而知，但藏汉文两种本子可参照互补。经文中第二部分的内容讲，有若干千万佛一时同声说此咒，现将各本中若干千万佛的具体数字及其顺序列举如下：

藏文本　①敦煌本：99、45、36、25、གང་འགའི་ཀླུང་གི་བྱེ་མ（恒河沙）；②京甘本：99、84、77、65、45、36、25、གང་གཱི་ཀླུང་བཅུའི་བྱེ་མ（十恒河沙）；敦煌本甲、乙本同，用བྱེ་བ་ཕྲག（千万）。

京甘本 pa 字帙 244—246 页用བྱེ་བ་ཕྲག（千万）。

汉文本　①大正藏 936 号：99、104、7、65、55、45、36、25、恒河沙；②大正藏 937 号：99、84、77、66、55、44、36、25、十殑伽河沙；③北 7789 号：99、104、7、65、55、45、36、25、百俱殑殑伽沙；④北 7751 号：同大正藏 936 号。

“千万”，大正藏 936 号中用“姟”表示，大正藏 937 号用“俱胝”、北 7789 用“俱胝（北 7789 号除最后的百俱殑殑伽沙数外均同大正藏 936 号，北 7751、北 7746 号同大正藏 936 号）。通过比较可以看出，藏文敦煌甲、乙本中少了 84、77、65、55 诸数，藏文本《甘珠尔》中 84 和 77 在汉文本北 7751 号等本中为 104 和 7。最后一个数字恒河沙数在诸本中有所不同。

（4）经中所讲功德的具体内容和数字

〈1〉关于书写此经的功德（第三部分内容）

各本中功德的内容及数目有所不同，敦煌藏文甲、乙本和汉文

S. ch. 147 号中讲了 11 种功德，其内容、数目、顺序均同。藏文京甘本、汉文北 7789 号、北 7751 号（北 7746 号、大正藏 936 号同）均有 12 种功德同。大正藏 937 号 11 种功德，内容、顺序与其他各本出入较大。如汉文 S. ch. 147 号和藏文乙本 430 号的前 3 种功德如下：①寿命将尽增满百年。དེའི་ཚེ་ཟད་པ་ལས་ཀྱང་ཚེ་ལོ་བརྒྱའ་ཐུབ་པར་འགྱུར་ཏེ་འཕེལ་པར་འགྱུར་རོ།②不堕地狱饿鬼傍生阎罗王界及八难中所生三处常得宿命。སེམས་ཅན་དམྱལ་བ་དང་བྱོལ་སོང་གི་སྐྱེ་གནས་དང་གཤིན་རྗེའི་འཇིག་རྟེན་དུ་ནམ་ཡང་སྐྱེ་བར་མི་གྱུར་ཏེ་ནམ་དུའང་མི་ཁོམ་པར་སྐྱེ་བར་མི་འགྱུར་ཏོ། གང་དང་གང་དུ་སྐྱེ་བ་ཐམས་ཅད་དུ་སྐྱེ་བར་དྲན་པར་འགྱུར་རོ།③同书写百千四十亿法蕴。ཆོས་ཀྱི་ཕུང་པོ་སྟོང་ཕྲག་བརྒྱད་ཅུ་རྩ་བཞི་འདྲིར་བཅུག་པར་འགྱུར་རོ།

藏文写卷中第一种功德的内容在新 430 号（乙）新 456 号（乙）、新 450 号（甲）诸号里与第三种功德的内容完全相同，根据新 466（甲）号可知其错了。这里藏文的第一种功德的内容是据甲本新 466 号补的。上述第三种功德中的数字，北 7789 号写四十百千亿与 S. ch. 147 号中的数目相同，只是写法有点区别，汉文的其他各本中此数目均写八万四千，这与藏文中的数目相同（སྟོང་ཕྲག་བརྒྱད་བཅུ་རྩ་བཞི། 八十四千）。京甘本写བརྒྱད་ཁྲི་བཞི་སྟོང་།（八万四千）。第七种功德中的数字各本也有所差异：S. ch. 147 号、大正藏 936 号中为 90，但大正藏 936 号有校记注明缺 9 字，应为 99。其余诸本均为 99。

下面这一句在有些本子中没有讲到："即同书写八万四千法门建立塔庙"——据北 7789 号。"དེས་ཆོས་ཀྱི་ཕུང་པོ་བརྒྱད་ཁྲི་བཞི་སྟོང་བྱེད་དུ་བཅུག་པ་དང་རབ་ཏུ་གནས་པར་བྱས་པ་ཡིན་ནོ།"——据京甘本 ba 字函 244—246 页。

大正藏 937 号中少了 S. ch. 147 号中的第一种和第五种的内容，而多了一种，即第一种和第六种内容重复，相当于 S. ch. 147 号中的第二种的内容。

〈2〉关于布施、供养此经的功德（第四部分内容）

各本中所讲功德内容有所不同，藏文诸本和 S. ch. 147 号本中讲了 5 种，其余各本均为 6 种。如，S. ch. 147 号和敦煌藏文乙本 430 号中是这样写的：①即等三千大千世界满中七宝持用布施。དེས་སྟོང་གསུམ་གྱི་སྟོང་ཆེན་

པོའི་འཛིག་རྟེན་གྱི་ཁམས་རིན་པོ་ཆེ་སྣ་བདུན་གྱིས་ཡོངས་སུ་བཁངས་ཐེ་སྦྱིན་པ་བྱིན་པར་འགྱུར་རོ།②同供养一切诸法。དེས་དམ་པའི་ཆོས་མཐའ་དག་བཙུ་པར་མཆོད་པ་འགྱུར་རོ།……

敦煌乙本新 0600 号	北京版《甘珠尔》
梵文题名转写 ཨ་པ་རི་མི་ཏ། ཨཡུར་ན་མ་ཧ་ཡ་ན་སུ་ཏྲ།།	ཨཱརྱ་ཨ་པྲ་ར་མི་ཏ་ཨ་ཡུར་ཛྙཱ་ན་ནཱ་མ་མ་ཧཱ་ཡཱ་ན་སཱུ་ཏྲ།
ཚེ་དཔག་ཏུ་མྱེད་པ་ཞེས་བྱ་བ་ཐེག་པ་ཆེན་པོའི་མདོ།	འཕགས་པ་ཚེ་དང་ཡེ་ཤེས་དཔག་ཏུ་མེད་པ་ཞེས་བྱ་བ་ཐེག་པ་ཆེན་པོའི་མདོ།
དགེ་སློང་གི་དགེ་འདུན་ཆེན་པོ། དགེ་སློང་བརྒྱའ་ཕྲག་ཕྱེད་དང་བཅུ་གསུམ།	དགེ་སློང་བརྒྱ་ཕྲག་ཕྱེད་དང་བཅུ་གསུམ་གྱི་དགེ་སློང་གི་དགེ་འདུན་ཆེན་པོ་དང་།
ནམ་པར་གནོན་གྱི་ཟ་བའི་རྒྱལ་པོ་ཞེས་བྱ་བ་བཞུགས་འཚོ་སྐྱོང་སྟེ།	རྣམ་པར་ངེས་པའི་གཟི་བརྗིད་རྒྱལ་པོ་ཞེས་བྱ་བ་བཞུགས་ཏེ་ཚེ་འཛིན་ཅིང་མཐར་ཕྱིན་པར་བཞེས་ཏེ།
སེམས་ཅན་རྣམས་ནི་ཚེ་ཐུང་བ་ཚེ་ལོ་བརྒྱའ་པ་ཤེ་དགེ་སྟེ།	མི་རྣམས་ནི་ཚེ་ཐུང་བ་ལས་ཚེ་ལོ་བརྒྱ་ཐུབ་པ་ཤ་སྟག་སྟེ།
ཡོན་ཏན་དང་བསྔགས་པ	ཡོན་ཏན་དང་བསྔགས་པ

以上两种文字内容均同。各本之间个别用词有些差别，如：第二种中“མཐའ་དག”、“བཙུ་པ”等词在甲本新 466 号本中用“མཐམས་ཅད”、“ཚུབ་པ”意思相同，用词不同而已。汉文本各本之间用词也有差异。北 7789 号、大正藏 936 号和 937 号均是 6 种，前二本多出其中的第四种，内容均同，即“以妙高等七宝持用布施其所获福犹可限量，受此咒福不可量”——据北 7789 号。大正藏 937 号中多出其中第六种，内容同上，但用词出入较大：“积聚金、银、琉璃、砗、磲、玛瑙、珊瑚、琥珀，如是七宝如妙高山王尽能施舍，所获福德不可度量知数量，若复有人为此无量寿决定光明王如来陀罗尼经，而能布施之者，所得福德亦复不能度量知其限数。”此段中关于“七宝”的名称都一一列举出来，其他藏汉文各本中都未列举具体名称。而“七佛”，各本均一一列举出来了。总之，大正藏 937 号与其他各本的出入较多，用词华丽，修饰扩展较多，全文较长。

（5）敦煌本和《甘珠尔》本用词的区别

敦煌藏文写卷甲、乙本和各《甘珠尔》中译名用词有所差异。现将敦煌乙本新 0600 号和京甘本 ba 字帙 244—246 页中的用词试举几例

(见表1):

(6)各本用词的区别

汉、藏文诸本译名、用词、句子繁简各有不同,请见表2:[敦煌藏文甲本新450号、大正藏936号(北7751号、北7746号同)、大正藏937号、北7789号、S. ch. 147号]

敦煌甲本新450号	大正藏936号	大正藏937号	北7789号	S. ch. 6147号
ཚེ་དཔག་ཏུ་མེད་པ་ཞེས་བྱ་བ་ཐེག་པ་ཆེན་པོའི་མདོ། ཚེ་དཔག་ཏུ་མེད་པ་ཞེས་བྱ་བ་ཐེག་པ་ཆེན་པོའི་མདོ་རྫོགསོ།	大乘无量寿经(首题)佛说无量寿宗要经(尾题)	佛说大乘圣无量寿决定光明王如来陀罗尼经(首题)佛说大乘圣无量寿王经(尾题)	无量寿经(首题、尾题)	(首题)无量寿经(尾题)
བཅོམ་ལྡན་འདས	薄伽梵	世尊	佛	(缺)
དགེ་སློང་གི་དགེ་འདུན་ཆེན་པོ་དགེ་སློང	大苾刍僧	大比刍众	大比丘无量众	(缺)
འཇམ་དཔལ་གཞོན་ནུར་གྱུར་པ	曼殊室利童子	大慧妙吉祥菩萨	文殊师利童子	(缺)
འཛམ་བུ་གླིང་འདའི་སེམས་ཅན་རྣམས	南门浮提人	今此阎浮提世界中	堪忍世界众生	(缺)
སངས་རྒྱས་བྱ་བ་ཕྲག་དགུ་བཅུ་རྩ་དགུ	九十九姟佛	九十九俱胝佛	九十九俱胝佛	(缺)(俱、下文详)
དེས་ཆོས་ཀྱི་ཕུང་པོ་སྟོང་ཕྲག་བརྒྱད་ཅུ་རྩ་བཞི་འདྲིར་བཅུག་པར་འགྱུར།	如同书写八万四千一切经典	则同书写八万四千法藏所获功德而无有异	即同书写四十百千亿法蕴	即同书写百千四十亿法蕴
རྒྱལ་པོ་ཆེན་པོ་བཞི	四天大王	东方彦达口缚主持国天王,南方增长天王,西方大龙主广目天王,北方大药叉主多闻天王。	四大天王	四天大王
བླ་ན་མེད་པ་ཡང་དག་པར་རྫོགས་པའི་བྱང་ཆུབ་ཏུ་མངོན་པར་རྫོགས་པར་འཛང་རྒྱ་བར་འགྱུར	一切种智	无	无上菩提	无上正觉
དམ་པའི་ཆོས་མཐའ་དག་ཚིབ་པར	一切诸经	一切真实法藏	一切诸经	一切诸经

《大乘无量寿宗要经》的写卷数量如此之多，有些卷子抄写此经多达十多遍，就是因为经文中讲：受持读诵、布施供养此经则有延年增寿、往生阿弥陀净土等无量功德。另外，“自吐蕃占领（敦煌）时期，由于经济的原因，布施的人中增加了大量的农民、手工业者，将自己劳动所得布施到写经上面，以积功德。但受金钱的限制，大经写不了，便使写小经诸如《大乘无量寿宗要经》等经的风气大盛。”①很多藏文经卷卷首卷末均有被剪去之痕（一经卷之上抄写若干遍，可能是为供养布施或为其功德而备随时剪裁之用）。《敦煌遗书总目索引》中刘铭恕所编“斯坦因劫经录”S. 1995 号的说明中记道：“……（无量寿经）大抵尽属细体小字，又因道俗购读者多，故又往往于一纸之上，预抄若干份，大概遇有请求，即裁剪一份与之。此并为本经之特色，不见于他经。”

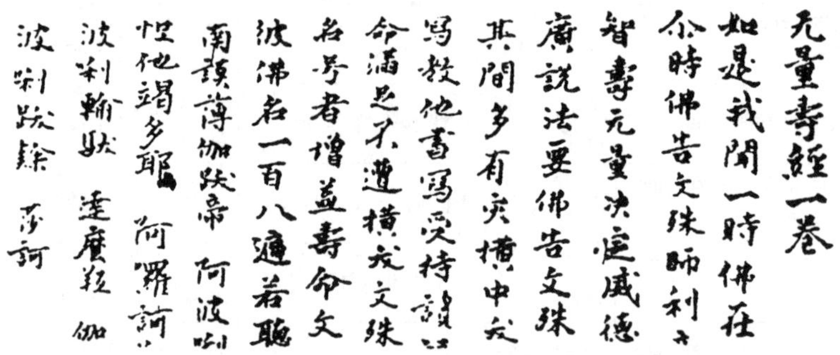
無量壽經一卷
如是我聞一時佛在
尒時佛告文殊師利
智壽無量決定威德
廣說法要佛告文殊
其間多有夭橫中夭
寫教他書寫受持讀
命滿足不遭橫夭文殊
名号者增益壽命文
彼佛名一百八遍若聽
南謨薄伽跋帝 阿波
怛他羯多耶 阿囉訶
波利輸馱 達磨羝 伽
波唎跋綵 莎訶

巴黎藏敦煌藏文写卷 P. T. 999 号文中有这样的记载：“先前，作为天子赤祖德赞之功德，在沙州写造了汉藏文的经典《无量寿经》，作为对臣民的广泛的教法大布施。鼠年，夏六月初八日，作为王后赞蒙彭母子之光护（微松）宫殿之功德……从龙兴寺的经籍仓库中，取出汉文《无量寿经》一百三十五卷，藏文《无量寿经》四百八十卷，总共六百一十五卷，散发给众人。……”②从以上记载中我们可以看出为吐蕃赞普赤祖德赞（热巴巾）的功德抄写了大量的《无量寿宗要经》经卷，作为布施而散发

①引自王重民：《论敦煌写本的佛经》，载《敦煌吐鲁番文献研究论集》第二集。

②引自陈庆英：《从敦煌藏文 P. T. 999 号写卷看吐蕃史的几个问题》，载《藏学研究论丛》第 1 辑，西藏人民出版社，1989 年 8 月。

给众人,并且为王后母子之光护宫殿的功德取用此经615卷布施给众人。吐蕃时期抄写此经的规模、数量以及用途,从中可窥其一斑。

小 结

综上所述,敦煌写卷中,藏文的《大乘无量寿宗要经》至少有两种不同的本子(甲本、乙本)。其抄写年代在公元8—9世纪。还有各种刻本《甘珠尔》经中的本子可作参照。敦煌写卷中汉文译本至少有三种不同的本子,《大正大藏经》中法天的译本937号可作参照。那么,哪一种汉文本是根据哪一种藏文本译出的呢?我们对勘的结果认为:从经中咒文的情况看,北京图书馆藏北7751号(北7746号同,收入《大正大藏经》中,编号936)的敦煌汉文写卷与藏文敦煌写卷甲本(新450号、新466号)相符;伦敦藏S. ch. 147号的汉文写卷与藏文写卷乙本(新430号、新456号)最为符合。从此经的主要内容所讲诸种功德来看,汉文写卷S. ch. 147号的内容与敦煌藏文本最为符合;汉文写卷北7751号与敦煌藏文写卷的译文最为接近,汉文写卷中北7789号与S. ch. 147号的译名、用词最为相近。此经的诸本内容基本一致,但用词、译名各异,其中《大正大藏经》中937号与诸本的出入较大。

(原载《中国藏学》1994年第2期,合作者东主才让)

补记:此文发表时署名我的名字在前,实际上东主才让用力最多。

明信　2007年4月补记

“十相自在”小释

“十相自在”这种图案在藏传佛教里十分常见。在塔门、壁画、唐卡上都有，还有刺绣成护身符和制成珐琅的徽章佩带在胸前的。1992 年西藏社会科学院的院刊《西藏研究》的封面设计采用了它，1995 年民族出版社又出版了《新十相自在壁挂年历》，足见其在藏族社会影响之大。

在这里藏文 nam－bcu，汉文译为“十相”，可以理解为 10 个符号所象征的须弥山和人的身体的各部位，这 10 个符号包括 3 个图形和 7 个梵文字母；藏文的 dbang－ldan 直译为具有力量，旧译为“自在”。这两个词加在一起如果通俗一些可以简单地理解为具有神圣力量的 10 个符号，而细究其本意则是很复杂的，它标志着密乘本尊及其坛场（即曼荼罗）和合一体，表达了无二密乘时轮宗的最高教义，所以被认为具有最高的神圣意义与无比巨大的神秘力量。现先用表格，后用文字词解释如下：

十相自在图　表解

图文	颜色	外部世界	内部世界	生起次第
1. 云升腾状、慧尖	黑蓝	罗睺	中脉	顶轮本尊之意
2. 圆圈状明点	红	日	左脉	顶轮本尊之语
3. 新月状	白	月	右脉	顶轮本尊之身
4. 梵文 ha 字	白	无色界	顶髻	胸轮诸本尊
5. 梵文 ksha 字	蓝黑	色界、欲界	额到喉	密处轮诸本尊
6. 梵文 ma 字	杂色	须弥山	脊柱	须弥山、无量宫
7. 梵文 la 字	黄	地轮	腰、胯、大腿	无量宫之 地基、土轮
8. 梵文 wa 字	白	水轮	膝盖	水轮
9. 梵文 ra 字	红	火轮	小腿	火轮
10. 梵文 ya 字	绿	风轮	脚心	风轮

说明：藏传佛教无论是哪一宗，哪一派都经常把其教义概括为基、道、果三个方面。“果”是修证的目的、结果。“道”是达到此目的必须经过的途径、方法；“基”是走上此道路所凭藉的基础、客观条件。

“十相自在”在基、道、果三个方面都有其象征标志的内容。基有内外之分，外基为器世间，即物质世界；内基为有情世间，即人体，而人体的各部位与物质世界的各部分有相应的关系，此处所说是按《时轮经》的说法安排的。《时轮历精要》第 12 章“宇宙结构”里说，“地、水、火、风、空五大种（基本元素）的‘微’（分子）由于共同的业果而结合，从而形成了世界。风轮位于虚空之中，它的里面是它所承托着的火轮，火轮里面是水轮，它的里面是地轮。这 4 个轮，各由其下面一个承托着上面一个的边缘，而 4 个轮的顶面又在同一水平面上，形状是圆的（如 4 个由小到大的盘子套在一起）。风使它们凝聚不散，又不断地搅动它们，因而形成了高山低谷……在这个世界上居住的有情(即动物)分为:无色界、色界、欲界等三界。无色界为无形色的众生所居,相当于须弥山的顶髻至发际之间;色界为已离食、淫二欲的众生所居,分为十六处,其中的风四处相当于须弥山的头额部分,火四处相当于其鼻部,水四处相当于其颏颔,地四处相当于其颈项的上三分之二;欲界为有色欲、淫欲的众生所居,分为六天,其中的上四天住在须弥山的颈项的下三分之一处。须弥山分为有形和无形两部分,以上都属于无形部分。须弥山的有形部分住着欲界六天中的第五天——忉利天、肩部以下直到地面,住着四天王众天。"又说:人体的中脉、左脉、右脉分别相应于天空中的罗睺(现代天文学中叫做"黄白交点")和太阳、月亮的轨道。罗睺与日月三者都不停地运动着,其规律就是"外时轮",当三者的气息相遇于一点时就可能发生日食或月食;人体内的中脉、左脉、右脉内的气息运行的规律就是"内时轮",当三者的气息相遇于一点时,修行的作用就会增长许多倍,是为"别时轮"。《时轮历精要》里说:"经云,昔者,释迦牟尼于氐宿月望日夜间证佛果时,即适值罗睺入食月轮之刻。以故现今诸大士亦复如是,登密道之阶梯、升三身(佛有法身、报身、应身三身)之高堂、外时轮罗睺入食日月、内时轮红白种子遇合,别时轮乐空无二,生稀有之极大喜悦安乐。"以上是作为"基"的部分。

"道"分为生起与圆满两次第。生起次第的象征分为能依者和所依处,能依者为顶轮、胸轮、密处轮三轮诸本尊的身、口、意;所依处即无量宫、须弥山及其基础风、水、火、地四轮;圆满次第的六支瑜伽(收摄、禅定、行风、持风、随念、三摩地)各有十相,例如三摩地能远离五蕴和五界之障蔽即其十相。

"果"位十相指《文殊幻网经》中所说的无始无戏论之我,是很深奥的。

(原载《中国西藏》1991 年第 3 期)

བོད་ཀྱི་ཚད་མའི་སྐོར་དཇོས་འཇལ་གྱི་དཔེ་ཐོ།
藏传因明学典籍 260 种经眼录

民族图书馆　　孙文景　编

北京图书馆　　黄明信　校定

གཅིག　རྒྱ་གར་གྱི་བསྟན་བཅོས།
印度论著

（བསྟན་འགྱུར་སྡེ་དགེའི་དཔར་གཞིར་བཞག）

（根据德格版《丹珠尔》）

ཚད་མ་ཀུན་ལས་བཏུས་པ་ཞེས་བྱ་བའི་རབ་ཏུ་བྱེད་པ། ཕྱོགས་ཀྱི་གླང་པོས། ཅེ་པོད། ལྡེབ་1－13བར།①
集量论　　陈那　著　ce 字帙　1－13 页

ཚད་མ་ཀུན་ལས་བཏུས་པའི་འགྲེལ་བ། ཕྱོགས་ཀྱི་གླང་པོས། ཅེ་པོད། ལྡེབ་14－85བར།①
集量论释　　陈那　著　ce 字帙　14－85 页

དམིགས་པ་བརྟག་པ། ཕྱོགས་ཀྱི་གླང་པོས། ཅེ་པོད། ལྡེབ་86བར།①
观所缘论　陈那　著　ce 字帙　第 86 页

དམིགས་པ་བརྟག་པའི་འགྲེལ། ཕྱོགས་ཀྱི་གླང་པོས། ཅེ་པོད། ལྡེབ་86－87བར།①
观所缘论释　　陈那　著　ce 字帙　86－87 页

དུས་གསུམ་བརྟག་པ་ཞེས་བྱ་བ། ཕྱོགས་ཀྱི་གླང་པོས། ཅེ་པོད། ལྡེབ་87－88བར།①
观三时　　陈那　著　ce 字帙　87－88 页

ཚད་མའི་བསྟན་བཅོས་རིགས་པ་ལ་འཇུག་པ། ཕྱོགས་ཀྱི་གླང་པོས། ཅེ་པོད། ལྡེབ་88－93བར།①
因明入正理论　　陈那　著　ce 字帙　88－93 页

གཏན་ཚིགས་ཀྱི་འཁོར་ལོ་གཏན་ལ་དབབ་པ། ཕྱོགས་ཀྱི་གླང་པོས། ཅེ་པོད། ཤོག་93 －99བར།[1]

因轮抉择 陈那 著 ce 字帙 第 93 页

ཚད་མ་རྣམ་འགྲེལ་གྱི་ཚིག་ལེའུར་བྱས་པ། ཆོས་ཀྱི་གྲགས་པས། ཅེ་པོད། ཤོག་94 －151བར།[1]

释量论颂 法称 著 ce 字帙 94 －151 页

ཚད་མ་རྣམ་པར་ངེས་པ། ཆོས་ཀྱི་གྲགས་པས། ཅེ་པོད། ཤོག་152 －230བར།[1]

量决定论 法称 著 ce 字帙 152 －230 页

རིགས་པའི་རིགས་པ་ཞེས་བྱ་བའི་རབ་ཏུ་བྱེད་པ།གཞན་ཕན་བཟང་པོས། ཅེ་པོད། ཤོག་231 －238བར།[1]

正理一滴论 利他贤 著 ce 字帙 231 －238 页

གཏན་ཚིགས་ཀྱི་ཐིགས་པ་ཞེས་བྱ་བའི་རབ་ཏུ་བྱེད་པ།ཆོས་ཀྱི་གྲགས་པས། ཅེ་པོད། ཤོག་238 －255བར།[1]

因一滴论 法称 著 ce 字帙 238 －255 页

འབྲེལ་བ་བརྟག་པའི་རབ་ཏུ་བྱེད་པ། ཆོས་ཀྱི་གྲགས་པས། ཅེ་པོད། ཤོག་255 －256བར།[1]

观相属论 法称 著 ce 字帙 255 －256 页

འབྲེལ་བ་བརྟག་པའི་འགྲེལ་བ། ཆོས་ཀྱི་གྲགས་པས། ཅེ་པོད། ཤོག་256 －261བར།[1]

观相属论释 法称 著 ce 字帙 256 －261 页

ཚད་མ་རྣམ་འགྲེལ་གྱི་འགྲེལ་བ། བམ་པོ་དང་པོ། ཆོས་ཀྱི་གྲགས་པས། ཅེ་པོད། ཤོག་261 －365བར།[1]

释量论释 初品 法称 著 ce 字帙 261 －365 页

ཚད་མ་རྣམ་འགྲེལ་གྱི་དཀའ་འགྲེལ། ལྷ་དབང་བློས། ཆེ་པོད། ཤོག་1 －326བར།[1]

释量论释难 帝释慧 著 che 字帙 1 －326 页

རྩོད་པའི་རིགས་པ་ཞེས་བྱ་བའི་རབ་ཏུ་བྱེད་པ། དྷརྨ་ཀཱིརྟིས། ཆེ་པོད། ཤོག་326 －355བར།[1]

诤正理论 法称 著 che 字帙 326 －355 页

རྒྱུད་གཞན་གྲུབ་པ་ཞེས་བྱ་བའི་རབ་ཏུ་བྱེད་པ། དྷརྨ་ཀཱིརྟིས། ཆེ་པོད། ཤོག་355 －359བར།[1]

成他相续论 法称 著 che 字帙 355 －359 页

ཚད་མ་རྣམ་འགྲེལ་གྱི་འགྲེལ་བཤད། ཤཱཀྱའི་བློས། ཛེ་པོད། ཤོག་1 －328བར།[1]

释量论疏 释迦慧 著 je 字帙 1 －328 页

ཚད་མ་རྣམ་འགྲེལ་གྱི་རྒྱན། ཤེས་རབ་འབྱུང་གནས་སྦས་པས། ཏ་པོད། ཤོག་1 －308བར།[1]
ཐ་པོད། ཤོག་1 －282བད།

释量论庄严疏 密智源 著 te 字帙 1 －308 页
the 字帙 1 －282 页

ཚད་མ་རྣམ་འགྲེལ་གྱི་རྒྱན་གྱི་འགྲེལ་བཤད། རྒྱལ་བ་ཅན་གྱིས། དེ་པོད། ཤོག་།1 －365བར།
ནེ་པོད། ཤོག་1 －312བར།[1]

释量论庄严疏解说 胜者 著 de 字帙 1 －365 页
ne 字帙 1 －312 页

ཚད་མ་རྣམ་འགྲེལ་གྱི་འགྲེལ་བཤད། ཉི་མ་སྦས་པས། པེ་པོད། ཤོག་1－298བར།①
释量论疏 密日 著 pe 字帙 1－298 页

ཚད་མ་རྣམ་འགྲེལ་གྱི་འགྲེལ་པ་ལས་ལེའུ་གསུམ་པ།ཉི་མ་སྦས་པས། ཕེ་པོད། ཤོག་1－174བར།①
释量论第三品释 密日 著phe 字帙 1－174 页

ཚད་མ་རྣམ་འགྲེལ་རྒྱན་གྱི་འགྲེལ་བཤད་ཤིན་ཏུ་ཡོངས་སུ་དག་པ་ཞེས་བྱ་བ། ཛ་མ་རིས། ཕེ་པོད། ཤོག་174－287བར། བེ་པོད། ཤོག་1－261བར། མེ་པོད། ཤོག་1－328བར། ཙེ་པོད། ཤོག་1－251བར།①
释量论庄严疏解说极正清净 祇摩梨 著 phe 字帙 174－287 页 be 字帙 1－261 页 me 字帙 1－328 页 tse 字帙 1－251 页

ཚུལ་གསུམ་པའི་རྟགས་སྟོན་པར་བྱེད་པའི་མཚན་ཉིད་གཞན་གྱི་དོན་གྱི་རྗེས་སུ་དཔག་པའི་སྐབས་སུ་བབ་ནས་བཤད་པ།
开示因三相之因相悟他比量品释
ཆོས་མཆོག་གིས། ཚེ་པོད། ཤོག་1－178བར།①
法胜 著 tshe 字帙 1－178 页

ཚད་མ་རྣམ་པར་ངེས་པའི་འགྲེལ་བཤད།ཡེ་ཤེས་དཔལ་བཟང་པོས། ཚེ་པོད། ཤོག་178－295བར།①
量决定论注疏 慧祥贤 著 tshe 字帙 178－295 页

ཚད་མ་རྣམ་པར་ངེས་པའིའགྲེལ་བཤད། ཆོས་མཆོག་གིས། ཛེ་པོད། ཤོག་1－289བར།①
量决定论注疏 法胜 著 dze 字帙 1－289 页

རིགས་པའི་ཐིགས་པའི་རྒྱ་ཆེར་འགྲེལ་བ། དུལ་བའི་ལྷས། ཝེ་པོད། ཤོག་1－36བར།①
正理一滴论广注 律天 著 we 字帙 1－36 页

རིགས་པའི་ཐིགས་པ་རྒྱ་ཆེར་འགྲེལ་བ། ཆོས་མཆོག་གིས། ཝེ་པོད། ཤོག་36－92བར།①
正理一滴论广注 法胜 著 we 字帙 36－92 页

རིགས་པའི་ཐིགས་པའི་ཕྱོགས་སྔ་མ་མདོར་བསྡུས་པ། ཀ་མ་ལ་ཤཱི་ལས། ཝེ་པོད། ཤོག་92－99བར།①
正理一滴论所破略说 莲华戒 著we 字帙 92－99 页

རིགས་པའི་ཐིགས་པའི་དོན་བསྡུས་པ། ཛི་ན་མི་ཏྲས། ཝེ་པོད། ཤོག་99－100བར།①
正理一滴论摄义 胜友 著 we 字帙 99－100 页

གཏན་ཚིགས་ཀྱི་ཐིགས་པ་རྒྱ་ཆེར་འགྲེལ་བ། དུལ་བའི་ལྷས། ཝེ་པོད། ཤོག་100－181བར།①
因一滴论广注 律天 著 we 字帙 100－181 页

འབྲེལ་བ་བརྟག་པའི་རྒྱ་ཆེར་བཤད་པ། དུལ་བའི་ལྷས། ཞེ་པོད། ཤོག་1－21བར།①
观相属论广注 律天 著 zhe 字帙 1－21 页

འབྲེལ་བ་བརྟག་པའི་རྗེས་སུ་འབྲང་བ། ཤཱ་ཀྱ་ནནྡ་ནས། ཞེ་པོད། ཤོག་21－35བར།①
随顺观相属论 商羯罗难陀 著 zhe 字帙 21－35 页

རྒྱུད་གཞན་གྲུབ་པའི་འགྲེལ་བཤད། དུལ་བའི་ལྷས། ཞེ་པོད། ལྡེབ35－51བར།[1]
成他相续论疏 律天 著 zhe 字帙 35－51 页

རྩོད་པའི་རིགས་པའི་འགྲེལ་བ་དོན་རྣམ་པར་འབྱེད་པ། ཤཱནྟ་རཀྵི་ཏས། ཞེ་པོད། ལྡེབ51－151བར།[1]
诤正理论释辨义 静命 著zhe 字帙 51－151 页

རྩོད་པའི་རིགས་པའི་འགྲེལ་བ། དུལ་བའི་ལྷས། ཞེ་པོད། ལྡེབ151－175བར།[1]
诤正理论释 律天 著 zhe 字帙 151－175 页

དམིགས་པ་བརྟག་པའི་འགྲེལ་བཤད། དུལ་བའི་ལྷས། ཞེ་པོད། ལྡེབ175－187བར།[1]
观所缘论疏 律天 著 zhe 字帙 175－187 页

རིགས་པ་གྲུབ་པའི་སྒྲོན་མ། ཙནྡྲ་གོ་མིས། ཞེ་པོད། ལྡེབ187－188བར།[1]
成正理灯颂 月官 著 zhe 字帙 187－188 页

ཐམས་ཅད་མཁྱེན་པ་གྲུབ་པའི་ཚིག་ལེའུར་བྱས་པ། དགེ་སྲུངས་ཀྱིས། ཞེ་པོད། ལྡེབ188－189བར།[1]
成一切智颂 善护 著 zhe 字帙 188－189 页

ཕྱི་རོལ་གྱི་དོན་གྲུབ་པ་ལེའུར་བྱས་པ། དགེ་སྲུངས་ཀྱིས། ཞེ་པོད། ལྡེབ189－196བར།[1]
成外境颂 善护 著 zhe 字帙 189－196 页

ཐོས་པ་བརྟག་པའི་ཚིག་ལེའུར་བྱས་པ། དགེ་སྲུངས་ཀྱིས། ཞེ་པོད། ལྡེབ196－197བར།[1]
观天启颂 善护 著 zhe 字帙 196－197 页

གཞན་སེལ་བརྟག་པའི་ཚིག་ལེའུར་བྱས་པ། དགེ་སྲུངས་ཀྱིས། ཞེ་པོད། ལྡེབ197－200བར།[1]
观离余颂 善护 著 zhe 字帙 197－200 页

དབང་ཕྱུག་འཇིག་པའི་ཚིག་ལེའུར་བྱས་པ། དགེ་སྲུངས་ཀྱིས། ཞེ་པོད། ལྡེབ200－201བར།[1]
自在天坏灭颂 善护 著 zhe 字帙 200－201 页

ཚད་མ་བརྟག་པ། ཆོས་མཆོག་གིས། ཞེ་པོད། ལྡེབ201－236བར།[1]
观量 法胜 著 zhe 字帙 201－236 页

གཞན་སེལ་བ་ཞེས་བྱ་བའི་རབ་ཏུ་བྱེད་པ། ཆོས་མཆོག་གིས། ཞེ་པོད། ལྡེབ236－246བར།[1]
离余品 法胜 著 zhe 字帙 236－246 页

འཇིག་རྟེན་ཕ་རོལ་གྲུབ་པ། ཆོས་མཆོག་གིས། ཞེ་པོད། ལྡེབ246－249བར།[1]
成彼世论 法胜 著 zhe 字帙 246－249 页

སྐད་ཅིག་མ་འཇིག་པ་གྲུབ་པ། ཆོས་མཆོག་གིས། ཞེ་པོད། ལྡེབ249－259བར།[1]
成刹那坏灭论 法胜 著 zhe 字帙 249－259 页

སྐད་ཅིག་མ་འཇིག་པ་གྲུབ་པའི་རྣམ་པར་འགྲེལ་བ། བྲམ་ཟེ་ཤུ་ཏྲིག་བུམ་པས།
成刹那坏灭论释 婆罗门珠瓶 著

ཞེ་པོད། ལྡེབ259－275བར།[1]
zhe 字帙 259－275 页

ལྷན་ཅིག་དམིགས་པར་ངེས་པ། ཤེས་རབ་འབྱུང་གནས་སྦས་པས། ཞེ་པོད། ལྡེབ275－281བར།①

决定相俱所缘论　密智源　著　zhe 字帙　275－281 页

སེལ་བ་གྲུབ་པ། ཤཾ་ཀ་རཱ་ནནྡས། ཞེ་པོད། ལྡེབ281－302བར།①

成排除论　商羯罗难陀　著　zhe 字帙　281－302 页

འབྲེལ་བ་གྲུབ་པ། ཤཾ་ཀ་རཱ་ནནྡས། ཞེ་པོད། ལྡེབ302－303བར།①

成相属论　商羯罗难陀　著　zhe 字帙　302－303 页

རྒྱུ་དང་འབྲས་བུའི་ངོ་བོ་གྲུབ་པ། ཛྙཱ་ན་ཤྲཱི་མི་ཏྲས། ཞེ་པོད། ལྡེབ303－306བར།①

成因果性论　慧祥友　著　zhe 字帙　303－306 页

རྣམ་པར་རིག་པ་ཙམ་ཉིད་དུ་གྲུབ་པ།རིན་ཆེན་འབྱུང་གནས་ཞི་བས། ཞེ་པོད། ལྡེབ306－309བར།①

成唯识论　宝生寂　著　zhe 字帙　306－309 页

ནང་གི་ཁྱབ་པ། རིན་ཆེན་འབྱུང་གནས་ཞི་བས། ཞེ་པོད། ལྡེབ309－314བར།①

内遍满论　宝生寂　著　zhe 字帙　309－314 页

གཏན་ཚིགས་ཀྱི་དེ་ཁོ་ན་ཉིད་བསྟན་པ། ཛེ་ཏཱ་རིས། ཞེ་པོད། ལྡེབ314－321བར།①

显示因真实性论　祇多梨　著　zhe 字帙　314－321 页

ཆོས་དང་ཆོས་ཅན་གཏན་ལ་དབབ་པ། ཛེ་ཏཱ་རིས། ཞེ་པོད། ལྡེབ321－325བར།①

抉择法与有法论　祇多梨　著　zhe 字帙　321－325 页

བྱིས་པ་འཇུག་པའི་རྟོག་གེ། དགྲ་ལས་རྒྱལ་བས། ཞེ་པོད། ལྡེབ325－336བར།①

庸愚入问难论　胜怨　著　zhe 字帙　325－336 页

རྟོག་གེའི་སྐད། ཐར་པའི་འབྱུང་གནས་སྦས་པས། ཞེ་པོད། ལྡེབ336－369བར།①

问难语　密解脱源　著　zhe 字帙　336－369 页

རིགས་པའི་སྦྱོར་བ་ཞེས་བྱ་བ། རིན་ཆེན་རྡོ་རྗེས། ཞེ་པོད། ལྡེབ369－369བར།①

正理论式　宝金刚　著　zhe 字帙　369－369 页

དེ་ཁོ་ན་ཉིད་བསྡུས་པའི་ཚིག་ལེའུར་བྱས་པ། ཞི་བ་འཚོས། ཟེ་པོད། ལྡེབ1－133བར།①

摄真实义颂　静命　著　ze 字帙　1－133 页

དེ་ཁོ་ན་ཉིད་བསྡུས་པའི་དཀའ་འགྲེལ། ཀ་མ་ལ་ཤཱི་ལས། ཟེ་པོད། ལྡེབ133－363བར།

摄真实义释难　莲华戒　著　ze 字帙　133－363 页

ཝེ་པོད། ལྡེབ1－331བར།①

ve 字帙　1－331 页

ཡངས་པ་དང་དྲི་མ་མེད་པ་ལྡན་པ་ཞེས་བྱ་བ་ཚད་མ་ཀུན་ལས་བཏུས་པའི་འགྲེལ་བཤད།རྒྱལ་དབང་བློ་གྲོས་ཀྱིས།

集量论疏　具足广大无垢　胜自在慧　著

ཡེ་པོད། ལྡེབ1－314བར།①

ye 字帙　1－314 页

གཉིས། བོད་ཀྱི་བསྟན་བཅོས།
西藏论著

ཚད་མ་རིགས་པའི་གཏེར། ས་སྐྱ་ཀུན་དགའ་རྒྱལ་མཚན་ནས།
正理藏论　萨班·贡嘎坚赞(1182—1251 年)著
ས་སྐྱ་གོང་མ་ལྔའི་བཀའ་འབུམ། ད་པོད་ལས
萨迦五祖文集　da 字帙

ལྡེབ་25[1]
25 页

ཚད་མ་རིགས་གཏེར་རང་འགྲེལ། ས་སྐྱ་ཀུན་དགའ་རྒྱལ་མཚན་ནས། ས་སྐྱ་གོང་མ་ལྔའི་བཀའ་འབུམ་ད་པོད་ལས་ལྡེབ་195[1]
正理藏论自注　萨班·贡嘎坚赞
萨迦五祖文集　da 字帙　195 页

ཚད་མའི་བསྟན་བཅོས་སྡེ་བདུན་རྒྱན་གྱི་མེ་ཏོག　བཅོམ་ལྡན་རིག་པའི་རལ་གྲིས།　བྲིས་མ།
因明七论庄严华释　炯丹·日比惹直(13 世纪)著　写本
ལྡེབ་89[1]
89 页

ཚད་མ་རྣམ་པར་ངེས་པའི་རྒྱན་གྱི་མེ་ཏོག　བཅོམ་ལྡན་རིགས་པའི་རལ་གྲིས།　བྲིས་མ།　ལྡེབ་126[1]
量决定论庄严华释　炯丹·日比惹直　著　写本　126 页

ཚད་མ་རྣམ་པར་ངེས་པའི་མཚན་དོན།　བུ་སྟོན་རིན་ཆེན་གྲུབ་ནས།　ཡ་པོད།
量决定论书名释义　布顿·仁钦珠(1320—1364)著　ya 字帙
ལྡེབ་5[1]
5 页

ཚད་མ་རྣམ་པར་ངེས་པའི་ཊཱི་ཀ་ཚིག་དོན་རབ་གསལ།　བུ་སྟོན་རིན་ཆེན་གྲུབ་ནས།　ཡ་པོད།
量决定论句义显明疏　布顿·仁钦珠　著　ya 字帙
ལྡེབ་301[1]
301 页

ཚད་མའི་ལམ་བསྒྲིགས།　ཙོང་ཁ་པས།　མ་པོད།　ལྡེབ་31[1]
量论道路列编　宗喀巴(1357—1419)著　ma 字帙　31 页

སྡེ་བདུན་འཇུག་སྒོ་ཡིད་ཀྱི་མུན་སེལ། ཙོང་ཁ་པས། ཚ་པོད། ཤོག་24[1]
因明七论入门去蔽论 宗喀巴 著 tsha 字帙 24 页

ཚད་མ་མདོའི་རྣམ་བཤད། རྒྱལ་ཚབ་རྗེ་དར་མ་རིན་ཆེན་ནས། ང་པོད། ཤོག་124[1]
量经释 贾曹杰·达玛仁钦(1364—1432)著 nga 字帙 124 页

རྗེའི་དྲུང་དུ་གསན་པའི་ཚད་མའི་བརྗེད་བྱང་ཆེན་མོ། ཙོང་ཁ་པས། ང་པོད། ཤོག་42[1]
宗喀巴大师开示量论随闻录 宗喀巴 著 nga 字帙 42 页

རྣམ་འགྲེལ་བསྡུས་དོན་ཐར་ལམ་གསལ་བྱེད། ཙོང་ཁ་པས། ཙ་པོད། ཤོག་93[1]
释量论摄义·阐明解脱道 宗喀巴 著 ca 字帙 93 页

འབྲེལ་བ་བརྟག་པའི་རྣམ་བཤད་ཉི་མའི་སྙིང་པོ། ཙོང་ཁ་པས། ཙ་པོད། ཤོག་15[1]
观相属论解说·日藏篇 宗喀巴 著 ca 字帙 15 页

ཚད་མའི་ལམ་ཁྲིད། ཙོང་ཁ་པས། ཙ་པོད། ཤོག་21[1]
量论导释 宗喀巴 著 ca 字帙 21 页

འགལ་འབྲེལ་གྱི་རྣམ་བཞག ཙོང་ཁ་པས། ཙ་པོད། ཤོག་11[1]
相违相属建立 宗喀巴 著 ca 字帙 11 页

རྣམ་འགྲེལ་གྱི་ཚིག་ལེའུར་བྱས་པའི་རྣམ་བཤད་ཐར་ལམ་གསལ་བྱེད། ཙོང་ཁ་པས། ཆ་པོད། ཤོག་436[1]
释量论本颂解说·阐明解脱道 宗喀巴 著 cha 字帙 436 页

རྣམ་ངེས་ཊཱིཀ་ཆེན་དགོངས་པ་རབ་གསལ་སྟོད་ཆ་དང་སྨད་ཆ། ཙོང་ཁ་པས། ཇ་པོད། ཤོག་307
量决定论大疏·善显意趣上下卷 宗喀巴 著 ja 字帙 307 页
ཉ་པོད། ཤོག་260[1]
nya 字帙 260 页

ཚད་མ་རིགས་ཐིགས་ཀྱི་འགྲེལ་བ་ལེགས་བཤད་སྙིང་པོའི་གཏེར། ཙོང་ཁ་པས། ཉ་པོད། ཤོག་63[1]
量正理一滴论释·善说心要 宗喀巴 著 nya 字帙 63 页

ཚད་མའི་ལམ་ཁྲིད། མཁས་གྲུབ་རྗེ་དགེ་ལེགས་དཔལ་བཟང་གིས། ཏ་པོད། ཤོག་16[1]
量论导释 克珠杰·格勒贝桑(1385—1438)著 ta 字帙 16 页

སྡེ་བདུན་རྒྱན་ཡིད་ཀྱི་མུན་སེལ། མཁས་གྲུབ་རྗེ་དགེ་ལེགས་དཔལ་བཟང་ནས། ཐ་པོད། ཤོག་224[1]
因明七论去蔽庄严疏 克珠杰·格勒贝桑 著 tha 字帙 224 页

ཚད་མ་རྣམ་འགྲེལ་རྒྱ་ཆེར་བཤད་པ་རིགས་པའི་རྒྱ་མཚོ་ལས། མཁས་གྲུབ་རྗེ་དགེ་ལེགས་དཔལ་བཟང་ནས།
量释论广释·正理海大疏　　　　克珠杰·格勒贝桑　著

རང་དོན་ལེའུའི་རྣམ་བཤད། ཐ་པོད། ཤོག་193
自悟比量品解说　tha 字帙　193 页

རང་དོན་ལེའུའི་རྣམ་བཤད། ང་པོད། ཤོག་52
自悟比量品解说　nga 字帙　52 页

མངོན་སུམ་ལེའུའི་རྣམ་བཤད། ང་པོད། ཤོག་70
现量品解说　nga 字帙　70 页

རྣམ་འགྲེལ་ལ་བརྟེན་པའི་ལྟ་ཁྲིད། སྤྱན་སྔ་བློ་གྲོས་རྒྱལ་མཚན་ནས།
依释量论作出之正见导释　京俄·洛卓坚赞(1402—1472)著

ག་པོད། ཤོག་4[①]
ga 字帙　4 页

ཚད་མ་རྣམ་འགྲེལ་གྱི་རྣམ་བཤད་ཀུན་བཟང་འོད་ཟེར་ལས། གོ་བོ་རབ་འབྱམས་པ་བསོད་ནམས་སེང་གེས།
释量论解说·普贤光明　廓窝热绛巴·索朗森格(1429—1489)著

རང་དོན་ལེའུ། ཀ་པོད། ཤོག་82
自悟品　ka 字帙　82 页

ཚད་མ་གྲུབ་པའི་ལེའུ། ཀ་པོད། ཤོག་65
成量品　ka 字帙　65 页

མངོན་སུམ་ལེའུ། ཀ་པོད། ཤོག་119
现量品　ka 字帙　119 页

གཞན་དོན་ལེའུ། ཀ་པོད། ཤོག་71
悟他品　ka 字帙　71 页

自悟比量品解说　tha 字帙　193 页

ཚད་མ་གྲུབ་པའི་ལེའུའི་རྣམ་བཤད། ད་པོད། ཤོག་108
成量品解说　da 字帙　108 页

མངོན་སུམ་ལེའུའི་རྣམ་བཤད། ད་པོད། ཤོག་207
现量品解说　da 字帙　207 页

གཞན་དོན་ལེའུའི་རྣམ་བཤད། ད་པོད། ཤོག་132
悟他比量品解说　da 字帙　132 页

ཚད་འབྲས་ཀྱི་རྣམ་གཞག་ཆེན་པོ། མཁས་གྲུབ་རྗེ་དགེ་ལེགས་དཔལ་བཟང་ནས། ཨ་པོད། ཤོག་43[①]
量果建立广论　克珠杰·格勒贝桑　著　a 字帙　43 页

མངོན་སུམ་ལེའུའི་ཊཱི་ཀ་རྗེའི་གསུང་བཞིན་མཛད་པ། མཁས་གྲུབ་རྗེ་དགེ་ལེགས་དཔལ་བཟང་ནས།
现量品解说·宗喀巴大师讲记 克珠杰·格勒贝桑 著

ཨ་པོད། ཤོག་95[①]
a 字帙 95 页

ཚད་མ་རིགས་རྒྱན། དགེ་འདུན་གྲུབ་པས། ང་པོད། ཤོག་261[①]
量理庄严论 根敦珠巴(1391—1474)著 nga 字帙 261 页

ཚད་མ་རྣམ་འགྲེལ་ལེགས་པར་བཤད་པ་ལས། དགེ་འདུན་གྲུབ་པས།
释量论嘉言 根敦珠巴 著

ཚད་མ་རྣམ་འགྲེལ་གྱི་ངག་དོན་ཀུན་བཟང་ཉི་མ། གོ་བོ་རབ་འབྱམས་པ་བསོད་ནམས་སེང་གེས།
释量论语义·普贤之日 廓窝热绛巴·索朗森格 著

ཁ་པོད། ཤོག་192[①]
kha 字帙 192 页

ཚད་མ་རིགས་གཏེར་གྱི་དོན་གསལ་བར་བྱེད་པ། གོ་བོ་རབ་འབྱམས་པ་བསོད་ནམས་སེང་གེས།
因明正理藏论释义 廓窝热绛巴·索朗森格 著

ཁ་པོད། ཤོག་148[①]
kha 字帙 148 页

ཚད་མ་རིགས་པའི་གཏེར་དཀའ་གནས་རྣམ་བཤད་སྡེ་བདུན་རབ་གསལ།
因明正理藏论释难·阐明七论

གོ་བོ་རབ་འབྱམས་པ་བསོད་ནམས་སེང་གེས།
廓窝热绛巴·索朗森格 著

ག་པོད། ཤོག་334[①]
ga 字帙 334 页

ཚད་མ་རིགས་གཏེར་འགྲེལ་བཤད་རིགས་ལམ་གསལ་བའི་ཉི་མ།
因明正理藏论解说·显明理路之日光

སྒམ་པོ་པ་བསོད་ནམས་ལྷུན་གྲུབ་ནས།
岗布巴·索朗伦珠(1441—1525)著

ཤོག་207[①]
207 页

ཚད་མ་རིགས་གཏེར་ལ་ཉེ་བར་མཁོ་བ་མཐའ་གཉིས་གསལ་བྱེད། སྒམ་པོ་པ་བསོད་ནམས་ལྷུན་གྲུབ་ནས།
正理藏论所需能显二边篇 岗布巴·索朗伦珠 著

ཤོག་4[①]
4 页

ཚད་མ་མདོ་དང་སྡེ་བདུན་གྱི་དོན་གཏན་ལ་ཕབ་པ་འཇམ་དབྱངས་དགོངས་རྒྱན།
量经及七部论义抉择・文殊意趣庄严

འབྲུག་པ་པདྨ་དཀར་པོས། ང་པོད། ཤོག་66[①]
主巴・白玛噶布(1529—1592)著 nga 字帙 66 页

ཚད་མའི་མདོ་སྡེ་བདུན་དང་བཅས་པའི་སྤྱི་དོན་རིགས་པའི་སྙིང་པོ། འབྲུག་པ་པདྨ་དཀར་པོས།
量经及七论总义・正理心要 主巴・白玛噶布 著

ང་པོད། ཤོག་29[①]
nga 字帙 29 页

རྣམ་འགྲེལ་ལེའུ་དང་པོ་དང་ལེའུ་གཉིས་པའི་ས་བཅད།
释量论第一、第二品科判

ཛ་ཡ་པཎྜི་ཏ་བློ་བཟང་འཕྲིན་ལས་ནས།
扎雅班智达・洛桑称勒(1642—1715)著

ཀ་པོད། ཤོག་11[①]
ka 字帙 11 页

ཁ་དོག་དཀར་དམར། འཇམ་དབྱངས་བཞད་པའི་རྡོ་རྗེས། ག་པོད། ཤོག་56[①]
显色白红辨 嘉木样协比多杰(1648—1721)著 ga 字帙 56 页

བསྡུས་གྲྭའི་རྣམ་བཞག་ལེགས་པར་བཤད་པ། འཇམ་དབྱངས་བཞད་པའི་རྡོ་རྗེ། ག་པོད། ཤོག་28[①]
摄类论安立嘉言 嘉木样协比多杰 著 ga 字帙 28 页

ཐལ་འགྱུར་ཆེ་བའི་རྣམ་བཞག་མདོར་བསྡུས། འཇམ་དབྱངས་བཞད་པའི་རྡོ་རྗེས། ག་པོད།
大品应成论式之建立略篇 嘉木样协比多杰 著 ga 字帙

ཤོག་10[①]
10 页

རྣམ་འགྲེལ་ལེའུ་གཉིས་པའི་ཚད་མའི་དཀའ་གནས་ཀྱི་ཟུར་བཀོལ་མདོར་བསྡུས།
释量论第二品量理难义另录略篇

འཇམ་དབྱངས་བཞད་པའི་རྡོ་རྗེས།
嘉木样协比多杰 著

ག་པོད། ཤོག་6[①]
ga 字帙 6 页

ཚད་མ་རྣམ་འགྲེལ་གྱི་མཐའ་དཔྱོད་ཚད་མའི་འོད་བརྒྱ་འབར་བ་ལས། འཇམ་དབྱངས་བཞད་པའི་རྡོ་རྗེས།
释量论探究正量百光辉耀 嘉木样协比多杰 著

ལེའུ་དང་པོ། པ་པོད། ཤོག་273
第一章 pa 字帙 273 页

ལེའུ་གཉིས་པ། པ་པོད། ཤོག་106
第二章 pa 字帙 106 页

ལེའུ་གསུམ་པ། པ་པོད། ཤོག་16
第三章 pa 字帙 16 页

རྟགས་རིགས་ཀྱི་རྣམ་བཞག་ལེགས་བཤད་གསེར་ཕྲེང་། འཇམ་དབྱངས་བཞད་པའི་རྡོ་རྗེས།
因理论安立嘉言黄金鬘 嘉木样协比多杰 著

བ་པོད། ཤོག་36[①]
ba 字帙 63 页

བློ་རིག་གི་རྣམ་བཞག་ཉུང་གསལ་ལེགས་བཤད་གསེར་ཕྲེང་། འཇམ་དབྱངས་བཞད་པའི་རྡོ་རྗེས།
心理论简明嘉言黄金鬘 嘉木样协比多杰 著

བ་པོད། ཤོག་36[①]
ba 字帙 36 页

བསྡུས་ཆེན་རྣམ་བཞག་རིགས་ལམ་སྒོ་འབྱེད་ལུང་རིགས་གཏེར་མཛོད། འཇམ་དབྱངས་བཞད་པའི་རྡོ་རྗེས།
大品摄类论安立·理路启门·教理宝库 嘉木样协比多杰 著

བ་པོད། ཤོག་55[①]
ba 字帙 55 页

འཇམ་དབྱངས་བཞད་པའི་རྡོ་རྗེས་གསུངས་པའི་བློ་རིག་གི་ཟུར་རྒྱན་ལེགས་བཤད་ཉི་མའི་འོད་ཟེར།
心理论附饰篇·嘉言日光·依嘉木样协比多杰所说而写

བསེ་ངག་དབང་བཀྲ་ཤིས་ནས། ཁ་པོད། ཤོག་29[①]
赛·阿旺扎西(1678—?)著 kha 字帙 29 页

བློ་རིག་གི་མཐའ་དཔྱོད་ལེགས་བཤད་མཁས་པའི་མགུལ་རྒྱན། བསེ་ངག་དབང་བཀྲ་ཤིས་ནས།
心理论之探究善说智者项饰 赛·阿旺扎西 著

ཁ་པོད། ཤོག་9[①]
kha 字帙 9 页

རྟགས་རིགས་རང་ལུགས་མཐའ་དཔྱོད་ཀུ་མུ་ཏའི་ཁ་འབྱེད། བསེ་ངག་དབང་བཀྲ་ཤིས་ནས།
因理论自宗探究·君陀花开 赛·阿旺扎西 著

ཁ་པོད། ཤོག་31[①]
kha 字帙 31 页

བསྡུས་གྲྭའི་དགག་སྒྲུབ་ལེགས་བཤད་མཁས་པའི་ཡིད་འཕྲོག བསེ་ངག་དབང་བཀྲ་ཤིས་ནས།
摄类论破立品·智者意乐嘉言 赛·阿旺扎西 著

ག་པོད། ཤོག་13[①]
ga 字帙 13 页

བློ་རིག་དཀའ་གནས་ལ་ལྷག་པར་བཤད་གནང་བའི་ཟིན་བྲིས། བསེ་ངག་དབང་བཀྲ་ཤིས་ནས།
心理论难义讲述记录 赛・阿旺扎西 著

ག་པོད། ལྡེབ་10①
ga 字帙 10 页

རྣམ་འགྲེལ་གྱི་དོན་གཅིག་ཏུ་དྲིལ་བ་བློ་རབ་འབྱེད་ཐ་གསུམ་དུ་སྟོན་པ། བསེ་ངག་དབང་བཀྲ་ཤིས་ནས།
释量论要义合编・普利三根 赛・阿旺扎西 著

ང་པོད། ལྡེབ་154①
nga 字帙 154 页

བསྡུས་གྲྭ། བསེ་ངག་དབང་བཀྲ་ཤིས་ནས། ང་པོད། ལྡེབ་94①
摄类论 赛・阿旺扎西 著 nga 字帙 94 页

བློ་རྟགས་ཀྱི་རྣམ་བཞག་ལུང་རིགས་སྙིང་པོ་མཁས་པ་དགྱེས་བྱེད།
因理及心理论安立・教理摄要智者悦意

ཚོ་ནེ་གྲགས་པ་བཤད་སྒྲུབ་ནས།
卓尼・扎巴谢珠(1675—174＊)著

ཅ་པོད། ལྡེབ་20①
ca 字帙 20 页

ཚད་མ་སྡེ་བདུན་གྱི་སྙིང་ནོར་དང་། གྲུབ་མཐའི་རྣམ་བཞག་ཉུང་འདུས།
因明七论之要义及宗派论略说

སུམ་པ་ཡེ་ཤེས་དཔལ་འབྱོར་ནས།
松巴・益西班觉(1704—1774)著

ཁ་པོད། ལྡེབ་19①
kha 字帙 19 页

གཏན་ཚིགས་རིག་པ་ལས་བྱུང་བའི་མིང་གི་རྣམ་གྲངས།
因明学中所出名目集

ཀློང་རྡོལ་བླ་མ་ངག་དབང་བློ་བཟང་ནས།
隆多喇嘛・阿旺洛桑(1719—1795)著

ལྡེབ་23①
23 页

རང་དོན་རྗེས་དཔག་གི་རྟེན་གཏན་ཚིགས་གསལ་བར་བྱེད་པའི་བསྟན་བཅོས་རིགས་པའི་སྒྲོན་མེ།
自悟比量之所依原因显明论・正理明灯

བྲ་ཏི་རིན་ཆེན་དོན་གྲུབ་ནས། བྲིས་མ། ལྡེབ་45①
扎底・仁钦顿珠(？—1734?)著 写本 45 页

རྣམ་འགྲེལ་གྱི་རྣམ་བཤད་རིགས་པའི་རྒྱ་མཚོའི་སྙན་ངག་གི་ཚིག་འགྲེལ།

释量论广释理海大疏诗句解释

འཇམ་བཞད་དཀོན་མཆོག་འཇིགས་མེད་དབང་པོས། ཛ་པོད། ལྡེབ་19①

嘉协·衮却晋美旺布(1728—1791)著 ja 字帙 19 页

གཏན་ཚིགས་རིག་པའི་སྡོམ་ཚིག་རིགས་ལམ་གསལ་བའི་མེ་ལོང་།

因明摄颂·理路明镜

ཨ་ཀྱཱ་ཡོངས་འཛིན་བློ་བཟང་དོན་གྲུབ་ནས།

阿嘉经师·洛桑顿珠(18 世纪中)著

ཀ་པོད། ལྡེབ་9①

ka 字帙 9 页

བློ་རིག་གི་སྡོམ་ཚིག་བླང་དོར་གསལ་བའི་མེ་ལོང་། ཨ་ཀྱཱ་ཡོངས་འཛིན་བློ་བཟང་དོན་གྲུབ་ནས།

心理论摄颂·取舍明镜 阿嘉经师·洛桑顿珠 著

ཀ་པོད། ལྡེབ་6①

ka 字帙 6 页

ཚད་མ་རྣམ་འགྲེལ་གྱི་མན་ངག་སྙིང་པོ་བསྡུས་དོན་ཟིན་བྲིས།

释量论要诀讲授记要

པཎ་ཆེན་དཔལ་ལྡན་ཡེ་ཤེས་ནས།

班禅·白登益西(1740—1780)著

ཉ་པོད། ལྡེབ་16①

nya 字帙 16 页

རྟགས་རིགས་དཀའ་གནས་ཟིན་བྲིས་ཉི་མའི་འོད་ཟེར། བསྟན་དར་ལྷ་རམས་པས།

因理论难点解说笔录·日光 丹达·拉让巴(1759—184 *)著

ལྡེབ་28①

28 页

མ་དམིགས་པའི་རྟགས་ཀྱི་གོ་དོན་མདོར་བསྡུས། བསྟན་དར་ལྷ་རམས་པས། ལྡེབ་9①

无所得因含义略篇 丹达·拉让巴 著 9 页

ཕྱོགས་ཆོས་འཁོར་ལོ་གསལ་བར་བྱེད་པའི་རིན་ཆེན་སྒྲོན་མེ། བསྟན་དར་ལྷ་རམས་པས། ལྡེབ་11①

因明论明解·大宝明灯 丹达·拉让巴 著 11 页

རང་མཚན་སྤྱི་མཚན་གྱི་རྣམ་བཞག་རྩོམ་འཕྲོ། བསྟན་དར་ལྷ་རམས་པས། ལྡེབ་27①

自相共相之安立未完稿 丹达·拉让巴 著 27 页

དམིགས་བརྟག་འགྲེལ་བ་མུ་ཏིག་འཕྲེང་མཛེས། བསྟན་དར་ལྷ་རམས་པས། ལྡེབ་21①

观所缘论注疏·珍珠美鬘 丹达·拉让巴 著 21 页

རྒྱུད་གཞན་གྲུབ་པའི་འགྲེལ་བ་མཁས་པའི་ཡིད་འཕྲོག བསྟན་དར་ལྷ་རམས་པས། ལྡེབ་21①
成他相续论注释·智者意乐　丹达·拉让巴　著　21页

རྣམ་འགྲེལ་སྤྱི་དོན་རྩོམ་འཕྲོ། བསྟན་དར་ལྷ་རམས་པས། ལྡེབ་24①
释量论总义未完稿　丹达·拉让巴　著　24页

དམིགས་པ་བརྟག་པའི་འགྲེལ་བ་ཕྱོགས་གླང་དགོངས་རྒྱན།
《观所缘论》释·陈那意趣庄严

གུང་ཐང་དཀོན་མཆོག་བསྟན་པའི་སྒྲོན་མེས།
贡唐·恭却丹白卓美(1762—1823)著

ག་པོད། ལྡེབ་5①
ga 字帙　5页

རྟགས་རིགས་ཀྱི་རྣམ་བཞག་ལེགས་བཤད་གསེར་འཕྲེང་གི་ཟུར་འདེབས།
《因理论安立·嘉言金鬘》补篇

དཔལ་མང་དཀོན་མཆོག་རྒྱལ་མཚན་ནས། ད་པོད། ལྡེབ་10①
阿莽·衮却坚赞(1767—183 *)著　da 字帙　10页

སེམས་དང་སེམས་བྱུང་གི་རྣམ་བཞག་རང་རྒྱུད་གསལ་བའི་མེ་ལོང་། དཔལ་མང་དཀོན་མཆོག་རྒྱལ་མཚན་ནས།
心王心所安立·自相续明镜　阿莽·衮却坚赞　著

ཉ་པོད། ལྡེབ་58①
nya 字帙　58页

དྲུག་སྒྲའི་དྲིས་འཕང་བརྗེ་ཚུལ། དཔལ་མང་དཀོན་མཆོག་རྒྱལ་མཚན་ནས། ཉ་པོད།
第六箧声品问答轨式　阿莽·衮却坚赞　著　nya 字帙

ལྡེབ་45①
45页

རྗེས་ཁྱབ་ལྡོག་ཁྱབ་སོགས་ལས་བརྩམས་པའི་ཡི་གེ།
同品定有性异品定无性等撰述

ཆཧར་དགེ་བཤེས་བློ་བཟང་ཚུལ་ཁྲིམས་ནས།
恰哈格西·洛桑楚臣(？—1808?)著

ཐ་པོད། ལྡེབ་7①
Tha 字帙　7页

ཁྱབ་མཐའ་ཁ་དོག་གཞི་གྲུབ་སོགས། ཆཧར་དགེ་བཤེས་བློ་བཟང་ཚུལ་ཁྲིམས་ནས། ཐ་པོད།
周遍·显色·成事等　恰哈格西·洛桑楚臣　著　Tha 字帙

ལྡེབ་21①
21页

ཁ་དོག་དཀར་དམར་གྱི་རིགས་ལམ་གཏོང་ཚུལ། ཆ་ཧར་དགེ་བཤེས་བློ་བཟང་ཚུལ་ཁྲིམས་ནས།
显色白虹之理路辩说法 恰哈格西 · 洛桑楚臣 著
ཐ་པོད། ལྡེབ་9[①]
Tha 字帙 9 页

འབྱུང་བ་དང་འབྱུང་འགྱུར་སོགས་ཀྱི་ངོས་འཛིན། ཆ་ཧར་དགེ་བཤེས་བློ་བཟང་ཚུལ་ཁྲིམས་ནས།
大种及大种所造色等之识别 恰哈格西 · 洛桑楚臣 著
ཐ་པོད། ལྡེབ་20[①]
Tha 字帙 20 页

གཞི་གྲུབ་ཡིན་ལོག་སོགས་བསྲེས་པའི་ཁྱབ་སྐོར། ཆ་ཧར་དགེ་བཤེས་བློ་བཟང་ཚུལ་ཁྲིམས་ནས།
成事 · 反是等混合周遍类 恰哈格西 · 洛桑楚臣 著
ཐ་པོད། ལྡེབ་18[①]
Tha 字帙 18 页

མཚན་མཚོན་གྱི་ཁྱབ་སྐོར། ཆ་ཧར་དགེ་བཤེས་བློ་བཟང་ཚུལ་ཁྲིམས་ནས། ཐ་པོད།
能表 · 所表之周遍类 恰哈格西 · 洛桑楚臣 著 Tha 字帙
ལྡེབ་18[①]
18 页

རྒྱུ་འབྲས་དང་གཞན་སེལ་གྱི་ཡིག་ཆུང་། ཆ་ཧར་དགེ་བཤེས་བློ་བཟང་ཚུལ་ཁྲིམས་ནས། ཐ་པོད།
因果及遮余小品 恰哈格西 · 洛桑楚臣 著 Tha 字帙
ལྡེབ་6[①]
6 页

རྫས་ལྡོག་དང་འགལ་འབྲེལ། ཆ་ཧར་དགེ་བཤེས་བློ་བཟང་ཚུལ་ཁྲིམས་ནས། ཐ་པོད།
实法体法相违相属篇 恰哈格西 · 洛桑楚臣 著 Tha 字帙
ལྡེབ་15[①]
15 页

སེམས་དང་སེམས་བྱུང་གི་རྣམ་བཤད་སྡོམ་ཚིག ཡོངས་འཛིན་ཡེ་ཤེས་རྒྱལ་མཚན་ནས།
心王心所解说摄颂 经师益西坚赞(1772—1853)著
བ་པོད། ལྡེབ་11[①]
ba 字帙 11 页

སེམས་དང་སེམས་བྱུང་གི་ཚུལ་གསལ་བར་སྟོན་པ། ཡོངས་འཛིན་ཡེ་ཤེས་རྒྱལ་མཚན་ནས། བ་པོད།
心王心所之开示 经师益西坚赞 著 ba 字帙
ལྡེབ་51[①]
51 页

ཊཱི་ཀ་ཆེན་རིགས་པའི་རྒྱ་མཚོའི་མཆོད་བརྗོད་དང་རྩོམ་པར་དམ་བཅའི་རྣམ་བཤད།
《理海大疏》中礼赞词及造论誓辞解说

ཡོངས་འཛིན་ཡེ་ཤེས་རྒྱལ་མཚན་ནས། མ་པོད། ལྡེབ་107①
经师益西坚赞 著 ma 字帙 107 页

ཀུན་མཁྱེན་བླ་མའི་བློ་རིགས་ཀྱི་ཟུར་མཆན།
衮钦喇嘛所著心理论旁注

ཁལ་ཁ་མཁན་པོ་ངག་དབང་བློ་བཟང་མཁས་གྲུབ་ནས།
喀尔喀堪布・阿旺洛桑克珠(1779—1838)著

ཁ་པོད། ལྡེབ་18①
kha 字帙 18 页

ཚད་མའི་ལམ་ཁྲིད་རིགས་པའི་སྒོ་བརྒྱ་འབྱེད་པའི་ལྡེ་མིག པཎ་ཆེན་བསྟན་པའི་ཉི་མས།
量理导释・开多种理门之钥 班禅・丹白尼玛(1782—1853)著

ཇ་པོད། ལྡེབ་23①
ja 字帙 23 页

རང་བཞིན་གྱི་ཚུལ་གསུམ་སྒྲུབ་བྱེད་བློ་གསལ་མགུལ་རྒྱན།
自性因三相论据・智者项饰

ཁུ་རེའི་མཁན་པོ་ངག་དབང་ཡེ་ཤེས་ཐུབ་བསྟན་རབ་འབྱམས་པས། ཁ་པོད། ལྡེབ་9①
库伦堪布・阿旺益西土登热绛巴(1782—186＊)著 kha 字帙 9 页

ཚད་མ་རྣམ་འགྲེལ་ལེའུ་གཉིས་པའི་བསྡུས་དོན། སྒོ་མང་བློ་བཟང་ཚུལ་ཁྲིམས་རྒྱ་མཚོས།
释量论第二品摄义 果莽・洛桑楚臣嘉措(1841—1907)著

ཁ་པོད།
kha 字帙

ལྡེབ་23①
23 页

ཚད་མ་རིགས་གཏེར་མཆན་འགྲེལ་ཕྱོགས་ལས་རྣམ་རྒྱལ་དུ་མཚོན། འཇུ་མི་ཕམ་པས།
量理藏论笺疏・制胜之麾 鞠・弥庞(1846—1912)著

ཁ་པོད། ལྡེབ་102①
kha 字帙 102 页

ཚད་མ་ཀུན་བཏུས་མཆན་འགྲེལ་རིགས་ལམ་རབ་གསལ་སྣང་བ། འཇུ་མི་ཕམ་པས། ཧཱུྃ་པོད།
集量论注疏・理路光明 鞠・弥庞 著 Hum 字帙

ལྡེབ་74①
74 页

བསྡུས་ཚན་རྩོད་རིག་སྨྲ་བའི་སྒོ་འབྱེད། འཇུ་མི་ཕམ་པས། སྭ་པོད། ལྡེབ་35①
摄类论·能启语门 鞠·弥庞 著 swa 字帙 35 页

བློ་རིག་གི་མཐའ་དཔྱོད་དཀའ་གནས་རིན་ཕྲེང་། གུང་ཐང་བློ་གྲོས་རྒྱ་མཚོས།
心理论探究·释难大宝鬘 贡唐·洛卓嘉措(1851—1930)著
ཛ་པོད། ལྡེབ་56①
ja 字帙 56 页

རྟགས་རིགས་ཀྱི་མཐའ་དཔྱོད་དཀའ་གནས་རིན་ཕྲེང་། གུང་ཐང་བློ་གྲོས་རྒྱ་མཚོས། ཛ་པོད།
因理论探究·释难大宝鬘 贡唐·洛卓嘉措 著 Ja 字帙
ལྡེབ་125①
125 页

བསྡུས་སྦྱོར་སྙིང་པོའི་དགོངས་དོན་གསལ་བྱེད། གུང་ཐང་བློ་གྲོས་རྒྱ་མཚོས། ཛ་པོད།
括摄结合论式心要·意趣显明 贡唐·洛卓嘉措 著 Ja 字帙
ལྡེབ་97①
97 页

རྟགས་རིགས་ཀྱི་ཟུར་རྒྱན་ཀུ་མུ་ཏའི་འཕྲེང་མཛེས། དཔལ་རིས་རབ་གསལ་ནས།
因理论附篇·君陀花鬘 华瑞·饶色(1840—1912)著
ལྡེབ་24①
24 页

རྟགས་རིགས་མཐའ་དཔྱོད་ཀྱི་ཁ་སྐོང་རིན་ཆེན་མཛེས་པའི་དོ་ཤལ། དཔལ་རིས་རབ་གསལ་ནས། ལྡེབ་23①
因理论探究之补遗·大宝美妙璎珞 华瑞·饶色 著 23 页

བསྡུས་གྲྭའི་རྩ་ཚིག་དྭངས་གསལ་མེ་ལོང་། དཔལ་རིས་རབ་གསལ་ནས། ལྡེབ་20①
摄类论根本颂·莹洁明镜 华瑞·饶色 著 20 页

ཚད་མ་རིགས་གཏེར་གྱི་ཁ་བྱང་། ཆོས་དཔལ་ཞིང་བློ་བཟང་རྒྱ་མཚོས། ལྡེབ་41①
正理藏论标目 曲拜信·洛桑嘉措(？—1923)著 41 页

ཚད་མ་རྣམ་འགྲེལ་གྱི་ས་བཅད་མཁས་གྲུབ་ཊཱི་ཀ་ཆེན་ལྟར་བཀོད་པ།
释量论科判·依克珠杰大疏编
ཛོང་དཀར་འཇིགས་མེད་དམ་ཆོས་རྒྱ་མཚོས། ཏ་པོད། ལྡེབ་7①
宗噶·晋美唐曲嘉措(1898—1946)著 Ta 字帙 7 页

གཏན་ཚིགས་རིགས་པའི་སྤྱི་དོན། ཛོང་དཀར་འཇིགས་མེད་དམ་ཆོས་རྒྱ་མཚོས། ཕ་པོད། ལྡེབ་50①
因明总义 宗噶·晋美唐曲嘉措 著 pha 字帙 50 页

ཚད་མ་རྣམ་ངེས་ཀྱི་དཀའ་གནས་རྣམ་བཤད་ལས། རྔོག་བློ་ལྡན་ཤེས་རབ་ནས།①
量决定论释难 鄂·洛登喜饶(1059—1109)著

མངོན་སུམ་གྱི་ལེའུ། བྲིས་མ། ལྡེབ་46[①]
现量品 写本 46 页

རང་གི་དོན་གྱི་རྗེས་སུ་དཔག་པའི་ལེའུ། བྲིས་མ། ལྡེབ་45[①]
自悟比量品 写本 45 页

གཞན་གྱི་དོན་གྱི་རྗེས་སུ་དཔག་པའི་ལེའུ། བྲིས་མ། ལྡེབ་32[①]
悟他比量品 写本 32 页

རྣམ་འགྲེལ་གྱི་རྣམ་བཤད་གནས་གསུམ་གསལ། བཙུན་པ་སྟོན་གཞོན་ནས། བྲིས་མ། ལྡེབ་191[①]
释量论解说・三处显明 尊巴敦薰 著 写本 191 页

ཚད་མའི་རྣམ་བཤད་རིགས་པའི་དེ་ཉིད་གསལ་བ། གསང་ཕུ་པ་སེང་ཏ་ཤྲིས། བྲིས་མ། ལྡེབ་67[①]
量论解说・正理真实显明 桑浦・森哈室利 著 写本 67 页

ཚད་མ་རྣམ་པར་ངེས་པའི་འགྲེལ་ཆུང་ཚིགས་སུ་བཅད་པ་བདུན་བརྒྱ་བ། ལོ་བྲག་པ་དྷརྨ་སེང་གེས།
量决定论小注七百颂 洛扎巴・达摩森格 著
བྲིས་མ། ལྡེབ་44[①]
写本 44 页

རྒྱལ་དབང་ཆོས་གྲགས་རྒྱ་མཚོས་ཚད་མའི་བསྟན་བཅོས་ཀྱི་རྒྱས་འགྲེལ་མཛད་པའི་རྩོམ་བྱུང་གི་འཕྲོ་ལུས་པ།
噶玛巴曲扎嘉措著量论大疏
ཀརྨ་མི་སྐྱོད་རྡོ་རྗེས། བྲིས་མ། ལྡེབ་6[①]
噶玛・弥觉多杰(1507—1554)著 写本 6 页

ཚད་མ་རྣམ་འགྲེལ་གྱི་འགྲེལ་པ་ལེགས་བཤད་སྙིང་པོ། ས་སྐྱ་བསོད་ནམས་རྒྱལ་མཚན་ནས།
释量论注疏・嘉言心要 萨迦・索南坚赞(1312—1409) 著
བྲིས་མ།
写本
ད་པོད། ལྡེབ་284[①]
da 字帙 284 页

སྡེ་བདུན་གྱི་སྙིང་པོ་རིགས་པའི་དེ་ཁོན་ཉིད་རྣམ་པར་ངེས་པ། ས་སྐྱ་བསོད་ནམས་རྒྱལ་མཚན་ནས། བྲིས་མ།
因明七论心要・正理真实性抉择 萨迦・索南坚赞 著 写本
ད་པོད། ལྡེབ་107[①]
da 字帙 107 页

སྡེ་བདུན་གྱི་སྙིང་པོ་རིགས་པའི་དེ་ཁོན་ཉིད་རབ་ཏུ་གསལ་བ། ས་སྐྱ་བསོད་ནམས་རྒྱལ་མཚན་ནས། བྲིས་མ།
因明七论心要・正理真实性显明 萨迦・索南坚赞 著 写本
ད་པོད། ལྡེབ་84[①]
da 字帙 84 页

རིགས་པའི་རྣམ་བཞག་གོ་ལ་ངན་ཟིལ་གནོན།　གསང་ཕུའི་རྒྱལ་བཟང་ནས།　ཕྱིས་མ།　ཤོག་19[①]

正理安立·摄服恶敌　桑普·贾桑　著　写本　19 页

ཚད་མ་རྣམ་འགྲེལ་གྱི་རྣམ་བཤད་ཡིད་ཀྱི་ནོར་བུ།　རྒྱལ་མཚན་བཟང་པོས།　ཕྱིས་མ།

释量论解说·心宝篇　坚赞桑波(1497—1548)著　写本

ཤོག་119[①]

119 页

ཚད་མའི་དེ་ཁོ་ན་ཉིད་ཞིབ་བཤད་རིགས་པའི་སྣང་བ།　སངས་རྒྱས་ལྷུན་གྲུབ་ནས།　ཕྱིས་མ།　ཤོག་61[①]

量论真实义详解·正理光明　桑杰伦珠　著　写本　61 页

ཚད་མ་རིགས་གཏེར་གྱི་རྣམ་བཤད་རིགས་པའི་ཉི་འོད།　སངས་རྒྱས་ལྷུན་གྲུབ་ནས།　ཕྱིས་མ།　ཤོག་46[①]

正理藏论解说·正理日光　桑杰伦珠　著　写本　46 页

རྟགས་རིགས་ཀྱི་རྣམ་བཞག་གསལ་བའི་མེ་ལོང་།　ལྷ་དབང་དཔལ་འབྱོར་ནས།(1446—?)　ཕྱིས་མ།

因理论·明镜篇　拉旺班觉(1446—?)著　写本

ཤོག་21[①]

21 页

རྣམ་འགྲེལ་མཐའ་དཔྱོད་ལེགས་བཤད་རིན་ཆེན།　དྲུང་ཆེན་ལེགས་པ་བཟང་པོས།　ཕྱིས་མ།[①]

释量论探究·大宝嘉言　仲钦·勒巴桑波　著　写本

ལེའུ་དང་པོ།　ཤོག་102

第一品　102 页

ལེའུ་གཉིས་པ།　ཤོག་53

第二品　53 页

ལེའུ་གསུམ་པ།　ཤོག་102

第三品　102 页

ལེའུ་བཞི་པ།　ཤོག་69

第四品　69 页

སྟག་ཚང་ར་སྟོད་བློ་རིག་རྣམ་བཞག　དྲུང་ཆེན་ལེགས་པ་བཟང་པོས།　ཤོག་64

达仓拉朵寺之心理论建立　钟钦·勒巴桑波　著　64 页

རྟགས་རིགས་ཀྱི་རྣམ་བཞག　དྲུང་ཆེན་ལེགས་པ་བཟང་པོས།　ཕྱིས་མ།　ཤོག་14[①]

因理建立　钟钦·勒巴桑波　著　写本　14 页

ཚད་མ་གྲུབ་པའི་ལེའུའི་མཐའ་དཔྱོད།　ལེགས་པ་དོན་གྲུབ་ནས།　ཕྱིས་མ།　ཤོག་25[①]

成量品探究　勒巴顿珠　著　写本　25 页

སྟག་ཚང་ར་སྟོད་པའི་བསྡུས་གྲྭ།　ཤོག་217[①]

达仓拉朵寺之摄类辩论　217 页

བྱང་རྩེ་གྲྭ་ཚང་གི་བཅེ་བཞག་བློ་རིགས་ཀྱི་རྣམ་བཞག་ལུང་རིགས་བང་མཛོད། ལྡེབ་39①
强则学苑课业心理论 · 教理宝库 39 页

ཚད་མ་རྣམ་འགྲེལ་གྱི་བརྡ་འཆད་རགས་རིམ་བསྡུས་པ་བཤད་པ། བྲིས་མ། ལྡེབ་9①
释量论词义略解 写本 9 页

ཚད་མ་རིགས་པའི་ཆོས་འབྱུང་ལུང་དང་རིགས་པའི་རྒྱ་མཚོ། བྲིས་མ། ལྡེབ་8①
因明学简史 · 教理海 写本 8 页

རྟོག་གེ་རིགས་པའི་རྒྱན་གྱི་སྙིང་པོ། ཛམ་རད་ན་ནས། བྲིས་མ། ལྡེབ་97①
问难正理庄严心要 达摩热纳 著 写本 97 页

དགོངས་དོན་གསལ་བྱེད་རྒྱན་གྱི་འགྲེལ་པ། རྩེབས་པ་བསོད་ནམས་བཀྲ་ཤིས་ནས། བྲིས་མ། ལྡེབ་105①
能显意趣庄严篇解 芝巴 · 索南扎西 著 写本 105 页

ཚད་མ་རྣམ་ངེས་ཀྱི་ལེགས་པར་བཤད་པ་འགྲེལ་པ་ཀུན་བཏུས། རིན་ཆེན་ཚུལ་ཁྲིམས་ནས། བྲིས་མ།
量决定论集释 仁钦楚臣 著 写本

ལྡེབ་88①
88 页

ཚད་མ་རྣམ་ངེས་རྣམ་བཤད་རྟོག་གེའི་སྣང་བ། རོང་སྟོན་དཀའ་བཅུ་པས། བྲིས་མ། ལྡེབ་57①
量决定论解说 · 辩理光明 绒敦噶久巴 著 写本 57 页

སྦྱོར་བའི་ཕྲེང་བ་བློ་གསལ། བསྟན་པ་རབ་གསལ་ནས། བྲིས་མ། ལྡེབ་5①
结合论式 · 智鬘 丹巴饶色 著 写本 5 页

ཚད་མ་རྣམ་ངེས་ཀྱི་འགྲེལ་བཤད། བོ་དོང་བ་འཇམ་དབྱངས་ཤོ་རེ་པས། བྲིས་མ། ལྡེབ་146①
量决定论解说 博东哇 · 绛央雪惹巴 著 写本 146 页

རྣམ་འགྲེལ་ལེའུ་དང་པོའི་མཐའ་དཔྱོད། རྟ་ནག་པ་དགེ་འདུན་བློ་བཟང་ནས། ལྡེབ་261①
释量论第一品探究 达纳巴 · 根敦洛桑 著 261 页

རྣམ་འགྲེལ་ལེའུ་གཉིས་པའི་མཐའ་དཔྱོད། རྟ་ནག་པ་དགེ་འདུན་བློ་བཟང་ནས། ལྡེབ་53①
释量论第二品探究 达纳巴 · 根敦洛桑 著 53 页

རྣམ་འགྲེལ་ལེའུ་གསུམ་པའི་མཐའ་དཔྱོད། རྟ་ནག་པ་དགེ་འདུན་བློ་བཟང་ནས། ལྡེབ་259①
释量论第三品探究 达纳巴 · 根敦洛桑 著 259 页

རྣམ་འགྲེལ་ལེའུ་བཞི་པའི་མཐའ་དཔྱོད། རྟ་ནག་པ་དགེ་འདུན་བློ་བཟང་ནས། ལྡེབ་183①
释量论第四品探究 达纳巴 · 根敦洛桑 著 183 页

རྣམ་འགྲེལ་ལེའུ་དང་པོའི་ཊཱིཀཱ། རྗེ་སྨོན་ལམ་དཔལ་བས། ལྡེབ་116①
释量论第一品注释 墨朗贝巴 著 116 页

རྣམ་འགྲེལ་ལེའུ་གཉིས་པའི་ཊཱིཀཱ། རྗེ་སྨོན་ལམ་དཔལ་བས། ལྡེབ་68①
释量论第二品注释 墨朗贝巴 著 68 页

རྣམ་འགྲེལ་ལེའུ་གསུམ་པའི་ཊཱིཀྐ　　ཛེ་སྟོན་ལམ་དཔལ་བས།　ལྡེབ་124[1]

释量论第三品注释　墨朗贝巴　著　124 页

རྣམ་འགྲེལ་ལེའུ་བཞི་པའི་ཊཱིཀྐ　　ཛེ་སྟོན་ལམ་དཔལ་བས།　ལྡེབ་103[1]

释量论第四品注释　墨朗贝巴　著　103 页

རྣམ་འགྲེལ་གྱི་དོན་འགྲེལ་རྒྱལ་ཚབ་དགོངས་པ་རབ་གསལ།　　སེ་ར་རྗེ་བཙུན་ཆོས་ཀྱི་རྒྱལ་མཚན་ནས།

释量论释义·善显贾曹杰意趣　　色拉寺尊者·却吉坚赞　著

ལྡེབ་167[1]

167 页

ཚད་མ་རྣམ་འགྲེལ་གྱི་ཟུར་བཀོད།　　སེ་ར་རྗེ་བཙུན་ཆོས་ཀྱི་རྒྱལ་མཚན་ནས།　　ལྡེབ་55[1]

释量论旁编　色拉寺尊者·却吉坚赞(1469—1546)著　55 页

འབྲས་རྟོག་གཉིས་པ་དང་གསུམ་པའི་མཐའ་དཔྱོད།　　སེ་ར་རྗེ་བཙུན་ཆོས་ཀྱི་རྒྱལ་མཚན་ནས།

量果第二品及第三品探究　　色拉寺尊者·却吉坚赞　著

ལྡེབ་53[1]

53 页

ལེའུ་བཞི་པའི་མཐའ་དཔྱོད་བློ་གསལ་མགུལ་རྒྱན།　　སེ་ར་རྗེ་བཙུན་ཆོས་ཀྱི་རྒྱལ་མཚན་ནས།

释量论第四品探究·明慧项严论　　色拉寺尊者·却吉坚赞　著

ལྡེབ་42[1]

42 页

བསྡུས་གྲྭའི་རྣམ་བཞག་རིགས་ལམ་འཕྲུལ་ལྡེ་ལས།　　ཕུར་ལྕོག་བྱམས་པས།

摄类论建立·理路之钥　　普觉·强巴(1825—1903)　著

རིགས་ལམ་ཆུང་ངུའི་རྣམ་བཤད།　ལྡེབ་17[1]

初品理路　17 页

རིགས་ལམ་འབྲིང་གི་སྐོར།　ལྡེབ་20[1]

中品理路　20 页

རིགས་ལམ་ཆེ་བའི་སྐོར།　ལྡེབ་36[1]

上品理路　36 页

ཡུལ་ཡུལ་ཅན་དང་བློ་རིག་གི་རྣམ་བཤད།　ལྡེབ་27[1]

境有境与心理论解说　27 页

རིགས་ལམ་ཆེའི་རྟགས་རིག་གི་སྐོར།　ལྡེབ་19[1]

因理篇　19 页

རིགས་ལམ་ཐོར་བུའི་རྣམ་བཞག་ལེགས་བཤད་པདྨོའི་མཚོ་ཆེན།　དཀོན་མཆོག་ཆོས་འཕེལ་ནས།　ལྡེབ་53[1]

理路散论·善说莲池　　衮却曲培　著　53 页

བློ་རིགས་ཀྱི་རྣམ་བཞག་ཀུན་ཕན་ཉི་མའི་འོད་ཟེར། ངག་དབང་ཆོས་བཟང་གིས། ལྡེབ་26[1]
心理论安立·普利日光　阿旺却桑　著　26 页

བསྡུས་གྲྭ་རིག་གནས་ལེགས་བཤད་བང་མཛོད། ངག་དབང་འཕྲིན་ལས་ལྷུན་གྲུབ་ནས། ལྡེབ་98[1]
摄类论·明处善说宝藏　阿旺称列伦珠　著　98 页

བྱང་རྩེ་གྲྭ་ཚང་གི་བཅའ་བཞག་ཏུ་གནང་བའི་རྟགས་རིགས་བརྗོད་དོན་གསལ་བའི་མེ་ལོང་།
强则学苑课业因理论·明义镜
བྱང་རྩེ་བ་བློ་བཟང་བསྟན་པས། ལྡེབ་53[1]
强则·洛桑丹巴(1725—1782)著　53 页

གཞན་སེལ་དཔེ་ཡིག ཉི་མ་ཐང་པ་ཤེས་རབ་སྦྱིན་པས། ལྡེབ་22[1]
遮余课本　尼玛塘·喜饶金巴　著　22 页

བསྡུས་གྲྭ་སྒྲུབ་བྱེད་རིག་པའི་འཕྲུལ་གྱི་ལྡེ་མིག བློ་བཟང་སྙན་གྲགས་ནས། ལྡེབ་45[1]
摄类论·能证明慧之钥　洛桑年扎　著　45 页

བསྡུས་གྲྭའི་ལེགས་བཤད་ལུང་རིགས་ཀྱི་ཉི་མ། མཁན་ཆེན་དགེ་འདུན་རྒྱ་མཚོ་ནས།
摄类论善说·教理日光　堪钦·根敦嘉措(1676—1765)著
ག་པོད། ལྡེབ་219[1]
ga 字帙　219 页

བསྡུས་གཞུང་ལེགས་བཤད་ཉི་མའི་འོད་ཟེར། བསོད་ནམས་དབང་རྒྱལ་ནས། ལྡེབ་232[1]
摄类论·善说日记　索南旺杰(18 世纪)著　232 页

བསྡུས་གྲྭའི་རྩ་ཚིག སྐལ་ལྡན་རྒྱ་མཚོས། ལྡེབ་5[1]
摄类论根本颂　格登嘉措　著　5 页

རྟགས་རིགས་ཀྱི་རྣམ་བཞག་ཆོས་ཀུན་གསལ་བའི་མེ་ལོང་། བློ་བཟང་དབང་ཕྱུག་ནས། ལྡེབ་18[1]
因明论·诸法明镜　洛桑旺曲　著　18 页

བློ་རིག་གི་རྣམ་བཞག་བློ་གསར་མིག་འབྱེད། རྒྱལ་རོང་དགེ་བཤེས་འཇམ་དཔལ་བསམ་འཕེལ་ནས།
心理论启蒙　嘉绒格西·绛白桑培　著
ལྡེབ་10[1]
10 页

རྟགས་རིགས་ཀྱི་ཟུར་རྒྱན་བློ་གསལ་གཞོན་ནུའི་ཡིད་འཕྲོག་དགའ་སྟེར། སྦྱིན་པ་དར་རྒྱས་ནས། ལྡེབ་26[1]
因理论附篇·智童意乐　金巴达杰　著　26 页

གཞན་སེལ་ནོར་བུའི་ཕྲེང་བ། སྦྱིན་པ་དར་རྒྱས་ནས། ལྡེབ་13[1]
遮余篇·摩尼鬘　金巴达杰　著　13 页

ཚད་མ་རིགས་གཏེར་གྱི་འགྲེལ་བ་རིགས་ལམ་རབ་གསལ། བྱམས་པ་ཐུགས་རྗེ་དཔལ་བཟང་ནས།
因明正理藏论解说·理路昌明　强巴·图杰伯桑　著

ཤོག་139[②]

139 页

རྣམ་འགྲེལ་གྱི་འགྲེལ་བ་རིགས་པའི་མཛོད་ལས། ཡུ་ཡུག་པ་རིག་པའི་སེང་གེས།[②]

释量论注释正理宝库 邬尤巴·日伯森格 著

རང་དོན་ལེའུའི་རྣམ་བཤད། ཤོག་112

自悟比量品解说 112 页

ཚད་མ་གྲུབ་པའི་ལེའུའི་རྣམ་བཤད། ཤོག་82

成量品解说 82 页

མངོན་སུམ་ལེའུའི་རྣམ་བཤད། ཤོག་98

现量品解说 98 页

གཞན་དོན་རྗེས་དཔག་གི་ལེའུའི་རྣམ་བཤད། ཤོག་176

悟他比量品解说 176 页

རྣམ་བཤད་ཉི་མའི་འོད་ཟེར་ལས། གྲ་ཆུང་ཡོན་ཏན་རྒྱ་མཚོས།[②]

释量论日光释 扎穹·云丹嘉措 著

རང་དོན་ལེའུའི་རྣམ་བཤད། ཤོག་24

自悟比量品解说 24 页

ཚད་མ་གྲུབ་པའི་ལེའུའི་རྣམ་བཤད། ཤོག་16

成量品解说 16 页

ལེའུ་གསུམ་པའི་རྣམ་བཤད། ཤོག་39

第三品解说 39 页

ལེའུ་བཞི་པའི་རྣམ་བཤད། ཤོག་20

第四品解说 20 页

གཏན་ཚིགས་རིག་པའི་རྣམ་བཞག་བློ་གསལ་དགའ་སྟོན། བསོད་ནམས་རྒྱ་མཚོས། ཤོག་284[②]

因明学建立·智者庆宴 索南嘉措 著 284 页

གཏན་ཚིགས་ཀྱི་འཁོར་ལོ་གཏན་ལ་དབབ་པའི་འགྲེལ་བ་ཕྱོགས་གླང་དགོངས་རྒྱན། བསོད་ནམས་རྒྱ་མཚོས།

《因轮抉择》注释·陈那意趣庄严 索南嘉措 著

ཤོག་84[②]

84 页

ཚད་མ་ཀུན་བཏུས་རྣམ་བཤད་རིགས་པའི་རྒྱ་མཚོ། འཇམ་དབྱངས་དགའ་བའི་བློ་གྲོས་ནས།

集量论注释·正理海 绛央噶维洛卓(1489—1563)著

ཤོག་63[②]

63 页

མཁས་འཇུག་རབ་བྱེད་ཤེས་བྱ་ཀུན་གསལ། འཇམ་དབྱངས་དགའ་བའི་བློ་གྲོས་ནས། ཤོག་50②

彰人智所知论 绛央噶维洛卓 著 50 页

རྣམ་འགྲེལ་གྱི་རང་དོན་ལེའུའི་མཐའ་དཔྱོད་ནོར་བུའི་འཕྲེང་བ། ཡོངས་འཛིན་བྱམས་པ་ཆོས་མཆོག་ནས། ཤོག་42②

释量论自悟比量品探究·摩尼鬘 经师·绛巴曲却 著 42 页

ཚད་མ་གྲུབ་པའི་ལེའུའི་རྣམ་བཤད་ལུང་རིགས་ཕྲེང་བ། ཡོངས་འཛིན་བྱམས་པ་ཆོས་མཆོག་ནས། ཤོག་23②

成量品解说·教理鬘 经师·绛巴曲却 著 23 页

གཏན་ཚིགས་རིག་པའི་དཀའ་གནས། སྟོང་སྐོར་བློ་བཟང་འཇིགས་མེད་ཚུལ་ཁྲིམས་ནས། ཤོག་40②

因明学难义 洞阔·洛桑晋美楚臣(1825—1909)著 40 页

རྣམ་འགྲེལ་རང་དོན་ལེའུའི་རྣམ་བཤད། ཤཱནྟི་པ་བློ་གྲོས་རྒྱལ་མཚན་ནས། ཤོག་95②

释量论自悟品解说 辛迪巴·洛卓坚赞(1487—1567)著 95 页

ཚད་མ་གྲུབ་པའི་ལེའུའི་རྣམ་བཤད་ལུང་རིགས་གཏེར་མཛོད། ཤཱནྟི་པ་བློ་གྲོས་རྒྱལ་མཚན་ནས། ཤོག་24②

成量品解说·教理宝藏 辛迪巴·洛卓坚赞 著 24 页

མངོན་སུམ་ལེའུའི་རྣམ་བཤད་ལུང་རིགས་གཏེར་མཛོད། ཤཱནྟི་པ་བློ་གྲོས་རྒྱལ་མཚན་ནས། ཤོག་114②

现量品解说·教理宝藏 辛迪巴·洛卓坚赞 著 114 页

གཞན་དོན་ལེའུའི་རྣམ་བཤད་ལུང་རིགས་གཏེར་མཛོད། ཤཱནྟི་པ་བློ་གྲོས་རྒྱལ་མཚན་ནས། ཤོག་116②

悟他品解说·教理宝藏 辛迪巴·洛卓坚赞 著 116 页

རིགས་ལམ་རྣམ་བཞག ཤཱནྟི་པ་བློ་གྲོས་རྒྱལ་མཚན་ནས། ཤོག་26②

正理路安立 辛迪巴·洛卓坚赞 著 26 页

རིགས་ལམ་ནོར་འཕྲེང་། ཤཱནྟི་པ་བློ་གྲོས་རྒྱལ་མཚན་ནས། ཤོག་30②

理路宝鬘 辛迪巴·洛卓坚赞 著 30 页

དྲུག་སྒྲ། ཤཱནྟི་པ་བློ་གྲོས་རྒྱལ་མཚན་ནས། ཤོག་21②

第六箧声品 辛迪巴·洛卓坚赞 著 21 页

ཐལ་འགྱུར་ཆེན་མོའི་རྣམ་བཞག ཤཱནྟི་པ་བློ་གྲོས་རྒྱལ་མཚན་ནས། ཤོག་20②

大品应成论式之建立 辛迪巴·洛卓坚赞 著 20 页

བསྡུས་གྲྭའི་རྣམ་བཞག་སྐལ་བཟང་དགའ་བསྐྱེད། ཤཱནྟི་པ་བློ་གྲོས་རྒྱལ་མཚན་ནས། ལྡེབ་22②

摄类论安立·善缘悦意　辛迪巴·洛卓坚赞　著　22 页

རྒྱུ་འབྲས་ཆེན་པོའི་རྣམ་བཞག ཤཱནྟི་པ་བློ་གྲོས་རྒྱལ་མཚན་ནས། ལྡེབ་33②

大品因果建立　辛迪巴·洛卓坚赞　著　33 页

དགག་གཞི་ཆེན་མོ། ཤཱནྟི་པ་བློ་གྲོས་རྒྱལ་མཚན་ནས། ལྡེབ་21②

大品遮止　辛迪巴·洛卓坚赞　著　21 页

ཡུལ་དང་ཡུལ་ཅན་གྱི་རྣམ་བཞག ཤཱནྟི་པ་བློ་གྲོས་རྒྱལ་མཚན་ནས། ལྡེབ་7②

境与有境建立　辛迪巴·洛卓坚赞　著　7 页

གཞན་སེལ་གྱི་རྣམ་བཞག ཤཱནྟི་པ་བློ་གྲོས་རྒྱལ་མཚན་ནས། ལྡེབ་6②

遮余建立　辛迪巴·洛卓坚赞　著　6 页

བློ་རིག་རྣམ་བཞག་བློ་གསལ་མགྲིན་རྒྱན། བྲག་དཀར་བློ་བཟང་དཔལ་ལྡན་བསྟན་འཛིན་སྙན་གྲགས་ནས།

心理论安立·明慧项严　扎嘎·洛桑白登丹增念扎　著

ལྡེབ་86②

86 页

སྒྲུབ་ངག་གི་རྣམ་བཞག་ལུང་རིགས་གཏེར་མཛོད། ལྷ་རམས་པ་ཡེ་ཤེས་རྒྱལ་མཚན་ནས། ལྡེབ་26②

能立语安立·教理宝库　拉让巴·益西坚赞　著　26 页

རྣམ་འགྲེལ་གྱི་ངག་དོན་ཡིན་ལུགས་གསལ་བྱེད། ཀུན་དགའ་བཟང་པོས། ལྡེབ་43②

释量论语义显明　衮噶桑波　著　43 页

ཚད་མ་རྣམ་འགྲེལ་གྱི་དཀའ་གནས་རྟགས་རིགས་རྒྱལ་སྒྲོག་མེ་འབར།

释量论难义因理炽燃篇

འཇམ་དབྱངས་ཀུན་དགའ་ཆོས་བཟང་ནས། ལྡེབ་66②

绛央衮噶却桑(1443—1503)著　66 页

རིགས་ལམ་གསལ་བྱེད་མཐའ་དཔྱོད་དགའ་སྟོན། བཀའ་བཅུ་བློ་བཟང་བཀྲ་ཤིས་ནས། ལྡེབ་42②

显明理路之探究庆宴　噶久·洛桑扎西　著　42 页

རིགས་ལམ་གཅེས་ནོར། བཀའ་བཅུ་བློ་བཟང་བཀྲ་ཤིས་ནས། ལྡེབ་15②

理路珍宝　噶久·洛桑扎西　著　15 页

སྤྱི་བྱེ་བྲག་གི་མཐའ་དཔྱོད་ངོ་མཚར་དགའ་སྟོན། བཀའ་བཅུ་བློ་བཟང་བཀྲ་ཤིས་ནས། ལྡེབ་16②

总别之探究·希有庆宴　噶久·洛桑扎西　著　16 页

རྫས་ལྡོག་གི་མཐའ་དཔྱོད་མཁས་མང་དགའ་སྟོན། བཀའ་བཅུ་བློ་བཟང་བཀྲ་ཤིས་ནས། ལྡེབ་27②

实法体法之探究·群贤庆宴　噶久·洛桑扎西　著　27 页

འགལ་འབྲེལ་རྣམ་བཞག བཀའ་བཅུ་བློ་བཟང་བཀྲ་ཤིས་ནས། ལྡེབ་11②

相违相属之建立　噶久·洛桑扎西　著　11 页

རིགས་པའི་ཐིགས་པ་ཞེས་བྱ་བའི་རྒྱ་ཆེར་འགྲེལ་བ། ཆོས་ཀྱི་བཤེས་གཉེན་ནས། ལྡེབ་64②
正理一滴论广释 却吉协念(1453—1540)著 64页

ཚད་མའི་བཤད་པ་ཆེན་མོ་རྣམས་ཀྱི་རྒྱན། ཤེས་རབ་འབྱུང་གནས་ནས། ལྡེབ་242②
量理论庄严 喜饶穹内 著 242页

བློ་རིག་སྤྱི་དོན་ལུང་རིགས་རིན་ཆེན་གཏེར་མཛོད། ཧོར་ཆེན་ཡེ་ཤེས་རྒྱ་མཚོས། ལྡེབ་77②
心理论总义·教理宝藏 霍尔钦·益西嘉措 著 77页

ཚད་བསྡུས་ལེགས་བཤད་རིགས་པའི་འོད་ཟེར། ཇོག་སྟོན་བྱང་ཆུབ་དཔལ་ནས། ལྡེབ་17②
摄类论·善说正理光明 绛曲贝(1360—1446)著 17页

ཚད་མ་རིགས་གཏེར་མཆན་འགྲེལ་སྡེ་བདུན་གསལ་སྒྲོན། ངོར་དཔོན་སློབ་འཇམ་དབྱངས་བློ་གཏེར་དབང་པོས།
正理藏论笺注·七论明灯 绛央洛德旺波(1856—1914)著
ལྡེབ་88②
88页

校　　记

天竺论著之藏译本60余种,帙次页码系依丹珠尔德格版而写。蒙藏学者之论著约190种,其作者之撰述已辑成文集行世者,录其在文集中之帙次,此诸家之年代大都已有所考订,略依其先后为序。未见其文集者,则只记其页数,先列写本,后列刻本,年代俟后再补。晚期撰述,原题每多冗长之藻饰,主题反没而不彰,不适合本书读者之需,故只用其通行之简称,或自已加以剪裁。又因雷同者甚众,仍留其藻称数语以资区别。因明术语,汉文尚无定译者不少,此处所拟,未必贴当,并祈方家教正。

此藏传因明书目尚非全貌,康区诸师之撰述,所缺尤多。因索稿甚急,先请民族图书馆就其所藏辑录,并参考拉卜楞寺总书目补充以应,粗见规模而已,至望博雅君子,补苴罅漏,俾成完璧。

1984年5月2日

(原载《因明新探》,甘肃人民出版社,1984年,第337—373页)

藏传佛教的口头辩论

——立宗答辩的组织形式与答辩规矩

“立宗”（དམ་བཅའ་བཞག་པ།）即提出、建立自己的观点与论敌（ཕྱོགས་སྔ）进行辩论，是印度古代各种学派的学者之间经常进行的活动。有负者向胜者献花环的习惯。藏传佛教沿袭此风，而且发扬光大。总结一位高僧一生在教理方面的事迹时，一般都归纳为“讲传、辩论、撰述”（འཆད་རྩོད་རྩོམ་གསུམ།）三方面。辩论有书面和口头两种，尤以口头辩论之盛行为其他教派所少有，因此，口头辩论成为藏传佛教的一大特色。实际上所谓“立宗”并不是由立宗者自己提出命题，而是由发问者提出一个命题，应答者只回答是与不是，然后回答对方对此提出的一连串问题，维护他所选择的立论。对方提出什么命题，他事先一无所知，因此，实际上是一种考试。

现在将本人20世纪40年代在拉卜楞寺亲身经历的情况回忆整理，希望口头辩论这一相延已久、独具特色的内容能在宗教文化领域占有一席之地。因年代久远，加以年迈记忆衰退，难免有不完全准确之处，请读者指正。以下分组织形式和对辩规矩两个方面进行叙述。

组织形式

藏传佛教辩论的组织形式丰富多样，有一人对一人、一人对集体

(年级)、集体对一人(或两人的一组)、集体对集体(年级对辩)等多种形式。

(一)最常见的是各年级内部的练习。每一个年级的学僧在地上坐成一圈。自由组成一对一的若干对,问者站立,答者坐于地上。其余的人可以自由参加任何问者一方,也就是说开始是一对一,后来变成多对一。

(二)一个年级坐成一圈后,下一年级的首席喇嘛(འཛིན་གྲྭའི་བླ་མ།)和级长(སྐྱོར་དཔོན།)到上一年级去立宗。那个年级的级长首先站起来发问,随后全年级的人都可参加,也是多对一。

(三)下课离开辩论会场的时间是按年级从高到低,逐渐散去。高年级的人在途中可以到低年级去,站立在立宗者的背后旁听,了解当前辩场上的水平。当他认为必要加以点拨时,也可参加问难。他一开口,立宗者就要摘掉帽子以示尊敬,本年级的人就得停止开口,等他离去后再继续。这时是一对一,或二三对一。

(四)年级对辩(འཛིན་གྲྭ་གཏུག)是一年一度的重要法会。夏季在林苑里支起能容数百上千人的大帐篷。辩论在相邻的两个年级之间举行,极受重视。全院(扎仓)在册的人,包括已经毕业多年的老人,都必须出席。拉卜楞寺显宗教理学院学僧的年级,在这种场合分为“赛赤友方”(གསེར་ཁྲི་གཉེན་ལོགས།)和“堪布友方”(མཁན་པོ་གཉེན་ལོགས།)两大松散的阵营,隔年一方。立宗一方全年级的人集中坐在一起,但代表开口答问者只有两个人,俗称“守门者”,其正式名称是ཁྱབ་འགྲིག་པ,直译为“恰好周遍者”,意译可以译为“反诘人”,因为当他发现问难者的漏洞时,就站起来指出,其发言的末尾常带ཁྱབ་འགྲིག་པ།一语。在开始决定对对方所提出命题肯定或否定(确定根本宗)时,他们二人要征求全级的意见。问难方出五个代表,依次起立发问,照例第一个是本级的首席喇嘛,第二个是级长,以下是本年级的选手。这些人在一两个月之前就要紧张准备,其首问命题(根本宗)大都是由他的师傅拟定的,并指示要害和所根据的教证(ཡིག་ཆ།)。然后找一个自己所熟悉且水平高的人做陪练(སྐྱོར་ཟློགས།)。

问难过程中，作证者(དཔང་པོ།)可以插言发问(坐在原地不用站起来)，友方的作证者发问后可以发笑，表示对方的问答错误得可笑，友方各年级僧众就跟着哄笑，数百人一齐发出的高声大笑，能震动得帐篷顶扇动，声闻数里，甚为热烈壮观。在对抗开始之前，要请友方高年级的级长来述说本方过去的光荣历史，勉励继承者保持、发扬。辩论会散场之后，相互作为对手的两个年级都不马上散去，而是各自聚在一起，讽刺一番对方失误、丢人之处。每说一条，末尾都加一句“ངོ་ཚ་མཐར་ཐུག་ཡིན་པར་ལྷ་རྒྱལ་ལོ།”(真是丢死人了！)把帽子甩向天空，高呼“ལྷ་རྒྱལ་ལོ།”(胜利了！)。气氛十分热烈。

(五)另外一种年级之间的辩论场合是“因明学初辨”(རྟགས་རིག་གསར་རྩོད།)。

在一个年级学完四年因明学初级课程《摄类论》(བསྡུས་གྲྭ།)而开始学习因明学原理《释量论》(ཚད་མ་རྣམ་འགྲེལ།)阶段的某一天的晚间法会上。由高一年级的全体发问，该年级全体作答，也就是集体对集体。开始时高年级在高高的石头台阶上横排坐着，该年级在低台阶上也横排坐着，面向同一方向。首先由高年级的级长下来，站立在该级级长的面前，向他“盘道”，摘取重要经论里的一句，问其出自哪部书？其上下文是什么？(类似贴经)。按规定这时候对某几部主要的参考书，虽然不一定要能背诵，也必须掌握其纲领大意，即其章节。藏文论著的章节层次是很细致的，掌握了其章节，就等于掌握了该书的纲领。但一个人短期内通晓好几部书从头到尾全部的章节不大容易。所以通常年级内进行分工，某一个人负责记住某一部书的某一章节。在这种场合，全年级里只要有一个人回答出来就可过关。所摘取的这一句往往就是将来他论证其论题时最后要引来作为“教证”的那一句。此时问清楚对方如何理解，肯定下来，以免将来引用时他们另作其他解释。盘道完之后，开始辩论，两个级长问答一段时间之后，高年级的人从高台阶上下来，参加问难，形成若干对问答者，也可以说是混战的局面。这个辩论会是通宵达旦进行的，中间休息三次，饮用茶汤。僧官不在现场监督，仅提着灯来巡查两三次。

对辩时身体手足的姿势亦有一定的讲究。一般参加法会时一定要披斗篷、戴帽子。发问者站起来时脱掉斗篷，把帽子平搭在左肩上，只有高年级走到低年级来，站在立宗者的背后发问时不脱斗篷和帽子。在问话结束时，右手高举过头，手掌朝下，左手在腹前，手心朝上。〔画像里瞻部六庄严（འཛམ་གླིང་རྒྱན་དྲུག）里的圣天——提婆菩萨（འཕགས་པ་ལྷ།）就是这种姿势。〕右手拍左手发出声音后，向前错出，也可以同时顿左足以助声势。当不需要做这样大的动作时，也可以伸出右臂，拇指尖与中指尖互相顶住，用中指弹击拇指根部的掌肚作响，叫做"弹指"（སེ་གོལ།）。当问倒对方，已经使其否定了他自己已经肯定的命题时，就将两个手背相互响击，表示你自己矛盾了，口喊"ཚ་ཚ"即羞！羞！当发问顺利、兴高采烈时，就把袈裟脱下来围在腰里，两臂完全裸露，拍掌更加有力，辩论进入高潮。答辩者发现发问者的漏洞时，则从地上站起来，将念珠攥在手心里，在对方的头上绕三圈，口喊"འཁོར་གསུམ།"，指出其错误后，拍掌，再将两手分开，右手竖起拇指伸向己方，左手伸出小指伸向对方，表示我胜你负。

应成论式的对辩规矩

以下所举实例均取自《ཕུར་ལྕོག་བྱམས་པའི་བསྡུས་གྲྭ་འབྲུལ་གྱི་ལྡེ་མིག》（普觉强巴著，1982年甘肃民族出版社出版，藏文版，版权页上汉文书名为《因明学入门》，以下简称为［普］）。其汉译本见杨化群《藏传因明学》83—259页，题名《因明学启蒙》，以下简称为［杨］。

藏传佛教的辩论是严格按照应成论式进行的。掌握这种答辩规矩不但对于了解因明学论著有用，而且对理解藏传内明的对法学（མངོན་པ།）、般若学（ཕར་ཕྱིན།）、中观学（དབུ་མ།）等许多显宗教理的论著亦很必要，因为这些学科的论著一般都各有总义（སྤྱི་དོན།）、句义（ཚིག་དོན།）、推究（མཐའ་དཔྱོད།）等几种类型，其中的推究都是用ཐལ་ཕྲེང（应成串珠）的方式写成的。

应成论式的典型例式为:对承认声常住,常住者必非作者而言,(这一点是前提,很重要,如果对方没有承认这一点,则下面的应成论式无效。)“声有法,应非所作,常住故”。([普]195页。)应成论式按规定应具备三支(三项),即有法、所明、因。

有法。是因和法所依起处,故名诤所依,诤依、宗依、所立有法、欲知有法、所别、前陈,相当于小词S。

法。所欲论证的这一个有法的属性,故名“所明”、所立法、差别、能别、后陈。相当于大词P。

因。与有法结合成为论证所立(命题)之理由,故名为能立因,相当于中词M。

三者的关系规定为:

有法·法==所立、宗体、应成语,相当于“命题”(SAP)

有法·因==能立因,相当于“小前提”(SAM)

因·法==随后周遍、后遍、周延,相当于“大前提”(MAP)

这三种关系规定为默契自明,不再用语言表述,也不用喻支,简练紧凑,便于一个论式紧接一个论式,连绵不断,最适于口头对辩,应成式之被普遍采用关键在此。

系辞,有“是”和“有”两种。

否定判断作为肯定判断的负式处理。

仅就上述情况看来,它与三段论法是相通的。因此,我用几个三段论法的符号做了一点类比。但不是说应成论式就等于三段论法。

1. 称判断的小词作为“有法有过”。(实例见下)

2. 事实上不承认“甲是甲”这一规律,例如,“否定性相是性相”。“性相”相当于“定义”,一个定义必须是某一个概念的定义,而“定义”这个词本身不是任何概念的定义。同理,“性相”这个词本身不是任何名相(概念)的性相。所以说“性相不是性相”。([杨]132页23行)又彼云“性相应是性相……”。有些摄论的书讲到事物皆有三种体:自体

(རང་ལྡོག)、义体(དོན་ལྡོག)、具体(གཞི་ལྡོག)。“自体”与“具体”的属性不一定相同,这个问题值得讨论。对于一个应成论式的答复只允许三种:1. 承许(འདོད),2. 因不成(རྟགས་མ་གྲུབ།)(小前提不成立),3. 不周遍(ཁྱབ་པ་མ་བྱུང་།)(大前提不成立)。同时只允许在这三种答复中选择一种,限定只用两三个字作答。不允许多说其他的话,更不允许不答复或转移命题。([普]195 页。)

如果答为承许,即对方承认所立宗体是正确的,这时不允许问难者就此罢休,另换其他论题,必须翻转过来论证原来所立的宗体是不正确的,立者说非时,则破者必须论证其为是。因为应成式作为一种出过破,目的就是要逼使对方陷入自相矛盾。中观宗的应成派曾被人讥为无自宗,月称论师在《入中论》里,对于论敌指斥他“汝是贤士所不许,汝是远宗破法人”之说作了答复,兹不具论。可参看宗喀巴的《入中论善显密意疏》,有法尊的汉文译本。

如果对方答“因不成”,就必须论证“因”能成立。论证时必须用原来的有法不动,用原来的因做“法”,另举一个新的因,构成一个新的应成论式。如再答因不成,则须如前法再做一个新的应成论式。因有两支(项)以上时,如答“因不成”则应明确是哪一个不成,以便发问者针对着去破,如答“每个因均不成”,则须逐个去破。因有三支、四支,其例甚多,如[普]51 页。

如果对方答“不周遍”即“不定”时,如何进行论证?书里没有概括总结,但实例到处皆是。我的理解,至少有以下几种方法:

1. 利用此概念的“性相”作因,因为按规定,性相与所表的名相,即左项与右项,必须相周遍。

2. 说理法。例如,[普]80 页 10 行,[杨]126 页 18 行:“若言不周遍,应言有遍,在安立彼二法之相符者时,彼二法必须相异故(如此二法同一,则无所谓相符不相符了)。”

3. 类比法。[普]85 页末行、[杨]129 页 6 行:“理应如是周遍者,比如,谓由于依(事)瓶非常之缘故,将瓶子了解为物之量识;同理,由于依(事)瓶非常之缘故,则有将瓶子了解为非常住之量识故。”

4.引教证法。即引用权威典籍的活作证据。所引教证必须是双方共同承认的权威经论,否则可以答“不周遍”。例如,[普]115页、[杨]532页19行:“应如此者,如《俱舍论》所说故。此理不遍者,该彼为说一切有部之主张,此处经部师则不如是主张故。”

除了这三种常规的答法外,还有一些特殊的答法:

1.“何以故?”如果对方所立的应成论式只有“有法”和“应成法”两支,缺“因”支,可以这样问,对方必须给出完整的因支。

2.“有法有过”。例如[普]274页4行、[杨]208页5行:彼云:以事实上是火之颜色,但在怀疑是否是火之颜色时之遥远处火红颜色作为有法,执尔之根现量应是由自身定解之量(自定量),盖尔是物质故。此种说法之有法有过失。所不能许者,是由他引生定解之量者,有彼之相依故。若根本许,则由彼验受执青色根现量之自证现量,应了解执青色根现量为量,由彼定解其为量故。汝已许此因。所不能许者,由彼虽了解其为识,但由彼未了解其为量之差别合理故。又例如,[普]282页:以“瓶先无”为有法,应是实有事物,新生故。乃答以有法有过。因为瓶是先无新生,不能答“因不成”;凡新生者都是实有事物,所以不能答“不周遍”;但又不能承许,因为“瓶先无”属于“遮无”性质,是常,不是实有事。

3.相违周遍(反周遍),例如[普]9页3行、[杨]96页17行:“有人说,以白法螺作为有法,应是颜色,是白故。此理若不成立,仍以彼作为有法,应是白色,是白法螺故。按此说法,则举‘相违周遍’反质于尔:以白马作为有法,应是白,是白马故。此周遍变可反成。所不能许者,该彼非物质,而是补特伽罗。”此法只能用一次,否则称为罗圈答驶(ཨ་ལུང་མ།)。

4.因联则不成。因有两支或更多,每一支单独都能成立,而联在一起则不能成立。例如,[普]20页1行、[杨]101页8行。

5.举教言真旨。如果你引了教言为证,对方答“不周遍”,就是他认为这一条教言不能证成你所要证成的宗,你理解错了。这时他就必须举出自己所认定的真旨。例如,[普]314 页 5 行、[杨]225 页 2 行,彼诘云:文(字)应无所铨意义,盖文为常者:名、句、文三皆是常住,此三皆非物故,如《释量论》云"句等遍计皆非物"(引教证)。答:此说不周遍,(以下举教言真旨)盖此引文之含义,谓就名、句、文三者之胜义所铨自体非物(无实性)之意,盖此等系由成为自因之士夫之等起(动机、目的)之识而产生故。如《释量论》云:"文从等起心识生,由识生声。"(亦引起该书为教证而反驳)参看法尊译《释量论》104 页 25 行:"诸字当无义,句遍计无事。""无事"即"非物",即无为法。

这些都是极特殊的情况下才出现的,绝大多数的回答只能是上述的承许、不成、不定三者之一。这样,辩论才能一环扣一环,滔滔不断地进行下去。

(原载《安多研究》第 2 辑,民族出版社,2006 年,第 152—159 页)

有关《五体清文鉴》的一些历史资料

《五体清文鉴》是一部五种文字对照的分类辞书，是18世纪时（清乾隆年间）编成的，没有刊印过。这部书内容丰富，既有历史价值，也有实用价值，特别是维吾尔文部分更为珍贵，是我国各民族共同的文化遗产。

五种文字的次序是满、藏、蒙、维吾尔、汉。其中藏文的下面有两种满文注音，一种是"切音"，即逐个字母的对译，能够按照一定的规律还原为藏文；一种是"对音"，即实际发音，这是因为藏文的读音现代与古代已有相当的出入，而正字法上仍然保存着古代的拼缀形式的缘故。维吾尔文下面也有满文的对音，蒙古文和汉文下面都没有满文对音，因此这部五种文字的辞书就有了8栏：

最上面的一栏是满文，

第二栏是藏文，

第三栏是藏文的满文切音，

第四栏是藏文的满文对音，

第五栏是蒙古文，

第六栏是维吾尔文，

第七栏是维吾尔文的满文对音，

最下面的一栏是汉文。

本书原本6函，36册，共2563页，黄缎面，宣纸墨笔抄写，高34.1厘米，宽15.6厘米，边框朱红色，骑缝有满文书名及汉文类名、页码，没有总目。

这部书本身没有序言，也没有跋尾，我们在其他的书籍上也未查到相关的记载，所以成书的年代和著者都没有直接的材料可以引用。但是从内容看来，可以肯定它是由1771年完成的满、汉两种文字的《增订清文鉴》发展而来的，仅仅加上蒙、藏两文成为四体，再加维吾尔文成为五体而已。

此外还有纯满文的《清文鉴》、《满蒙文鉴》和《三体清文鉴》三书，内容与本书虽有出入，但也有密切关系（详细情况请看附表）。因此，我们叙述一下《清文鉴》、《两体清文鉴》、《三体清文鉴》和《四体清文鉴》①的情况，就大体上可以看出这部《五体清文鉴》的编辑过程方面的一些情况。

《清文鉴》——是1673年开始编纂的。

“康熙十二年四月圣祖特谕傅达礼曰：满、汉文义照字翻译可通用者甚多，后生子弟渐生差谬。尔任翰林院〔掌院学士〕，可将满语照汉文字汇发明某字应如何应用，某字当某处用，集成一书使有益于后学。此书不必太急，宜详慎为之，务期永远可传，方为善也。”②但是书没有完成傅达礼就死去了。康熙另派马齐、马尔汉等主持其事，前后共经过35年，到康熙四十七年（1708）才完成，共280类，12000余条，附有总纲，就是按字母排列的索引。康熙审定后刊行，题名“清文鉴”。此书在满文译学中是第一部纲领巨制，③虽然也有刻本，并收入乾隆三十八年（1773）完成的《四库荟要》，④但是乾隆四十九年（1784）完成的《四库全书》中未收，所以后世的书里记载也较少。

两体的有两种，一是满、蒙的，一是满、汉的。

《满蒙文鉴》——在《清文鉴》完成后，紧接着就于康熙四十九年

①它们的正式名称是：《御制清文鉴》、《御制增订清文鉴》、《御制满珠、蒙古、汉字三合切音清文鉴》、《御制四体清文鉴》，为了叙述方便我们用了这些简称。

②《清史·列传》第6卷，《国朝耆献类征词臣传》第116卷，《傅达礼传》。

③鲍奉宽遗稿：《御制清文鉴提要》。

④《四库荟要》现仅存一部钞本，已被劫往台湾。

(1710)在这个基础上开始了增加蒙古文的工作,[①]编者是拉锡等,康熙五十六年(1717)完成。所收词汇与《清文鉴》相同,用满、蒙两种文字注解,但注解下引证的古文成语已删去,[②]这是后来的《三体清文鉴》的基础之一。

《两体清文鉴》——乾隆时,又命人对康熙时编的《清文鉴》作了相当大的增删,删去了注解里"摭拾陈编章句,及以之乎者也为文者",改成"日用常言,期人共晓"。[③] 增加了:①新词4700余条。②补编4卷,其中收有古代的及罕见的名词1600条。正编和补编共约18000条,也就是说比原书篇幅增加了约二分之一。③把全部词汇都译成汉文,并附有满文对音,但注解未译成汉文。④满文的汉字切音。乾隆三十六年(1771)完成。它的正式名称是《御制增订清文鉴》,刻本是乾隆三十八年(1773)完成的。[④]

《三体清文鉴》——《两体清文鉴》完成后8年,即乾隆四十四年(1779)又完成了《三体清文鉴》,它的正式名称是"满珠、蒙古、汉字三合切音清文鉴"。所谓"三合切音",就是用汉字标记其他拼音文字的补辅音时,因为过去汉文里使用的两个字的"反切"不够确切,而另外创造的一套用三个汉字拼合的标音符号。这种方法至少是在乾隆三十年以前就已开始形成了,[⑤]但是到这部书的凡例里,我们才看到它的简单说明。

这部书与《两体清文鉴》比较起来,除增加了蒙古文以外,还有相当大的不同:①没有补编,正编里的类别和分则较少,词也少了约3000条,其中重要的如部院类和臣宰类各少约300条,卤簿器用类少100余

①《清史稿·圣祖本纪》:"四十九年正月命修满蒙文鉴。"

②此书又有1743年殿本,其中的蒙文是用满文字母拼写的,编者是班第(李德启:《满文书籍联合目录》)。

③参见《增订清文鉴》序。

④《清宫史续编》第92卷。

⑤1755年开始编纂,1763年完成的《西域同文志》(六种文字对照的中国西部少数民族地区的人名、地名汇编)中已经使用。它的原理在1750年完成的《同文韵统》(梵藏汉标准译音表)里已经形成。

条。②取消了满文注解。③音是三种文字循环标记的，即每一种文字下面都有其他两种文字的“对音”，满、蒙两文字的左边还有汉字的“切音”。④有工作人员名单、凡例等。它的刻本完成于乾隆五十七年（1792），[①]即编成后的13年，版刻得比四体精，故宫所藏的一部，纸张和装帧也都比两体的精致。总之，它与一体的较近，而与两体的出入较大。这种情况很奇怪，估计有两种可能：①它是由《清文鉴》、《满蒙文鉴》直接发展来的，没有按照《两体清文鉴》增添。②它是有意识地删去了一部分。从所少的词汇的内容看来许多是重要的，所以还是第一种可能性较大。

上述第三、四两种因为都有乾隆的序言，并且都收入《四库全书》经部小学类，所以许多书籍上都有记载，编成的年代都很明确，四体和五体则不如此。

《四体清文鉴》——上面只有满、藏、蒙、汉四种文字对照的词汇本文，其他的注音及注解一概没有，正编和补编的卷、部、类、则等编排及数目与两体的完全相同，词汇总数也是18000条左右。由此我们可以看出它是直接由《两体清文鉴》发展而成，并不是在三体的上面增加藏文而成的。因此，这不一定是到1779年以后才进行编译的，很可能更早一些。

英人道格拉斯（R. K. Douglas）估计四体的时代与五体相同，在1790年（乾隆五十五年）左右。[②] 我们宁可慎重一些，估计它编于乾隆三十六年至六十年（1771—1795）之间。无论如何，从1673年开始修《清文鉴》到四体和五体的完成，前后经过了100年以上是可以肯定的。刻本的完成甚至可能是在19世纪初叶。因为《清宫史续编》完成于1806年，对于乾隆晚年及嘉庆初年皇室的书籍记载甚详，关于两体、三体两书刻本完成的年代记载得很明确，而没有提到四体、五体两书。我们所

---

①《清宫史续编》第92卷。

②见《大英博物馆中文书目补编》（*Supplementary Catalogue of Chinese Books and Manuscripts in the British Museum*，1903），第139页。

见的关于此书刻本最早的记载是道光三十年(1850)的,实际上当然也不会这样晚。① 此书也有殿版刻本,但流传不甚广。②

以上四种书的殿本木版现在都已散失无存。

此外,北京嵩祝寺天清番经局还有一种《四体合璧文鉴》的刻本,书名与《御制四体清文鉴》不同,但内容与其正编出入不大,只是在汉字旁边多了满文的对音,并有满文索引8卷及满、蒙文的目录1卷,而没有补编,版面设计比殿版紧凑,可以说是一种普及版,流传甚广,木版现在尚存("文化大革命"中已毁)。

《五体清文鉴》——其内容在这次影印的出版者前言里已有叙述。词汇条数与四体相同,增加的只是一栏维吾尔文及三栏注音而已。至于蒙古文和汉文下面为什么没有满文对音,这可能有两种理由:①满、蒙、汉三种文字的互相注音在《三体清文鉴》里已经有了,而且很详细。②满文字母是由蒙古文字母发展而来的,形体上出入不很大,能读满文的人大都能够读出蒙古文音,并且当时认识满文的人大多数都认识汉文。

这部书没有殿版,只有钞本。目前我们已确实知道的共有三部,两部现藏北京故宫博物院,一部现藏伦敦大英博物馆。③

故宫的两部,一部原藏重华宫,一部原藏景阳宫。④ 重华宫是乾隆即位前的旧邸,即位后每年都在这里与少数民族的王公等会见。⑤ 景阳宫向来就是专门贮藏图书的地方,⑥1926年集中到故宫图书馆殿本书库贮藏,⑦现划归该馆满蒙藏文书库,这个影印本的原本就是原来在重

①道光三十年(1850)宣宗实录馆从武英殿行取书籍总档上记有:《四体清文鉴》二部,每部六套。共76册。

②故宫博物院及大英博物馆各有一部,北京图书馆没有。李德启:《满文书籍联合目录》(1933年)载三体、四体故宫均有钞本,系刻本之误。

③见《大英博物馆中文书目补编》(*Supplementary atalogue of Chinese Books and Manuscripts in the British Museum*,1903),第139页。

④根据故宫图书馆目录。

⑤《清宫史续编》第5卷,《乾隆六十年谕》。

⑥同上书第55卷"东壁图书贮景阳"句下原注。

⑦陶湘著:《故宫殿本书库现存书目弁言》。

华宫的那一部。原藏景阳宫的那一部维吾尔文字体较小。

大英博物馆的一部，可能是1900年八国联军侵入北京时流落到英国去的。①

此外，沈阳故宫翔凤阁（俗称七间楼）原藏殿版书籍目录里也列有《五体清文鉴》一部，但在1930年沈阳故宫东三省博物馆成立图书室查点存书时已经不在，下落不明。有人说是清室早已提往北京存放，②如果此说属实，那么也可能就是景阳宫的那一部。

这些书从其编译目的说，主要是为满族人学习其他民族语文用的，从其编译方法上说，最初是用满文编出，然后再用其他文字翻译出来的，而满文是清朝的国语，所以题名“清文鉴”。文鉴在这里还有分类辞典的意思，这个时期所编的分类辞典都叫某某文鉴，依字母次序排列的辞典有另外的名称，如《清文总汇》、《蒙文总汇》等。

至于这些书的作者：《清文鉴》的后序上列有两个很长的名单，上面仅各部院侍郎以上的官员就有69人，实际的编者是傅达礼等人，已如上述。《两体清文鉴》卷首没有开列工作人员，四库全书总目提要上题为“傅恒等奉敕撰”。《三体清文鉴》四库提要上题为“阿桂等奉敕撰”。但是傅恒和阿桂很显然都只是虚领其事。③《三体清文鉴》的卷首有一个满文的详细的工作人员名单，上面共列95人，领衔的是永瑢，〔满汉文〕提调官是福颜太、福森布、汉图等，承修官有永安太、赛尚阿、佛住、四宝等6人。〔蒙文〕提调官是明泰，承修官是广书、明善、托津等人。永瑢（？—1790）是乾隆的第六个儿子，在皇室里是一个在文化方面修养较高而未担任实际政治职务的人。④ 1784年《四库全书》告成时，正总裁就是他。比起傅恒和阿桂来，他还是可能做了一些具体工作的。

藏文部分的主编者，许多人都相信是章嘉第二世（1717—1786），在

①1877年的书目上没有，1903年的补编上才有，书目的序言里说，他们所得到的一部《永乐大典》是1900年焚毁翰林院的劫余。

②据文化部社会文化事业管理局图书馆处郝瑶甫先生谈，郝先生过去在辽宁省立图书馆时曾参加查点故宫存书的工作。

③他们两人在成书的前几年长期在外面领兵打仗，可参看《清史稿》两人本传。

④《清史稿列传七》“工画……通天算”；《四库大辞典》：“工诗”。

章嘉的传记上未见记载此事，但屡次提到他除精通藏文和梵文外，还精通汉、满、蒙文，他是《满文大藏经》、《四体楞严经》、《四体大藏全咒》的校订人，能用汉语讲授佛经。[①] 汉文上记载着乾隆对他非常推崇，指示翻译工作要就正于他的地方也很多。[②] 当时在这方面他是一个权威学者，长期住在北京，圆寂于《两体清文鉴》编成以后的15年。因此，我们可以相信藏文部分是经过他审订的。[③]

维吾尔文部分的工作人员，我们没有找到什么线索，希望对这方面的材料熟悉的人继续研究。

乾隆本人对少数民族语文很有兴趣，下过一些功夫，他自己叙述到："朕即位之初，以为诸外藩岁岁来朝，不可不通其语，遂习之，不数年而毕能之。至今则曲尽其道矣〔按：此处专指蒙语〕，侵寻而至于唐古特语〔按：指藏语〕，又侵寻而至于回语〔按：指维吾尔语〕，亦既习之，亦既能之，既可以为余暇之消遣，复足联中外之性情。"[④]他又说过："凡有谕旨兼蒙文者，必经朕亲加改正方可颁发。"[⑤]对新疆的维吾尔语的地名翻译，他也曾发表过一些意见。[⑥] 藏语方面，他虽然也学过，但他听班禅讲经时，还是要通过翻译，[⑦]可见藏语尚不够精通。总之，他通满、汉、蒙三种语文，懂一些藏语和维吾尔语，并且对翻译工作常爱发表一些意见。[⑧]因此，这些书前面标着"御制"不一定全是虚名，而是真正参加过一些意见，至少两体和三体的是这样的。

---

①藏文《章嘉传》，嵩祝寺版(1787年写)。第88、94、122等页。

②乾隆《四体楞严经序》、《同文韵统序》、《东华录》，乾隆三十八年二月上论等。

③还有伍勒穆集(从名字看来是蒙古族)是《同文韵统》的主要校译者。1767—1771年任理藩院左侍郎(《清史稿》部院大臣年表)。《两体清文鉴》成书的那一年，因病辞职，但仍管唐古特学及经咒馆事务，重要的藏文文化仍要由他翻译(《东华录》乾隆朝第74卷)，卒年不详，如果藏文部分的翻译工作在1771年或更早一些的时间就已开始，那么他一定也会参加的。

④《三体清文鉴序》。

⑤《东华录》，乾隆四十四年八月。

⑥《东华录》，乾隆四十六年闰五月：谕"英阿杂尔、哈喇沙尔之名相沿讹错已久，今既据绰克托奏请改正，以朕所忆而论，将英阿杂尔改称英吉沙尔。哈喇沙尔改称喀喇沙尔方与回人〔按：指维吾尔人〕原音相合"。

⑦藏文《章嘉传》，第109页。

⑧满蒙文方面他发表的意见很多，可参看《东华录》，乾隆四十四年八月和五十一年四月等处的记载。

笔者不懂满、蒙、维文，本文是在熟悉满文、蒙古文书籍情况的李德启等几位同志的帮助之下写成的。

（原载《五体清文鉴》，民族出版社，1957 年影印本；《贤者新宴》第 2 辑，河北教育出版社，2000 年，第 51—55 页）

《蒙古源流》成书年代诸说评议(合作)

关于成书过程及年代,江桥《康熙御制清文鉴研究》(北京燕山出版社,2001年)有一些新的资料,该书167页载,有关御制四、五体《清文鉴》产生的年代问题,过去由于所见史料不足,一直无法确定。一般认为四体是在满蒙汉三体的基础上增加藏文而成的,而五体又是在此基础上增加维文而成的。由于三体是乾隆四十四年敕撰、四十五年乾隆作序、五十七年校刊发行,①故而研究者大多推断四体编纂的开始时间在四十四年之后。② 至于五体的编纂时间更是众说纷纭。事实上,如前所述,三体的全称为《满珠、蒙古、汉字三合切音文鉴》,它的特点是以注音为主,四、五体的编纂与其没有直接的关系。从清字经馆的档案可证,乾隆四十二年,四、五体《清文鉴》已在编纂之中。而五体是在四体编写中奉旨增加维文及其满文注音,并在原藏文下添注两种注音而成。尔后,两种同时进行,③且五体早于四体成书之年。④

至于成书年代,据懋勤殿⑤档案记载:四体于乾隆五十九年出样书,六十年出刻本,且大量刊印。仅懋勤殿于乾隆五十九年十二月至六十

①《国朝宫史续编》卷92。

②见"有关五体《清文鉴》的一些历史材料"。载于《御制五体清文鉴》,北京民族出版社影印本正文末。

③前引乾隆四十二年六月清字经馆为办理"四体清文鉴内加入回字改为五体,并于西番字下添注阿里噶里及满洲单字,回字下添写满洲单字……事"之移付即可说明此事。

④据一史馆藏宫中档簿记载。

⑤据《养吉斋丛录》卷17记:"懋勤殿为乾清宫西庑之中三楹,内悬基命宥密额。圣祖冲龄读书于此。后为内廷翰林修书人直之地。"(北京古籍出版社新版第179页)

年十一月即收此书 60 部。而五体成书，大致在乾隆五十六年，早于四体，但未大量刊印，懋勤殿在乾隆朝仅收存两部。①

《蒙古源流》是一部用蒙古文撰写的蒙古编年史。关于《蒙古源流》的成书年代，历来有两种不同说法：一是 1685 年说，以汉文清译为代表；一是 1662 年说，1956 年比利时学者田清波（Antoine Mostaert）发表了《〈额尔德尼—因·托卜赤——蒙古编年史〉导论》②一文提出此说后，很快得到各国学者的广泛承认，1979 年《辞海》即采用此说，1962 年在内蒙古自治区举行了庆祝《蒙古源流》成书 300 周年的纪念活动，似乎已成定论。

但是我们细读原著，从语言学和历法学两方面仔细推敲，觉得田清波的说法还不是毫无问题，清译仍有可取之处。现将我们发现的一些问题与疑点写出，供学者们参考。

一、原著版本情况和有关成书年代的几句原文

《蒙古源流》流传下来的版本很多，为便于说明问题，兹选其中三个影响较大具有代表性的版本来谈。

1. 蒙古文殿本。蒙古文题名为《enetkeg tübet mongɣol qat－un čaɣan tegüke neretü toɣuǰi》，直译：《印度、西藏、蒙古诸汗源流》。乾隆四十二年（1777）喀尔喀亲王成衮扎布向皇帝奉献蒙古文抄本《蒙古源流》，乾隆皇帝敕令将其翻译成满文、汉文，并刊印，因此有了“钦定”《蒙古源流》的蒙古文、满文、汉文的精抄本及刻本，其中汉译本后被收入四库全书，附有千余字的提要。

①一史馆藏宫中档簿。懋勤殿乾隆五十五年十二月初一日至五十六年十一月二十九日新收书籍中已有《清文鉴》，而五十八年十二月初一日至五十九年十一月二十九日新收书籍中才有四体《清文鉴》样本一部。可见五体早于四体成书。但翻遍乾隆朝懋勤殿收存书籍档，仅有两部在录。

②此文载美国哈佛燕京学社 1956 年版《额尔尼—因·托卜赤——蒙古编年史》第一册（Erdeni－yin Tobči, Mongolian Chronicle, part Ⅰ. Harvard－yenching Institute, Scripta Mongolica Ⅱ, 1956）。以下简称《蒙古编年史》第一册。

2. 施密德本。1829 年俄国科学院通讯院士施密德(I. J. Schmidt)将 1795—1807 年间从北京得到的一部《蒙古源流》蒙古文抄本以德文翻译、注释后,连同原文出版于圣彼德堡。题名为:《Geschichte der Ostmongolen und ihres Fürstenhauses, verfasst von Sanang Setsen Chungtaidschi der Ordus》,即《鄂尔多斯萨囊彻辰洪台吉所著东蒙古及其王族史》。

3. 库伦本。1955 年德人海涅士(E. Haenisch)将蒙古人民共和国科学委员会图书馆所藏的抄本《蒙古源流》影印出版。题名为《Eine Urga – Handschrift des mongolischen Geschichtswerks Von Secen sagang (alias Sanang Secen),即《彻辰萨冈(或萨囊彻辰)蒙古源流之库伦手抄本》。

其他本子,在成书年代的记录上,都与以上三个本子之中的某一种大同小异。在这三种版本中,施密德本的情况比较特殊,放在后面叙述。

库伦本和蒙古文殿本都有一段基本相同的关于成书年代记录,为四句押头韵的偈颂体文字,称之为诗亦无不可。为了严密地推敲这段文字的意义,首先照录原文(用拉丁字母转写)并逐词对译如下:

urɤumal	törögsen	J̌il	yisün	ulaɤan	kilingtü①
植物(生长物)	出生的	年	九	紫	忿怒(明王)

kemekü – yin	tabin	yisüdüger
叫做的	第五十	九

urɤuɤsan	oɤtarɤu② – yin		J̌il	naiman	čaɤan – u
生长的(生起的)	天空	的	年	八	白 的

egüskegči – yin	qoyaduɤar	udirabalguni	sarayin③	arban	nigen
首创者(发起者)的	第二	翼(宿)	月的	十	一

①殿本写作 kiling – tü。
② 殿本写作 oɤtarɤui。
③ 殿本写作 sara – yin。

modun graɤ ilaɤuɤsan[1] odun edür ekilen
木 曜 胜(鬼宿) 星 日 开始

učirağu burwasad sarayin[2] nigen sini[3] ɤadasun graɤ bus
遇见 箕(宿) 月的 一 新 木 曜 鬼(宿)

edür－e[4] tegüskebei
日 结束

我们把这段记录称作A。

库伦本在结束语之后又增加了79节长诗，在长诗的结尾又有一个关于纪年的记录，其原文如下：

törögsen ǰil kilingtü kemeküi－yin tabin yisün－e tübegsen
出生的 年 忿怒(明王) 叫做 的 五十 九 传布的

ǰil buyan egüskegči－yin aswini sara－yin tüsid－ece baɤuɤsan
年 福 首创者 的 娄(宿) 月 的 兜率天从 降下

yeke takil－un čaɤ qorin qoyar tügemel bus odun modun graɤ
大 祭祀的 时刻 二十 二 普遍 鬼 星 木 曜

edür－e delgeregülbei
日 传播

我们把这段记录称作B。

二、两种不同的翻译与由来

对于A段记录有两种翻译。一种是乾隆四十二年(公元1777年)汉文殿本将其翻译为:“自乙丑九宫值年,八宫翼火蛇当值之二月十一日角木蛟鬼金羊当值之辰起,至六月初一日角木蛟鬼金羊当值之辰告成。”

萨冈彻辰出生于甲辰年(1604年),这之后的乙丑年有两个,一是

① 《蒙汉辞典》(1976年版)中关于二十八宿只有一种翻译,其中没有这种写法,不过藏文中鬼宿和胜利是一个词根,即rgyal,这可能是由此而来的另一种译法。

② 殿本写作sara－yin。

③ 殿本写作sin－e。

④ 殿本写作edür。

1625年,一是1685年。《蒙古源流》记事到1662年,所以1625年不可能是成书之年。于是按照汉文殿本的翻译,1685年便是《蒙古源流》的成书之年了,这时作者82岁。

对A段文字的另一种截然不同的理解是田清波在其《导论》一文中的解释:

"开始于〔名为〕naiman čaɤan－u egüskegči年——本年是〔从〕yisün ulaɤan kilingtü(＝1604)(即我出生的那年)算起的第59年——的udirabalguni月——第2月的——〔名为〕modun graɤ ilaɤuɤsan odun edür——第11天(＝公历1662年3月30日),当我活到burwasad月(＝第6月)——名为ɤadasun graɤ bus odun edür——即新〔月〕的第1日(＝公历7月15日),我结束了。"①

把这段译文简化一下,其意就是:此书的写作开始于我出生后的第59年的二月十一日(夏历),结束于同年六月初一日。萨冈彻辰诞生于1604年,他59岁(虚岁)之年是1662年。

这里再看看田清波关于B段记录的翻译:

"〔从〕称作kilingtü(＝1604)年,即〔我〕出生的那年〔算起〕的第59〔年〕,〔名为〕buyan egüskegči〔年〕——该年诗被写完——的Aswini(第9月)——的〔名为〕bus odun modun graɤ edür的〔一天〕——即第22天(1662年11月2日)纪念〔佛陀乔答摩〕由Tusita〔天〕降世的伟大的献祭日,我把(它们)传播于世。"②

这里写的是79节长诗完成的日期,我们可以把它简化为:我出生后59岁那年(1662年)的九月二十二日(夏历)完成了这些诗。

从史学角度来看,1662年说较之1685年说更合情理,因为《蒙古源流》记事到1662年康熙帝即位,四世班禅圆寂止,若是1685年成书,这之间有23年的历史未曾反映,有点不可思议。至于高龄成书,则不应

①见《蒙古编年史》第1册,第47—48页。原文为法文,译文参考米济生译文,下同。

田清波使用的本子在成书年代的记录上与库伦本基本一致,仅B段第一行库伦本记为kemeküi,而田用本记为kemekü。

②见《蒙古编年史》第1册,第48页。

成其问题。80岁写书的例子是有的,如哲布尊丹巴一世(1635—1723)1715年把近40卷、1500余叶的巨著《汉历大全》的蒙古文本转译为藏文时就已经80岁。

但是,笔者认为,如果仅从语言学角度考察,汉文清译和田清波译即1685说和1662说都可成立,理由如下:

在日、月的翻译上二者是一致的,关键的问题是年的翻译,也就是对A段记录头两句的理解上。

田清波把 urɣumal 译为“生长过的”,urɣumal törögsen ǰil 直译为“〔那是〕生长起的年,那年我诞生了”,意译为“我出生的那年”。认为 yisün ulaɣan kilingtü kemekü 是 urɣumal törögsen ǰil 的同位语,是说明我出生的那一年(即1604年)叫做“九紫”和“忿怒明王”。而定格助词 yin 在这里用来表明开始计算59岁的出发点,翻译成:“从我出生那年算起的第五十九〔年〕”,表示由从关系。①

田清波认为在第二句中,naiman čaɣan - u egüskegči - yin 是 urɣuɣsan oɣtarɣu - yin ǰil 的同位语,说明“生长起的天年”②(即1662年)叫做“八白”和“首创者”。与上句相同位置上的 yin 在这里表示所属关系,即“(叫做八白与首创者的)生长起的天年的第二〔月〕”。③

在这里,同一虚词 yin 在上下两句中起了不同的作用,虽然看上去有点生硬,但实际上是符合蒙语习惯的,田译是行得通的。

而汉文清译则认为 yisün ulaɣan kilingtü kemekü - yin 是 tabin yisüdüger urɣuɣsan oɣtarɣu - yin ǰil 的修饰语,直译就是“叫做九紫忿怒明王的第五十九天年”,因为时轮历的第五十九年是乙丑年,清译本意译为“乙丑九宫值年”,由此推出1685年称作“九紫”和“忿怒明王”。在这里,定格助词 yin 表示的是“叫做九紫忿怒明王”与“第五十九天年”之间的所属关系。

①参见《蒙古编年史》第1册,第49—50页。

②汉语中“天年”指人的自然寿命,藏语“天年”(gnam - lo),《藏汉大词典》解释为年的敬语。其中的“天字可能由于年是据天象的周期而定的,蒙语 oɣtarɣuiǰil 可能由藏语移植而来。”

③参见《蒙古编年史》第1册,第50页。

在第二句中，清译本认为 naiman čaɤan－u egüskegči－yin 是 qoyaduɤar dirabalguni sara 的修饰语，直译为"叫做八白首创者的第二翼宿月"，清译本意译为："八宫翼火蛇当值之二月"，其意是："二月（翼宿月）"叫做"八白"和"首创者"。在这里 yin 表示"八白""首创者"与"二月"之间的所属关系。

清译的这种解释，从蒙古文文法上来讲也是行得通的。kemekü（说、叫做、称为）一词同时具有连接词和动词两种性质。在表示称谓的简单句中，一般直接与被说明的名词相连，中间不需加定格助词 yin，但是形动词的现在时（将来时）形式，在某种情况下与被说明的名词之间可以加上定格助词 yin。例如："qaɤan kemegdekü－yin ɤabiya－inu（称之为汗的功劳）"①，"amitan－a ükükü－yin ünin－i uqaɤulqu－yin tula（为晓谕众生以死亡之真谛）"②等。这里，因句子较复杂，加之诗句押韵的需要，在 kemekü 之后加 yin，仍可不失含有"称作九紫忿怒明王的第五十九年"之义，这点是我们与田清波的看法的不同之处。③

这里需要说明两个问题：

（一）清汉译本没有译出 urɤumal törögsen ǰil 这个词组，但是这个词组也可以翻译成"生长物出生年"，与时轮历的"胜生周"一词的意思近似（"胜生周"规范的蒙译是 sayitur ɤaruɤsan〈善出〉或 sayitur boluɤsan〈善成〉），看来清译是这样理解此词组的。

（二）B 段记录是蒙古文殿本所缺少的，B 段比 A 段要写得简略一些，从语法关系来看就更接近田清波说了。

但是，哪种译法更科学一些呢？下面再从历法学的角度考察一下。

---

①见那逊巴勒珠尔合校本《蒙古源流》，1980 年 1 月，内蒙古人民出版社，第 549 页。
②见那逊巴勒珠尔合校本《蒙古源流》，1980 年 1 月，内蒙古人民出版社，第 467 页。
③田清波在《导论》（《蒙古编年史》第 1 册 53 页）中说："此外，蒙古文中 yisün ularan kilingtü kemekü－yin tabin yisüdüger 被译得（指汉满文清译）好像文章里有 yisün ulaɤa kilingtü kemekü tabin yisüdü－ger ǰil'称作 yisün ulaɤan kilingtü 的第 59 年'这些字。"

三、几个历法术语的意义

这里出现了几个术语:忿怒明王、九紫、八白、第五十九、翼宿月、箕宿月、娄宿月、回降节、鬼宿日、木曜日。其中有的来自时轮历,有的来自汉族传统的历法(从1645年起叫做时宪历),牵涉到两种历法的纪年、纪月、纪日方法的一些问题。

(一)纪年

早期蒙古的史书,例如13世纪的《蒙古秘史》纪年只用十二肖兽,八思巴文的圣旨碑中仍然如此。到17世纪则受西藏佛教和藏历的影响很大,藏历的基础是印度传来的时轮历,同时也受到汉历的影响。

汉族的六十甲子纪年法是大家所熟悉的。当需要区别其为哪一个甲子周期时就需要与朝代年号结合起来才能表述,但朝代年号是比较复杂的,不易记忆,而且计算两个年代之间的距离也很不方便。

信奉佛教的民族常用佛诞或佛灭(逝世)纪元。本书中多次提到"计自前戊子年以来逾若干年",例如成吉思汗的生年,1162年,本书表述为"即从前戊子年以来越三千二百九十五年岁次壬午"。(殿本第二卷)这个戊子年是指公元前2133年那个戊子年,这是萨迦派所认定的释迦牟尼圆寂的年代。但是关于释迦牟尼圆寂的年代异说甚多,现在国际上比较普遍的说法为公元前554年,与萨迦派所说相差甚远,使用时首先要交待清楚是哪一派的说法,所以也不方便。

时轮历也有一种以60年为一周期的纪年法,不过与汉族的干支纪年法又有两点不同,第一,它是每年各有一个不同的名称,例如:第一年名胜生年,第二年名妙生年……第三十六年名致善年,第三十八年名忿怒母年,……第五十九年名忿怒明王年,第六十年为终尽年等等。第二,周期的起点不是甲子年而是胜生年,相当于丁卯年。正像汉历里以"甲子"为整个60年周期的名称一样,这种周期就以其开头的胜生年命名为"胜生周"(或译为丁卯周也可以)。藏历的第一个胜生周是开始于公元1027年。例如康熙二十四年乙丑,时轮历记为第十一个胜生周的第五十九年忿怒明王。这种方法比借助于朝代年号和佛灭纪元都要方便些。

通观《蒙古源流》,全书纪年都用汉族的干支,重要的9个年代都加上佛灭纪元年数,所以每一个年代都是很明确的。不知为什么到记述成书年代时,放弃了这种方法,不记干支,也不记佛灭年,突然出现了时轮历的纪年法,而不交待其为第几个胜生周,由此B产生了种种疑问。

汉族纪年另外还有一种周期是九宫,以9个数字与颜色组合而成,其名称为:一白、二黑、三碧、四绿、五黄、六白、七赤、八白、九紫,9年一次逆向循环。例如:1980年是二黑,1981年不是三碧而是一白,1982年是九紫。凡与1982年相距的年数是9的倍数者都是九紫,1982 - 1604 = 378 = 9 × 42,所以1604年也是九紫,1982 - 1685 = 297 = 9 × 33,所以1685年也是九紫。九宫也用来纪月,过去汉、满、蒙古文的历书中逐年逐月都有九宫图,图内中心宫即是当值的宫。九宫的周期太短,单独用以纪年纪月是不方便的,主要用于占算,不过对于历史上纪年纪月的查证也起辅助作用。

现将本文所涉及的几个年代的各种表述法列表如下:①

公元	时宪历			时轮历					
	朝代年号	干支	九宫	胜生周序	年序	梵文名	藏文名	蒙古文名	汉文名
1604	万历卅二年	甲辰	九紫	十	38	krodhin	khro - mo	kilingtei 或 kiling(tü)eke(eme)	忿怒母
1627	天聪元年	丁卯	四绿	十一	1	prabhava	rab - byung	sayitur ɣaruɣɛan 或 sayitur boluɣsan	胜生
1662	康熙元年	壬寅	五黄	十一	36	śubhakṛt	dge - byed	buyan üildügči 或 sayiǰiraɣuluɣči	致善
1685	康熙廿四年	乙丑	九紫	十一	59	kyodhana	khro - bo	kilingtü	忿怒明王

①此表依据的资料有:故宫所藏《大清康熙元年时宪历》,《大清康熙二十四年时宪历》,埃弗丁·卡尔——海因茨(波恩)汇编的《六十年周期索引表》〔Everding, karl - Heinz(Bonn);《Die 60er - zyklen eine konkordan - ztafel》〕,《中亚研究》第16期,第476页。

从上表可以看出：

第一，1604 年与 1685 年的值年宫都是九紫，在这一点上清译和田译都是符合历法的。

第二，1662 年的值年宫是五黄，可是田译认为八白是说明 1662 年的，与历法不符，这是田译的疑点之一。

第三，问题的关键是胜生周中的名称。不论是殿本还是库伦本或其他任何本子，也不论是 A 段记录还是 B 段记录，kilingtü（忿怒明王）这个词都是写得明明确确的，而 kilingtü 是胜生周第五十九年的名称，1685 年正是第十一个胜生周的第五十九年，在这点上清译是符合历法的。而 1604 年则是第十个胜生周中的第三十八年，根据上表，胜生周的第三十八年蒙古文称作 kilingtei 或 kiling eke 或 kilingtü eme（忿怒母）。[①] 这里胜生周的第三十八年与第五十九年虽同称“忿怒”，但其中有个阴性、阳性的差别。

田清波在《导论》中关于这一点的论述令人感到费解。他说：“作为 törögsen ǰil‘我出生那年’的同位语的 yisün ulaɣan kilingtü 只能是甲辰年（1604），却被误作 kilingtü‘乙丑年’（1685）的同位语，这是中国甲子纪年的第二年（科瓦列夫斯基，2531a），或藏历算法的第 59 年。”[②]看来，田清波是没能理解 yisün ulaɣan kilingtü（九紫忿怒明王）这个词组的内涵，而把 yisün ulaɣan kilingtü（九紫忿怒明王）与 kilingtü（忿怒明王）对立起来。实际上这两个词组所表示的是一个年份，只能是乙丑年（1685），而不可能是甲辰年（1604）。

田清波认定 yisün ulaɣan kilingtü 是表示甲辰年，这里有很大的主观臆断性。他在《导论》中说：“yisün ulaɣan kilingtü 为 törögsen ǰil‘我出生的那年’的同位语；因为手稿 B 的四行诗比手稿 A 的短，在手稿 B 中缩为 kilingtü。它表示甲辰年，乃汉语甲子纪年（1564—1623）的第 41

①科瓦列夫斯基：《蒙俄法词典》第 2531 页上，kilingtü 和 kilingtei 均为忿怒明王，kiling eme 和 kilingtü eke 为忿怒母。

②见《蒙古编年史》第 1 册，第 53 页。

年,或西藏六十年循环计算法的第十轮(1567—1626)的第38年,即1604年(参阅钢和泰:《关于西藏的六十年循环计算法》——A. von Staël - Holstein, on the sexagenary cycle of the Tibetains,《华裔学志》,Ⅰ,1935),萨冈彻辰首次在此处提到他自己,把他出生的这一年称作 ga - luu(施密特,264,16—17)"①。

我们查阅了钢和泰的《关于西藏的六十年循环计算法》(《华裔学志》Ⅰ,1935,277—314页)。该书有一个1027—1986年的大表(279—309页),其一、二、三栏分别为帝王年号(汉文),年号的拉丁拼音、年份;四、五、七栏分别为干支纪年(汉文)及其藏语、英语译文;而夹在中间的第六栏则为时轮历胜生周年序;第八栏为公元纪年。另在第311页上有一个胜生周60年逐年名称的梵、藏文对照表。此二表中都没有胜生周的蒙古文名称。田清波认定 yisün ulaɣan kilingtü 是甲辰年,仅是根据萨冈彻辰的出生年是 ga - luu(直译甲龙)而推断的,并没有确实的依据。因此,这个问题不能不成为田译的最大的一个疑点。

第四,从表中看出1662年是第十一个胜生周中的第36年,梵文名 śubhakṛt,藏文名 dge - byed,蒙古文名 buyan üiledügči(造福)或 sayǰiraɣuluɣči(致善),在B段记录中出现了 buyan egüskegči(创福)一词,与表中的翻译十分近似,这是田译的一个有利条件。但是田清波说:"手稿A中的 naiman čaɣan - u egüskegči 年显然是萨冈彻辰在手稿B中所说的 buyan egüskegči。"②就未免有点太武断了。naiman čaɣan - u egüskegči(八白之首创者)与 buyan egüskegči(创福)是绝不能划等号的。如果说A段记录中在 egüskegči 之前漏掉了 buyan 一词的话,那么A段记录中还可能含有"创福"之意,但 naiman čaɣan 无论如何是说不通的,它只能译成"八白",是九宫之一,而且不是1662年的值年宫。

(二)纪月

汉族习惯于用正、二、三、四等序数纪月,好像是理所当然的,其实

①见《蒙古编年史》第1册,第49页。
②见《蒙古编年史》第1册,第50页。

并不尽然。12 个月是循环的，无所谓头尾，其起点——即年首的选择是人为的，各时各地可以多种多样。汉族本身就有夏正、商正，周正、秦正之别，周正是以冬至所在之月为正月；夏正是以雨水所在之月为正月，称为夏历。藏族是在 13 世纪通过蒙古皇权才接受了这种以数序纪月的"正朔"，所以称之为"胡月(蒙古月)"或"王者月"，与时轮历的纪月法并行。

时轮历的纪月法为"十二望宿月"，以月相圆满的望日月亮大致与二十七宿中的哪一宿并行而命名。它是以月圆时在角宿的那个月为第一个月，但是月圆日不是作为一个月的中间的一天，而是作为其最后的一天，叫做终望月法。因此角宿月大致相当于夏历的二月十六到三月十五，与汉历接触多的地方就简单地把角宿月相等于夏历的三月。以下为氐宿月、心宿月、箕宿月(六月)、牛宿月、室宿月、娄宿月(九月)、昴宿月、觜宿月、鬼宿月、星宿月、翼宿月(二月)。佛经中都是用此法纪月，玄奘《大唐西域记》说"随其星建，以标月名，古今不易，诸部无讹"，就是说这种纪月法，有天文的标准，无论哪种历法都会承认它的。

A、B 两段日期记载中提到的翼宿月、箕宿月、娄宿月三个月的名称就是这个意思，各家的了解相同，没有争论，不去多谈。

但是清译本中提及"八宫翼火蛇当值之二月"还需考证一下。如上所述九宫也用来纪月，历书中逐年逐月都有九宫图，据《大清康熙二十四年时宪历》记载，1685 年二月的值月宫是四绿，不是八白。因此，依清译八白说明二月也是不合历法的。

(三)纪日

先解释一下值曜和值宿。

值曜，其意是每一日都有一曜轮值，即星期序列。它是用日、月、火、水、木、金、土 7 个名称来表示一个星期的日、一、二、三、四、五、六，7 天一循环，所以称为七曜。七曜来自巴比伦，后来时轮历和时宪历都沿用之，但七曜在时轮历中较之在时宪历中更重要一些。

蒙古文关于七曜有四种译法，本文涉及了其中两种，modun graɤ

和 ɣadasun 均为木曜日。

值宿，其意是每一日都有一宿轮值。它是用二十八星宿的名称来纪日，从角宿开始，28 天循环一周，这是时宪历的纪日法。在时轮历中二十七宿从娄宿开始，一般不用以纪日。

本书的写作开始于翼宿月即夏历二月的十一日，结束于箕宿月即六月的初一日，诗篇写成于娄宿月即夏历九月的二十二日，似乎没有什么争议，但在值曜和值宿的记载上却有可以推敲之处。

清译本："二月十一日角木蛟鬼金羊当值之辰起，至六月初一日角木蛟鬼金羊当值之辰告成。"实际上蒙古文原文只有木曜和鬼宿，并没有角蛟、金羊等字，这些是汉译者加上去的。鬼宿日固然必定是鬼金羊，但木曜日却不一定是角木蛟，不知汉译者是何所据而加？

还有一个疑问，原文记录以上 3 个日期都是木曜鬼宿日，这是偶然的巧合吗？我们查了这两年的时宪书：

根据 曜 宿 年月日		近世中西史日对照表	大清康熙元年 廿四年时宪历
二月十一日	1662	星期四　木曜	井宿
	1685	星期四　木曜	斗宿
六月一日	1662	星期六　土曜	胃宿
	1685	星期一　月曜	心宿
九月二十二日	1662	星期四　木曜	奎宿
	1685	星期五　金曜	亢宿

从表中可以看出，开始写作的日期是木曜日，无论按 1662 年或 1685 年说都是不错的；写作结束的日期则两年都不是木曜日；写诗的日

期按1662年是木曜日,1685年则不是。在于值宿,则6个日期都不是鬼宿日,这又是怎么回事呢?我们试提出一种解释,供研究参考。

在时轮历中木曜日是一个比较吉祥的日期,鬼宿在藏文里与胜利是同一个词,木曜与鬼宿相遇叫做"成事之合",是大吉大利之日。① 做一件事把开始的日期有意识地选择在木曜日是很容易的,因为一周只有7天。至于纪日的值宿,一个周期是28天,想要选择鬼宿日就比较困难了,想要凑到木曜与鬼宿相遇之日就更不容易。于是此书的作者只是开始的日期真的选择了木曜日,至于值宿则是随便写上的一个吉日,不必认真对待。

以上的纪日是从时宪历的系统考察的。若从时轮历的系统考察,则又有所不同。时轮历与时宪历都是阴阳合历,但由于置闰法不同,时轮历纪日法有其特殊的重日、缺日的变化,所以藏历与汉历的历书,有时月日完全相同,有时月份差1个月,有时日期差1天。现根据舒迪特的《藏历公历换算表》②、《近世中西史日对照表》及大清康熙元年和二十四年的《时宪历》计算出有关日期的藏历、公历、汉历三者之间的关系如下:

历法 月　日 年	时轮历	公历	时宪历	值曜	值宿
1662年	2月11日	3月29日	2月10日	水、星期三	参
	6月1日	7月16日	6月2日	日、星期日	昴
	9月22日	11月2日	9月22日	木、星期四	奎
1685年	2月11日	3月16日	2月12日	金、星期五	牛
	6月1日	7月2日	6月1日	月、星期一	心
	9月22日	10月19日	9月22日	金、星期五	亢

①《藏汉历算学词典》,四川民族出版社,1985年,第734条。

②见舒迪特所著《西藏历法史研究》(Dieter Schuh:《Unterchungen zur geschichte der tibetischen kalenderrechung》1973年版,此处采用的是新浦派算法。)

从上表可以看出，若使用的是时轮历纪日法，在值曜值宿上与蒙古文原文的记录相距更远，由此推论作者使用的还是时宪历的纪日法。

另外关于回降节，释迦牟尼成佛之后（30 多岁时），上升兜率天为其生母摩耶夫人说法三月，于娄宿月（九月）二十二日回降人间，这一天名回降节，是蒙藏佛教四大节日之一。

以上我们从纪年、纪月、纪日几个角度考察了《蒙古源流》有关成书年代的记录，从中看出：

（一）原文的记录有些模糊之词，如 A 段文中的：urɤumal törögsen ǰil，naiman čaɤan－u egüskegči 等；也有一些与历法不符的记录，如：八白、六月一日的值曜及各个日期的值宿。

（二）两种译法，各有千秋，在值曜、值宿上田译略占优势，而且 B 段文中出现 buyan egüskegči（创福）一词，这些都是田译的有利条件；但是，关键的一词 kilingtü 若不是原著者笔误的话，则是清译的最有力的证据，也是田译的最大疑点所在。

四、一种特殊的记录

前文谈论的仅是就蒙古文殿本和库伦本所涉及到的，下面看看施密德本的记录。施密德本关于成书年代的记录很独特，它是这样写的：

……	ene	metü	urɤamal	törögse－i	sim	bars
	这	样	植物（生长物）	出生的把	壬	虎（寅）

ǰil－e	tabin	yisün	nasundur－iyan	tegüskebei
年	五十	九	岁时自己的	完成了

这句话的意译就是：在壬寅年作者 59 岁时完成了这部编年史。在这里 urɤamal törögse 被理解为“初出的（编成的）〔编年史〕”。因为这句话中明确有 sim bars（壬寅）和 nasun－dur－iyan（年岁时）两个词，所以这段话的意思很明确，不会有什么歧义。

但是对于施本的评价褒贬不一。在 20 世纪 40 年代日本学者江实曾称其为最接近原本的优秀版本，说它较之其他版本更为正确，在某些地方可成为孤证，在成书年代的记录上它也是正确的，只是脱落了年月。[1] 可是目前多数蒙古史学家则认为施本是清殿本的修改，不足为证。田清波在《导论》中也说这个纪年不会是原始的写法，而是笨拙的简化。[2] 我们对施本的优劣不甚了解，暂把它作为例外，仅供参考。

总之，《蒙古源流》关于成书年代的记录是一段不甚严谨、晦涩难懂，易出歧义的文字。它并不是有了田清波说后就已毫无疑义，实际上仍然存在以上所论及的种种问题与疑点。于此提出，但愿有助于该问题的深入研究探讨。

（原载《民族研究》1987 年第 6 期，合作者申晓亭）

①参见江实：《蒙古源流考》。

②参见《蒙古编年史》第 1 册，第 51 页。

《格西曲扎藏文词典》编译经过

20世纪50年代初，我在中央民族事务委员会参事室负责藏文组的工作。当时藏文的人才奇缺，而佛教团体"菩提学会"有几个懂藏文的人，为了充分利用这些力量，中央民委与菩提学会建立了工作关系，按月资助该会(经手领款的人是杨大光)并布置任务。当时菩提学会拥有懂藏文的人有：法尊、张克强、汤住心、胡继欧、杨德能、克主等。曾经布置过的任务有：集体翻译《论人民民主专政》，除菩提学会的人之外，还有民委的毛儿盖桑木丹和我等参加，工作地点就在北海公园白塔南侧永安寺的菩提学会里面。此外还有把《中国革命读本》翻译成藏文和编译《格西曲扎藏文词典》。这三项工作的时间先后，我记不清楚了。至于这些人与菩提学会的具体关系以及菩提学会如何分配使用中央民委给它的资助我就不知道了。

1949年以前，藏文词典最有名的是1904年出版的印度的藏学家达斯(C. Das)的《藏英大辞典》，汉文的则只有青海出版的石印的《藏汉小词典》和甘肃卓尼石印的《五凤苑藏汉词典》，远远不能满足需要。达斯的《藏英大词典》当时已经有了汉文的译稿，1951年左右由保存者献给中央民委，但是一则这个译稿尚有待进一步审定，更重要的是以当时的政治形势，新中国不宜出版一种由英文翻译出来的藏文词典。藏族本身传统的"正字法"著作虽然不少，但主要是区别同音词和近音词，不是按字母顺序排列的，不像现代的辞典那样便于检索。当时唯一一部按字母顺序排列的藏文词典就是20世纪写出的《格西曲扎藏文辞典》。

"格西"是藏传佛教寺院里的学位，"曲吉扎巴"缩称为"曲扎"，是作者的名字,是一个蒙古人,在拉萨佛寺留学考得学位。这部书原来是木刻版的,手工印刷,数量有限,而且收辞、释文和编排也都有些缺点。因此,我们决定以此书为基础,用汉文翻译出来,纠正它的缺点,再用《藏英词典》、《藏拉法词典》、《满汉蒙藏四体合璧》等加以补充,在书内一一标明,以适应当时的需要。

法尊法师(1902—1980)是当代精通汉藏两种文字的佛经的大师,曾经从藏文翻译过大量的佛学著作,见多识广,经验丰富,早年所译,忠实于原文,而稍嫌生硬,晚年所译已有改进,又经人润饰,非常流畅;但是也有他的局限性,同一个词汇,在佛经里和在其他场合,含义有时有很大的不同。张克强先生(1917—1989)藏文方面虽然略逊于法尊,而汉文文学功底深厚,通英文、梵文,有参加编辑《新华字典》的经验,能吸收达斯《藏英大辞典》之优点,正好能补原书和法尊译文之不足,实为难得的珠联璧合。至于汤住心,也曾从事藏汉佛书翻译多年,又通法文,能利用《藏拉法词典》。

这项工作完成的时候,中央民族事务委员会参事室藏文组已经改成民族出版社藏文编译组,仍由我负责。于是就由民族出版社征求得到格西曲扎的施主,即出资刊刻此书的人同意,并写了序言之后,于1957年左右出版发行。编译者署名为:法尊和张克强等,这个“等”字里包括胡继欧、杨德能、克主等辅助工作人员;汤住心由于其政治历史原因未参加署名。现在这些人都已去世,只好由我来证明。现在我要证明的是:《格西曲扎藏文词典》是1956或1957年由民族出版社第一次出版印刷发行的,作者署名是:法尊、张克强等。原书我想还找得到。此书编译的过程中我每星期到菩提学会去一次,从选题、联系菩提学会组织工作人员、拟定体例、审定内容、一直到第一次出版,都是由我经手主持的,因此我有资格作此证明。我现在年已87岁,没有精力去查阅资料核对,单凭记忆,细节内容或有不完全准确之处,但大节是不会错的。

(2003年写,未曾刊发)

追忆十七条协议翻译工作二三事

西藏和平解放协议有汉藏两种文本。藏文本,不是在汉文定稿后才译成藏文的,而是在一开始谈判时就提出了两种文字的初稿,在谈判过程中条文修改过多次,每一次修改都是同步进行了藏文本的修改,得到了西藏代表的认可。

中央人民政府的首席代表李维汉同志非常重视协议的藏文本的准确性,并亲自检查。他并不懂藏文,怎样亲自检查呢?他的办法是:请两个翻译,一个翻过去,另一个再翻过来,把翻回来的汉文与汉文原文对照,看有没有出入。李维汉同志懂外文,对翻译工作的甘苦是有体会的。他指示说,这样做不可能还原得一字不差,但是意义上,尤其是关键性的字句上绝对不能有出入。

当时我在中央民族事务委员会参事室工作,民委的主任委员就是李维汉同志,我多次被召到中南海内他的办公室(有时是在统战部四处)做翻译工作。李是首席代表,而与西藏代表面对面谈判的是张经武将军等。

协议初稿的前言部分,翻译时请来了一位藏族的李春先老先生,他曾任九世班禅的藏文秘书,粗通汉语,汉文很有限,我们两人合作,由他执笔。译完后拿到北京饭店(西藏代表团住在那里)去,由那边张经武将军的翻译朋措扎西(即彭哲)同志译成汉文。译文拿回来后,李维汉同志说:“李春先在摇笔杆,这样不成。”意思是说李春先是在追求文字的华丽,而不是以忠实原文为第一原则。于是由我重新翻译,不计文字的工拙。译好后再拿去,译回来。译回来的汉文与原意仍有出入之处,李维汉同志不是立刻指责我未译好,而是用询问的口气要我解释,是否此处的藏文就是可以作两种解释?是否能修改得更能避免歧义?甚至要我把词义与语法关系讲给他听。谈判开始时与汉文同时拿给西藏代表看,他们对藏文又提出修改意见。其后又经过多次谈判修改,每一次谈判后都把汉藏文两种文字的修改稿送来,由我在看不到汉文稿的情况下把藏文本译成汉文。李亲自与汉文原稿核对,要我回答究竟是我的翻译不够准确,还是藏文本就是有出入,研究是否提出需要修改。谈判是白天进行的,而统战部里的研究和翻译工作则是连夜进行,以保证第二天能继续谈判。记得有一次工作结束后,吃过夜宵,天快亮了,李维汉同志说:你辛苦了,回去好好睡一觉。我说紧张工作后疲倦过度反而睡不着,但不敢吃安眠药,怕上瘾。他拿了几粒药给我,说这种安眠药效力好,又不会上瘾,很安全。

协议谈判经过20余天,修改过的是哪些条款,已记不清了,不过对于"中华、人民、解放"这三个词的藏文译法争论的过程仍有很深的印象。

"中华"一词外文用China,Киtai等,不能算是妥帖,但是约定俗成,大家也就接受了。藏文里没有现成的译词,《中国人民政治协商会议共同纲领》的藏文本里译为dpal - dkyil。dkyil正是"中央"、"中心"的"中",dpal有"吉祥"、"福德"、"荣耀"等义,是一个美好的字眼,李维汉同志认为不够妥帖,主张用音译,西藏代表也同意了。

争论最大的是"人民"一词。在初稿上我用了mi - ser,这是一个藏文古籍里有过的词,不是杜撰的。但是西藏代表认为,在西藏地方政府的公文习惯里,这个词指属民。与官吏、领主是相对的,如果使用这个词,就把他们这些代表乃至达赖喇嘛都排斥在"人民"之外了,所以不能接受。他们主张改成mi - dmangs,这个词不是藏文词汇中固有的,是新造的,是否合适,我不敢说,打算向喜饶嘉措大师求教。经请示,协议的条文在谈判过程中,即签订之前,是绝密的,不准透露,但是个别字词的翻译上向人请教还是允许的。喜饶大师是十三世达赖喇嘛的教理侍从,顾问性质,是很高的荣誉。这一辈达赖、班禅和他见面时行碰额礼,这是一种地位平等者的礼节。可见他的威望之高。在这个问题上喜饶大师同意用 mi - ser,坚决反对用 mi - dmangs。他说:dmangs 字在藏文典籍中是固定用来翻译印度的 sudra 这个词的。sudra 是印度的四个“种姓”里最低贱的一级,绝对不能用。如果一定不用 mi - ser,非要用 mi - dmangs 不可,就把其中的 d、s 两个字母去掉,写成 mi - mang,是“多数人”的意思,勉强可通。

喜饶大师这时不便和西藏代表见面,我们将他的意见转达过去之后,西藏代表仍然坚持他们的意见,双方相持不下。这时李维汉同志提出:既然如此,是否就也用汉语音译?可是西藏代表和喜饶大师都不同意。因为藏文翻译有悠久的传统,什么情况下才用音译早有规定,例如,佛经里最常见的佛陀、菩萨、罗汉等词,汉文里用音译,藏文里就用意译,这是一个优良传统,不应打破。李维汉同志说,我不坚持音译,但你们藏族本身应有一个统一的意见,为了不影响谈判的进行,这个问题可暂时挂起来。可是直到整个谈判临近结束,仍未得到一致的意见。最后李维汉同志决定说:不能因为一两个词的翻译问题影响签订的日期,毕竟签约的对方是西藏地方政府,必须让他们不只是从协议的内容上,而且从藏文的文字上也同意接受才有利于执行,就尊重西藏代表的意见吧!这样才决定用 mi - dmangs,此后就通行了。

有争论的另一个词是“解放”。它不仅是一般的词,在“中国人民解放军”一词中要出现,所以译法、写法必须要固定统一,不能各行其是。1949 年 7 月集体讨论翻译《论人民民主专政》时,按照法尊法师的意见译为 vching - vgrol。法尊法师从藏文翻译过大量的佛学经论,是一位有权威的译师,后曾任中国佛学院院长。vching 是捆绑、束缚的意思,vgrol 是解开的意思,vching - vgrol 是藏文里固有的词,用来译为“解放”是很贴切的。在协议的初稿里这样用了。西藏代表也认为可以,但是提出了不同的写法,主张写为 bcings - bkrol,与前一种译法意思一样,但是在语法上、时态上不同。喜饶大师认为法尊法师的意见对，因此这个词的写法也有一段时间悬而未决。按文化水平来说，喜饶大师和法尊法师都是很高的，可是最后也是按西藏代表的意见写的。

现在有人说十七条协议是在刺刀威逼下签订的，我虽未亲自参加与西藏代表当面谈判的场合。但是从我经历的翻译过程可以看出，如果是在刺刀下签订的，其藏文本怎么可能这样字斟句酌地反复修改呢？

（原载《中国西藏》1991 年秋季号，《见证西藏百年》重刊，五洲传播出版社，2003 年）

忆法尊法师二三事

我开始接触法尊法师是在1942年左右，那时我在甘肃西南部藏族地区的拉卜楞寺开始学习藏文经典不久，往重庆北碚晋云山汉藏教理院给法尊法师写过一封信，请教几个问题，署名“福海”，是我的藏文名字 bsod－nams－rgya－mtsho 索南嘉措的意译（后来在翻译《嘉木样呼图克图纪念文集》的时候也用过这个署名，此外再没有用过，所以恐怕没有人知道这个福海是何许人）。有幸的是法师的回信后来保存下来了，收在《法尊法师佛学论文集》里面391页，题名《与福海先生书》。其中所讨论的：藏文来源、吐蕃与土伯特、活佛转世、清帝是否真正信佛等问题，这些问题60年来仍在讨论。

此后我陆续见到法师的译品《现观庄严论略解》、宗喀巴大师的《辨了不了义论》、《入中论善显密意疏》、《菩提道次第略论》和克主杰的《续部总建立》（rgyud－sde－spyi－rnam－bzhag，可能因为还有其他人同名的著作，也为了通俗一些，出版时题名《密宗道次第略论》），还有法师自己的著作《西藏民族政教史》、《我去过的西藏》等。

其中《菩提道次第略论》是宗喀巴大师在《广论》之后的著作，较前更加精炼，法师的译笔也更加纯熟。《入中论善显密意疏》是法师较晚的译品，译笔炉火纯青，再加以经过牛次封居士的润文，读起来更加顺畅。

1950年左右法师由四川来到北京，住锡北海白塔下面半山腰的永安寺里的菩提学会的东厢房里。当时的主持人是杨大光居士。经费一时有些困难。1950年秋,我从华北人民革命大学政治研究院毕业后分配到中央民族事务委员会参事室,负责藏文翻译工作。当时藏文翻译人才极其缺乏,只有曾经在菩提学会的何瑛、柯凤鸣,他们只能读写藏文,不能从汉文译成藏文。还有从南京蒙藏委员会来的李春先和益西博真,两人配合起来才能工作,而且年岁大,做不了繁重的工作。只好从社会上再动员一些力量。于是民委每月资助菩提学会300元,承担一些翻译工作,主力当然就是法尊法师。翻译过《中国革命读本》。

重头戏是翻译《论人民民主专政》。当时组织了法尊法师、毛儿盖桑木丹法师、张克强和我集体讨论修改。传统的藏文里佛学词汇虽然很丰富,但是当代的政治、社会词汇很缺乏。汉文翻译佛经时用了大量的"借词"即音译,直接用汉字写梵文的音,例如:佛陀、菩提萨埵、阿罗汉、比丘、沙弥、般若波罗蜜多、补特伽罗、阿赖耶识、弥勒、毗卢遮那等等。而藏文佛经里这些都是意译的,这是藏文翻译的一个传统,尽量用意译,大家都认为应当保持。所以虽然只有7000字,我们讨论用了整整一个月的时间,例如"专政"一词就反复讨论修改了多次。又如"解放"一词,用了法尊法师提出的藏文佛经里现成的 vching - grol 一词。后来在《十七条协议》里,由于西藏代表的坚持,在此基础上改用了仅仅是时态不同的 bcings - vgrol。后来的翻译工作者只要在对照词典上一查,就有现成的译语可用,哪里能体会到当初筚路蓝缕的艰辛?

其后,更大的一项工程是《藏汉词典》的编译。

《达斯藏英词典》从1904年出版,直到20世纪40年代,一直是权威。30年代黎丹先生率领青海的藏文研究社的杨质夫等人去拉萨跟从喜饶嘉措大师学习,回到南京后,杨质夫与一位英文好的人合作,把达斯词典翻译成汉文,译稿由黎丹带到其老家湖南去了,黎丹去世后,其后人将译稿献给中央民委。因为此时尚不具备出版的条件,就按照于道泉先生的建议,晒蓝复制了几份,分别赠送给中央、西南、西北三个民族学院。1953年,在中央民委参事室的基础上成立了民族出版社,这时急需一部藏汉翻译用的工具书,同时又得到拉萨木刻版的布里亚特蒙古学者格西曲扎编写的《藏文字典》。其编排打破了传统的正字法著作的格式,初具现代字典的形式,但是很不严格。我们认为法尊法师本来就是一部难得的活字典,只是苦于没有一个适当的方式发挥出来。同时菩提学会又拥有张克强、汤住心等精通英、法、藏文的人才。还有胡继欧、杨德能等通晓汉藏的人(后来正式出版时,汤住心由于政治历史问题没有参加署名)。于是我代表民族出版社与菩提学会商定,利用这些优秀人才条件,以格西曲扎的藏文字典为基础,翻译成汉文,再用《达斯藏英词典》和《藏拉法字典》、《耶斯克藏英字典》、《四体清文鉴》等补充(凡是引用这些词典之处都注明出处),成为一部中型的《藏汉词典》,于1956年出版。在国内外影响很大。一直到90年代,虽然已经有了张怡荪主编的《藏汉大词典》三大本,仍然有不少读者要求再版《格西曲扎藏汉词典》,可见其影响之深远。

宗喀巴大师于14世纪创建格鲁派(黄教),至20世纪经过600年。其间清代皇室虽然大力崇奉黄教,但是宗喀巴的教义从来没有翻译成汉文。黄教最根本的五部大论里,除《阿毗达磨俱舍论》已经由玄奘大师翻译出来之外,其余四种都从来没有过汉文译本。法尊法师是第一位把其中的《现观庄严论》、《入中论》、《释量论》翻译出来的人。并且全面地把宗喀巴大师显密两乘主要著作《菩提道次第广论》、《略论》、《辨了义不了义论》、《密宗道次第广论》翻译成汉文的第一个人。他晚年署名"翻经沙门",可以认为是他对他自己一生主要功业的总结。此外还听说他曾把《大毗婆沙论》100卷从汉文翻译成藏文,献给达赖喇嘛,希望刻版流传,未见实现,原稿也不知还存在否?(2007年听说,已在香港找到,准备印行)还有应该注意的是翻译《集量论》和《释量论》两书时法师已经80高龄。在《集量论》的前言里有"此书未经师授"一语。这说明法师的其他译品,大都经过师授,不是仅凭自己的理解。藏传佛学极其重视师承,有无师承大不相同。不少学者的文集里有gsan-yig或thob-yig《闻法录》、《得法录》。一一详记某一种经论、法门的历代上师。这是一种优良的传统,值得特别注意的。

1958 年我离开了主持民族出版社藏文翻译的岗位,20 余年无缘再亲近法师。1979 年我恢复工作,在成都参加《藏汉大辞典》的编辑工作,到北京时,曾经到广济寺拜见过法师,当时胡继欧居士正在向他请教。其后法师欠安,我还到人民医院去请安一次。不久,法师就圆寂了。

法尊法师功德事业十分宏广,这里我只能零星地记其二三事而已。

后学黄明信谨述　七纪本命年辛巳(2001)春分

(2001 年五台山法尊法师逝世二十周年纪念会发言稿,未曾刊发)

于道泉先生二三事

（一）

我 1938 年开始学藏文，最早得到的读物之中给我启发最大的就是于道泉先生的《第六代达赖喇嘛仓央嘉措情歌》，是作为中央研究院历史语言研究所的专刊发表的。这是当时中国学术研究水平最高的刊物。就其篇幅而言，原作只是 60 余首短歌，字数不多，但价值很高。于先生此文是汉族学者从学术角度研究藏学开辟道路之作，在国内外享誉历久不衰。对我个人来说主要是从其研究方法和发表方式上得益最大。此文分为六栏，第一栏是藏文原文；第二栏是其拉丁字母的转写；第三栏是其实际发音，用国际音标标记（赵元任先生帮助完成）；第四栏是藏汉文逐词对译；第五栏是将这些词串讲成文；第六栏是英文译本。既有原始资料，又有研究结果，既是深入研究者的第一手资料又是初学者的启蒙读物。好处甚多，这里不细说了。我的《藏历的原理与实践》一书就是从于先生此文得到启发，将原文、译文、注释、研究文章放在一起发表的。曾经有人认为这样把工作性质不同的内容放在一起，究竟算是编，还算是译？究竟是算整理古籍，还是算著作？不伦不类。不便于署名，而且增加读者的负担，不如分开出为好。出版社也说他们曾经有过不出两种文字对照本的规定。但我认为如何署名是次要的问题，读者的需要与方便才是主要的，坚持仿照于先生的方式发表。后来发行的情况和读者的反映都证明这种方式是对的。

于先生自己并不研究藏历，但是由于他有渊博的知识和广博的信息，仍给予我很重要的启迪。

他说藏印文化有密切的关系，历算方面也会有的。他介绍给我一本印度的天文历算名著《苏利耶·悉昙多》(sûr - ya siddhânta，太阳历数全书)的英文译本，并给我讲了其译者 E·Burgess 是一个传教士，19世纪中叶到印度艰苦地钻研梵文和古印度天文学的遭遇。他的事迹鼓舞了我的决心。他将此书翻译成英文，用现代天文学进行解释，并按其原有的公式和数据又作出了译书那年的一次日食和一次月食的推算，于 1860 年出版。1935 年重印时，责任编辑又再一次作了近期例题的演算，这在科学技术史的研究方法上叫做“还原”的缜密的功夫。你是否真正彻底了解作者的原意，这是一种过硬的考验。此书与藏历的基础时轮历虽然都是印度的，但不是一个体系，对我的直接帮助不大，但是其研究的方法给了我很重要的启示，正是因此才使我能与科学院的专家合作起来。研究过明末清初由西洋传入中国的历法，包括康熙御制的《历象考成》的人不少，但真正按其原法进行过演算的人很少。我学习和研究藏传时宪历就是坚持了于先生介绍给我的此书的道路，因此我可以大胆地说我的译文不会有错。

由此可见，一位大师给人的帮助不一定是某一问题上的具体知识，更宝贵的是他能帮你开拓视野，引导你如何摸索途径，我在学术上受益于于先生的主要是这一方面。

随后于先生又亲自到民族学院的图书馆替我借出来德国人 Diefer Schuh 的《西藏历法史研究》一书，并将法国的藏学权威石泰安用法文写的对此书的评价从头到尾全部翻译给我听，这种提拔后进的热诚实在令人感动。

(二)

于先生当年在齐鲁大学上学时是学理科的，我是听其妹于式玉先生说的(《中央民族学院周刊》第507期上说是社会学系,我怀疑20世纪20年代齐鲁大学是否有此系)。他在自然科学上有深厚的基础,对实用技术有广泛的兴趣和实践的习惯,对与提高工作效率有关的、先进的新技术非常敏感。

1. 现在普遍应用的静电复印,在我国是到20世纪80年代才发展起来的。在此之前晒蓝是最主要的复制技术,于先生在30年代就大力提倡推广。北图书库里至今还存有他编的四体合璧藏汉文索引的晒蓝本,按四角号码排的。50年代初,有人把杨质夫先生等翻译的达斯(S. C. Das)《藏英大词典》的汉文译本献给中央民族事务委员会。但当时尚不具备出版的条件,于先生建议用晒蓝法复制三份,分赠给中央、西南、西北三个民族学院,以便使之发挥更大的作用,并且预防这个唯一稿本的散失。由于稿本是很厚的布纹纸,太阳光晒不透,晒图社不肯承接。于先生想出先用煤油浸透以增加其透明度的办法,效果不错。于先生亲自主持在北海永安寺(当时菩提学会所在地)的宽大石阶上进行。送给西南民院的那份,他们又刻钢板油印,进一步扩大了其效果。

2. 打洞排片法。大量的多层次的卡片用手工操作工作量是很大的,于先生在欧洲学会了一套在卡片的顶端打洞,以洞的位置代表数码,以数码代表分类层次,用钢签穿孔挑起的方法排片。比用手工往木格子里分,效率高得多。于先生回国后曾经提倡。

3. 用英文打字机打藏文。藏文的书写方式是既有左右,又有上下,在打字机上比较复杂。而于先生早期的教材都是他用英文打字机打出来的,其方法是制定一套用拉丁字母转写藏文,能转写过去,又能还原的方案。这类转写方案在国外有好几种,1991年联合国要求语言研究所制定一套藏文报刊名称转写为拉丁字母的标准化的方案,经过许多单位的专家多次讨论的结果,采用的基本上仍是50年代于先生所用的方案。

4. 于老晚年还研究一种用数码转写藏文的方案。40年代初我在拉卜楞时,嘉木样活佛慨叹藏文不能拍发电报,必须先译成汉文再成数码才能拍发出去，而且不能还原，他打算像汉文的电码本那样，选出藏文里比较常用的音节，编成电码本。我认为汉文的电码本是一个不得已的笨办法，藏文是拼音文字，可以不用那种笨办法。我编了一种五码的藏文电码，直接把藏文译成数码，就可以拍发电报。但因电台习惯于四码一组，未实际应用，只是作为一种游戏，在少数人中流传而已。70年代末在成都遇到毛尔盖桑木丹先生，他把我的方案又加改进，不必每个音节都用五码。我把他的方案带到北京，于老见到后发生兴趣，又进一步改进。据他自己说，用他的方案教一个刚刚认识藏文字母的人，转写过去再转回成原文，几天之内就能学会而且工作效率很高。

此外于老对翻译机器也费过很多心血。

于先生的这些办法，有的现在已经过时，有的将来也会过时，但于先生对新鲜事物的敏感，不断地追求进取和创新的精神，永远是值得我们学习的。

（三）

于先生与北京图书馆有悠久的历史关系。1934年出国之前他为北图特藏部的建立做了大量的工作。1949年回国之后在中央民族学院任教期间仍有很长的一段时间兼顾着北图的工作。我到北图来也是于先生介绍的。北京图书馆从30年代初起就设置了特藏部。收藏满、蒙、藏以及其他兄弟民族文字的文献，这在全国的公共图书馆中是少有的。

即使从今天的藏书情况来看，特藏部的古籍三分之二以上也是当年于先生、彭色丹喇嘛和李德启先生采集来的。首先是北京刊刻的，包括嵩祝寺天清番经局和清初诸王府刊版的蒙藏文古籍，在世界上北图特藏部可能是收集最全的地方了。尤其是现在这些木版都已不存在，已绝版了。此外还有散失在社会上的许多满蒙藏文古籍。在编目过程中我们时刻感受到当年于先生他们一种一种、一部一部地采访来所费的心血。北图特藏部藏文古籍的第二大部分是德格更庆寺和八邦寺藏版的全部印本,这是1959年在于先生主持下专程派人去印来的,同时印了三套分别收藏于中央民族学院、民族研究所和北京图书馆。1959年以后经过几次变乱,原来的经板有些缺损,当地无法补救,反而千里迢迢到北京来我馆复制所缺的那些书以便补刻,其中包括司徒班禅的名著《旃陀罗声明论大疏》等书。即此一端也可说明于先生在保存藏文古籍方面所作的贡献。

(四)

于先生表面上很严肃,不苟言笑,与人对话时经常是目光内视,好像是在对自己说话,实质上他对祖国、对人类的正义事业,对藏学的事业,对后辈的学人都怀有一颗炽热的心。

于先生在生活上自奉甚俭,超过常人,穿着一身蓝布制服,日复一日,年复一年,好像永远也没有换过。我在他家吃过几次饭,吃的竟是哺喂婴儿用的代乳粉,七八角钱一筒的。他说这种代乳粉是科学配方的,再加上一些鲜菜,营养就够了,纤维素也有了。他骑一辆破旧不堪的自行车,漆都磨光了,他80岁时仍骑此车进城去北图,不向学校要汽车坐。

高山仰止,于老令人敬仰之处是说不尽的。

1991年6月15日于北京图书馆

(原载《平凡而伟大的学者——于道泉》,河北教育出版社,2001年)

忆萨社长二三事

在民族出版社建社40周年即将到来之际,我作为建社初期在社工作过的一个老同志,不由得回忆起第一任社长萨空了同志的感人事迹。

萨空了同志是一位文化、新闻界的前辈,他学识渊博、见多识广、经验丰富、作风严谨、平易近人,深受全社同仁的敬重和爱戴。他除担任政府部门领导职务以外,还身兼人民美术出版社和民族出版社社长。他说:我抓两个社,一只手赚钱,一只手赔出去(我社是政策性亏损单位)。两社的业务他都内行:他曾在北平艺专任教,对艺术内行;他本身是蒙古族,是中央民委委员(后来任副主任委员),对民族工作内行;解放前他在上海、广西、新疆等地做过多年新闻出版工作,是国内外知名的记者,对出版工作也很内行,虽然不懂少数民族文字,但懂外文,知道翻译工作的甘苦。他是民盟领导人之一,又是中共党员,是非常难得的社长人选。

当时我刚30多岁,少年气盛,自命不凡,在社务会议上常发表一些以偏概全、片面偏激的意见,又非常自以为是,爱争论。郭和卿说过我:"没见过你这样横冲直撞的人!"对于我的冲撞,萨社长不以为忤,不但总是细心地听,耐心地解释、说服,而且说过:"我在民族出版社交了一个好朋友——黄明信,他提的意见有时很尖锐,虽然我不全赞同,但是他使我多从另外一个角度去再考虑一下问题。"他是那样地虚心而又坚持原则。1956年我得到一本解放军总政治部印发给部队学习用的小册子,就是"文革"中每个人都时刻不能离身的《毛主席语录》,当时在社会上尚未广泛流传。我认为目前藏族群众的文化水平还相当落后，多数人读《毛泽东选集》的全文还有困难，这本小册子正适合藏族群众的需要，于是极力推荐，主张翻译出版。萨社长说，毛泽东思想须要完整地去学习理解，用这样简单化的语录代替，在部队那种环境里也许适宜，而我们不宜翻译出版。当时我还不大想得通。经过拨乱反正，我回想早在50年代，他就有“须要完整地学习理解毛泽东思想”这样一个清醒的认识，实在难得，足见其政治水平之高。

萨空了同志作为民族出版社第一任社长，为开创民族出版事业作出了很大贡献。在民族出版园地百花争艳的今天，人们不会忘记他筚路蓝缕的开拓之功。他虽然已于1988年10月16日与我们永别了，但他那既有远见卓识而又平易近人、和蔼可亲的领导者形象，将永远活在人们心中！

（原载《团结、求实、开拓、奉献——民族出版社的四十年》，民族出版社，1993年）

三如与三立

——家祭挽联的注脚

三叔的一生，燕生姐主笔写的一文中已见大端。我们侄甥几人合献的挽联中有“如父、如师、如友；立德、立言、立功”两语，现谨就自己亲身的见闻和感受，略述其中的一些细节。

我对三叔最早的印象是10岁左右的时候，那时我们在北京，三叔在天津，只有每年正月初五祖母的寿辰他必到，暑假有时也到北京来小住几天，接触的机会不多，留下的印象只是这个叔叔没有长辈的架子，肯和我们一起玩，自称是我们的“大朋友”。“小朋友”这个词是常听到的，“大朋友”这个词那时我听着很新鲜。

我的父亲在我13岁那年突然去世，他是家中的长子，由于祖父早逝，三叔受长兄培育之恩甚深，他对于培育长兄的5个未成年的子女有很深的责任感，其实这时他自己也只有34岁。

怎样利用有限的一点遗产，维持我们5个人的抚养教育，三叔委实是煞费苦心的。这里我只举一事，它对保护民族文物也有一定的意义。父亲的遗产里最有价值的是100多箱古籍和8000多张碑帖，其中的精华是2000张墓志铭的拓片。后来我有一次机会见到于右任先生，他还问及过。三叔把这2000张拓片让给了清华大学图书馆，专架库藏，一方面为了得款，存作“毅侯子女教育基金”，一方面也为了这点精华文物不至散失。果然在几十年的风雨中，父亲遗留的其他书籍、碑帖、字画都已荡然无存,唯独这2000张墓志铭至今仍在清华大学图书馆里安然无恙,似乎三叔当初就有预见似的。

三叔婶前此几年就把燕生姐接到天津去上中学了,父亲去世后他负担了她上大学的全部费用,并且主张她住在学生宿舍里,回家吃饭。三叔有些家规很严格,例如:人不齐不开饭,所以燕生姐偶然临时不能回家就必须事先打电话禀告一声,先前家里没有电话时要由别处转传。

1931年我初中毕业,去天津上南开高中,住在学校,每星期六去八里台柏树村十五号三叔家。我因贪玩足球,而只有星期日才能痛痛快快地踢一个上午,有时就不回去。下一个星期六三婶一准从女中来电话叮嘱我一定要回去。回去后三叔不仅查问我一般的学习情况,还要仔细查看我的作文。英文老师是柳无忌太太高蔼鸿先生,他很放心,专看国文的。有一次我的作文里有一小段是从几个月前报纸的社论上抄下来的,教师未看出来,还给了高分;三叔看出来了,狠狠地训诫了我一顿,为生活上的事他从未这样严厉过。生活上家里给我的用费由婶娘掌握,按月给我,我清楚地记得婶娘坐在门前的台阶上,一面晒太阳,一面查看我的账本的情景,至今历历如在目前。他们对我既严又慈,胜似亲生父母。

1934年我高中毕业,学校请了几位名流来校作升学指导的讲话,其中有三叔。他把上大学的意义归结为四个字,“修身、淑世”。修身一辞源于儒家的修、齐、治、平,三叔借用它来要求学生智、德、体全面发展,要在大学里打好出校后服务于社会的良好基础;“淑世”是说不仅独善其身,而且要对社会的进化有所裨益。他说美国教育家W. James提倡的Meliorism,一般人译为社会向善或改善观,都不如译为“淑世”好。他所讲的这些似乎是个枯燥的话题,离同学们原来所希望听到的相去较远,但是他并非空头的说教,而是用了不少古今中外的掌故,间或还插进几句幽默的隽语,同学们听得有滋有味。三叔的演讲,口齿非常清楚,声音不高而字字入耳,说理如层层剥笋,平平稳稳,听者如沐春风。当时还有张九先生(彭春)以演说家著称,他的声音大起大落,辅以话剧的夸张动作式的手势,感情强烈,犹如夏雨,两人分属于两种类型。三叔是有语言天才的,他到美国的头一年就得了演讲比赛的银杯,我在他家的柜顶上见过,有两个。一个中国的只相当于中学毕业程度的学生与美国人一起比赛英语而得优胜,能说没有语言天才吗?

我高中毕业后报考什么院系,在几个长辈之间有过一番争论。大舅祖父是戊戌时代维新派的人,一向主张后辈人学"实科"(工、矿、农、医等);婶娘教过我算学(那时不叫数学),我的物理成绩也不错,她说:"如不学理科,太可惜了";三姑父冯柳漪(哲学教授)和陆和九先生(先父的老友,解放后为中央文史馆馆员)都主张我学历史;我自己拿不定主意。三叔提出的方案是:入历史系,将来研究科学史,于是两方面都接受了。后来我考入清华文学院,而一年级时在逻辑与微积分两课中选修了后者,就是接受了三叔的设想。二年级时三叔送给我三大本《黄河志》,张含英先生著的,意思是建议我考虑将来研究黄河史。后来虽然没有实现,但说明他是经常关心着我在学术上的道路、方向的。

1938 年我大学毕业,中央研究院史语所从历史系的毕业生中选拔了两名,我是其中之一。这在当时是个难得的机会,我却想放弃它去西北边疆民族(那时还没有少数民族这个名称)地区闯一闯,不少人不以为然,说:云南也有许多边疆民族嘛!我原来怕三叔也不赞成,出乎意料的是他不但赞成,而且为我找到了在青海的具体工作。我在西宁两年后决心研究西藏文化,从此决定了我一生工作的方向。40 年后,我研究藏族的天文历算有所成就,我把我的著作献给三叔时说:"绕来绕去,我还是走到您为我设计的科学史的路上来了!"他说:"是呀!就像我做学生时我的大舅父指示我一定要熟读张之洞的《书目答问》,好像他预见到我这个外甥数十年后会从事图书馆工作一样,其中似有天意!"言下颇为得意。

三叔从事图书馆工作原是意外的。他本来应聘到南大是教教育心理的。而南开的老校长却委之以大学秘书长之重任。从 1927 年到 1952 前后 20 多年之间,南大的教务长一再易人,而秘书长始终没有调换过。这个行政性、事务性的职务,既繁重又容易得罪人,不是教授级的人压不住台,而教授们谁也不愿干。尤其是老校长常常不在校内,许多事须由秘书长代理,权和责比其他学校的秘书长都大得多。因此他这个教授虽然一直还担任着一门课程,实际上绝大部分时间和精力都用在这个行政工作上了。以他的天赋、学识与勤奋,本来在学术上应有较大的成就,从这个角度来说,担任南大秘书长的职务可以说是一种损失,甚至是牺牲。他晚年自谦地说"自己一生,学问与事业两无成就"这句话时也包含着不无遗憾之意,但也只是遗憾而已,他并不后悔。

1937 年秋长沙临时大学成立时,三校的分工是:北大校长负责总务,清华校长负责教务,南开校长负责建筑设备,一直到改为西南联大之初仍然如此。南开的张校长那时经常在重庆,其责任自然又落在三叔肩上。在当时的条件下并非有钱就能办事,突然一下子要安排好两三千师生上课与住宿的房舍谈何容易!我记得借用四十九标的营房作学生宿舍,床根本没有可能找到,为了在地板上把稻草垫铺得厚一点,他就曾心急如焚地忙得不可开交。他就是这样事无巨细,都兢兢业业。

1938 年 2 月,学校又由长沙迁往云南,组织了湘黔滇徒步旅行团,团长黄师岳中将是临时聘来的客卿,由 6 位教授组成辅导委员会,由三叔任主席。其他几位教授分别指导学生沿途采集植物、岩石标本,收集民俗、民歌和调查语言等学术性的活动,实际代表学校负责具体事务的仍是他这主席一人。贵州本来是个穷地方,人烟稀少,突然来了 300 多人,食宿安排很难尽如人意,他任劳任怨地干着。前不久还有一位当时的团员和我谈起在黔西某地黄先生受到部分学生围攻质问、闻一多先生为他解围的往事。不过总的说来,他给同学们的印象还是不错的。1990 年出版的《清华十二级毕业五十周年纪念刊》上,已故的王吉枢同学的遗文中说:"闻一多、李继侗、袁复礼、黄钰生等教授和我们同吃、同住、同行军,他们不但是鼓舞我们旅行的力量,也给我们的旅途生活增添了乐趣。"1989 年台湾新竹出版的《清华十一级纪念刊》上蔡孝敏同学的文章中说,"南开黄子坚教授平易近人,与步行同学最为接近。旅行团将抵昆明前一日，黄太太特由昆明赶来迎接，全团称羡”。1988年的《清华十级纪念刊》上唐云寿同学（现在纽约）的文章中说，“还有南开教务长（sic）黄子坚先生，他在贵州玉屏买了一根玉屏出名的竹手杖，上面刻了八个字：‘行年四十，步行三千。’同学们和他开玩笑改为：‘行年已过四十，步行未满三千。’不知黄先生知否？”还有把‘四十’二字误为五十的。这几位都是清华的学生，南开本校的同学们写的一定还有不少。总而言之，50多年后还有这么多人津津乐道，可见他给人的印象是颇为深刻的。

1938年4月徒步旅行团抵达昆明时，西南联大的“建设长”这个他处罕见的职称已在等着他了。于是他又马上投入了借地、购地、买料、建房、置备家具的繁琐事务之中。所幸这个时期不长，暑假后他受命为新增设的师范学院院长，逐渐摆脱了建设长的任务，倾心专注于师院的延聘教师、课程设置、学风建立等方面。可惜这一段时期我远在西北，不知其详。具体的情况他亲自写有《回忆联大师范学院及其附校》一文（载西南联大建校五十年纪念文集《笳吹弦诵情弥切》一书）。值得注意的是“附校”二字，包括附中和附小。他这个院长亲自兼任附校主任。由此我又回忆起1932、1933年左右，他在担任南开大学秘书长的同时还兼任着南开小学的导师，这是他自己请缨而来的。他要做一种新的小学教育方案的实验，不让孩子们死读书本，而是从学生自己的实际见闻中取材，进行即兴式的灵活教育，培养儿童思维的灵活性，这对教师的水平要求很高。这说明他不甘心于完全埋没于繁琐的事务中，试图发挥他所学、所教的儿童心理学，如果说这种尝试只是初见成效，那么10年后联大师院附小的教育则确实是成功的。

联大师院在抗日战争期间对云南省教育的发展和提高产生过巨大的影响。抗战结束后，三校复员北归，师院仍留下一批教职员工，后改称国立昆明师范学院，现改称云南师范大学。1988年昆明举行了盛大的西南联大建校50周年纪念活动。实际上西南联大这个学校于1946年后早就不存在了，这次活动就是由云南师大出大力主办的，可见联大师院影响之深远。这7年,三叔40余岁,年富力强,风华正茂,是他应用所学,大展宏图的时期,是他一生中非常光辉的一段。

抗战胜利后南大复校时,他又重新担任了南大秘书长这一旧职。此时八里台的南开大学除思源堂外,一切建筑都早已被日寇炮火轰毁无遗。面临着比长沙临大、昆明联大建校伊始更繁重的建校任务。他充分发挥了南开用人少、用钱省、效率高的传统,在短短的五六年间,南大就又恢复到颇具规模。40年代末的这一段时间,经济、市场曾混乱到极点,在这种恶劣条件下,主持这样大规模的建筑,其困难是难以想像的,他为此绞尽了脑汁。他经手巨额的建设费用款项,而廉洁自守,一尘不染,在解放前那样污浊的环境里,极为难能可贵。却不料其结果不是成绩的表彰,而是一场灾难。

1952年的三反、五反运动中他被诬陷为大贪污犯。运动结束时虽然否定了他贪污之罪,但结论上还是挂上了尾巴(这个尾巴他当时并不知道,直到1988年宣布撤销时他自己才明白)。因而调离他赤胆忠心、鞠躬尽瘁地服务了20多年的南开大学,到了天津市图书馆。在当时一般人的心目中,这个调动有着谪贬的意味,可是后来的事实证明,这反而给予他更好地发挥他另一方面的素养与才能的机会。如果没有这次当时看来不愉快的遭遇,就不会有后35年他在图书馆事业上的贡献,因此不妨说他是“因祸得福”。对图书馆界说,可以说是得了一笔“意外之财”。

他在图书馆事业上的具体贡献,图书馆界的同仁们自会有精当的评述,这里我只想用他当选为中国图书馆学会副理事长一事,从侧面来说明这一点。这只是个没有什么职权的荣誉性质的社会职务,是不大受人注意的。有意义之处在于他之所以当选,不是凭现在的职位,也不是凭资历。在天津市的教育界他算得上是德高望重的耆宿,而在全国的图书馆界他只是一名Freshman。天津市在全国的大城市中名列前茅,而天津市图书馆在全国来说只属于中等规模;他既不是版本目录学的专家,更不是图书馆专业出身,或对图书馆管理工作有悠久丰富经验的人。他之所以当选，是由于他就在这样一个中等规模的馆里，在不很长的时间内，做出了几项甚至某些大馆都未做到的事，得到了全国同行的称赞、爱戴。他曾说："来到图书馆，我有如鱼得水之感。"

他主动为天津市图书馆的后辈开了高、中、初三级英语班之事是有口皆碑的。开始时他还没有小轿车接送，为了准时上课，他硬是在公共汽车的高峰时刻挤上车去，这时他年已80，腿脚不利落。我们知道这种情况后，劝他不要这样冒险，他却并不在意，仍旧认认真真地风雨无阻。

认真，是的，认真！无论在哪个岗位上，他都是那样兢兢业业，认认真真，大如思想汇报、政协发言，小至给晚辈的家信，都是一事不苟、一字不苟，一生如此，这是他的品德中很突出的一点，永远是我们学习的楷模。他的一生确实身体力行地做到了他早年教导我们的"修身、淑世"，体现了南开的老校训"敬业、乐群"。

说到乐群，我又想到一件小事。三叔交往的人里老、中、青都有，他都关心。此外还要加一个"幼"，即小孩子。不仅是家里早年的侄甥，现在的孙辈，在外面他还有许多小朋友。有一年他到北京来开会，回津时买了30多份送给孩子的小礼品，糖果或玩具。我问他为什么买这么多？他说："我有这么多的小朋友，见面就叫黄爷爷，不能让他们白叫，一人一份。"流露了他的赤子之心。

综观三叔一生的事迹，如果给他立一个墓碑，如果为了简练一些，只取其大者，我认为应该写为："前南开大学秘书长，前西南联大师范学院院长，前天津图书馆馆长，黄钰生教授之墓。"因为这三处才是他倾注心血最多的事业。这不一定是我一个人的偏见吧！

古人云：君子有三立。三叔一生严于律己，以身作则，允公允能，敬业乐群，是最好的"立德"；他虽没有成本的著作，只发表过一些短文，而且大都是因人之请而写，但是他从不敷衍塞责，更从不让人代笔，任何一篇都言之有物有情；他在大会、小会上的发言，对同事、朋友，乃至对家庭晚辈的谈话，随处都流溢着他渊博的知识，深邃的哲理，生动的文采,爱国、爱事业、爱护人的满腔热忱,给人以启迪,这些难道不就是最好的“立言”吗?他在上述几个文教单位中所起的栋梁作用,以至在许许多多社会活动、政治活动中所起的积极作用,当然就是最好的“立功”。因此我们的挽联中所写的“立德、立言、立功”,绝非浮泛的颂词,而是有无数事实为根据的,这里我们所能述说的当然只是其一鳞半爪而已。

庚午年闰五月

(原载《黄钰生同志纪念文集》,南开大学出版社,1991 年,第 377—385 页)

藏历因明文献研究插图

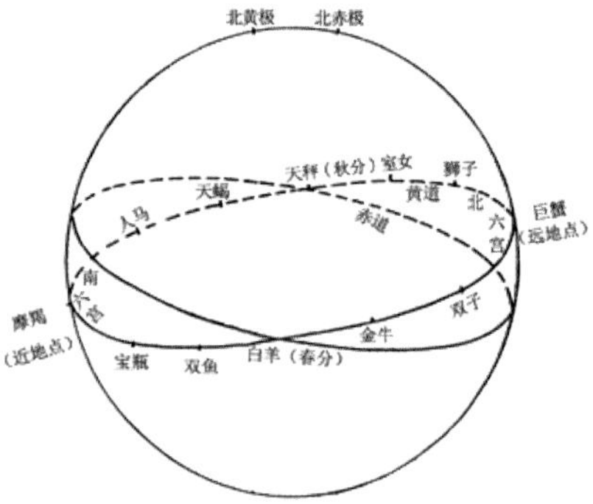

1

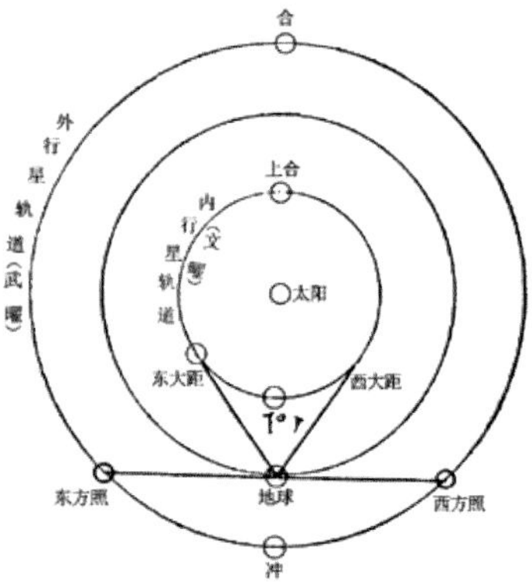

2

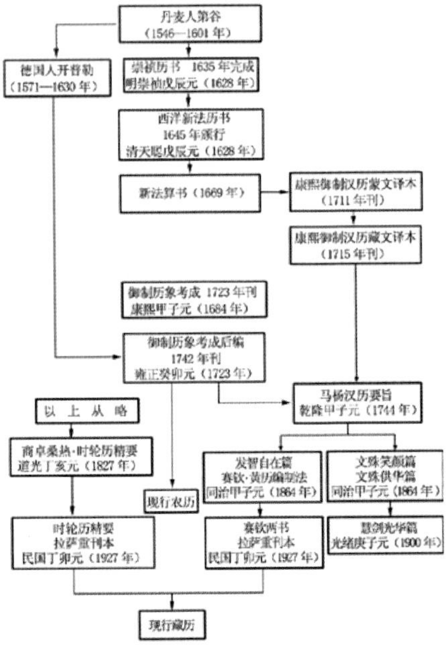

3

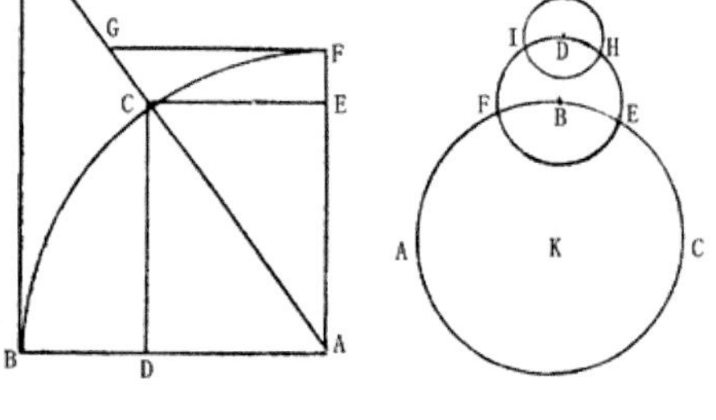

4

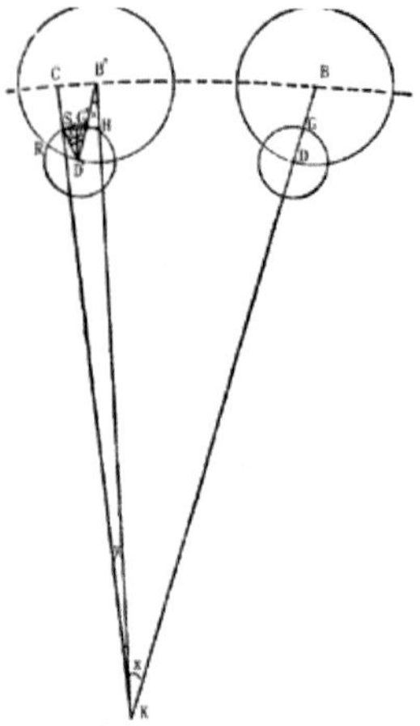
C
B′
B
G
D
H
K

5

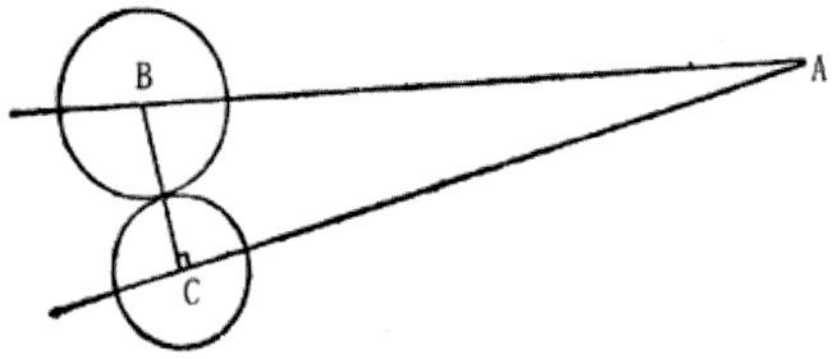
B
A
C

6

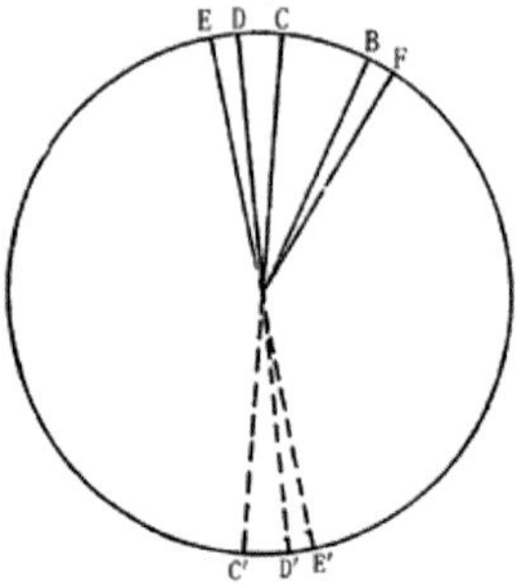
E
D
C
B
F
C′
D′
E′

7

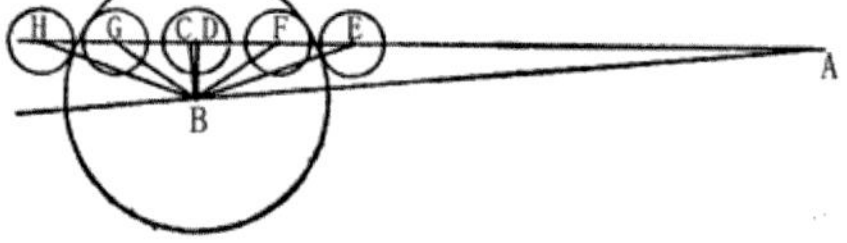
H
G
C
D
F
E
A
B

8

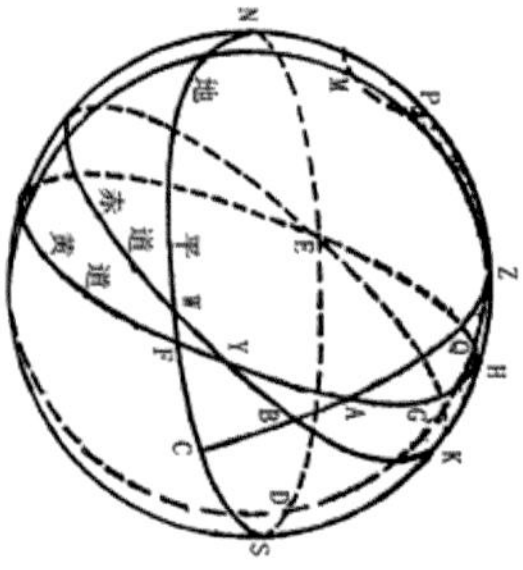
N
M
P
赤道
黄道
Z
H
K
S
E
A
B
C
D
G
Q
F
Y

9

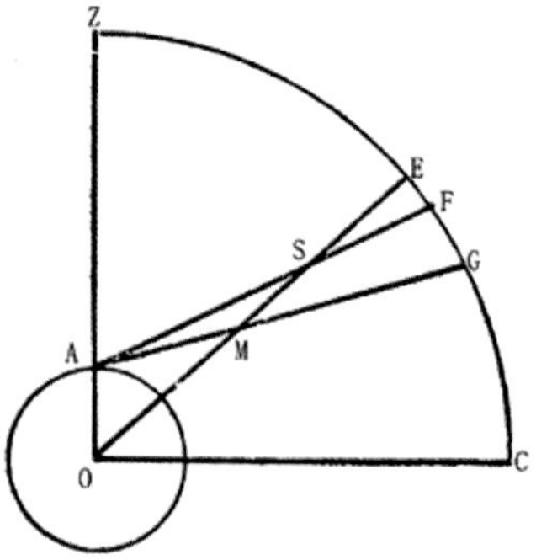
Z
E
F
G
S
M
A
O
C

10

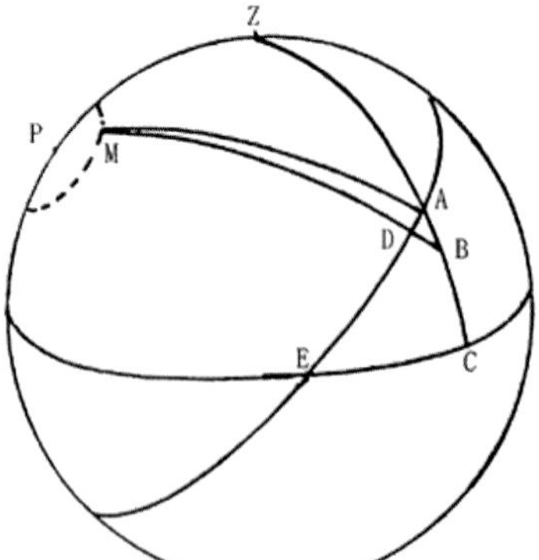
Z
P
M
A
D
B
E
C

11

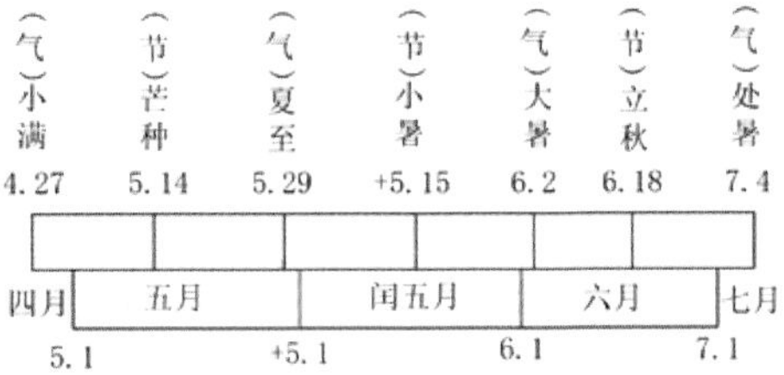
(气)小满
(节)芒种
(气)夏至
(节)小暑
(气)大暑
(节)立秋
(气)处暑
4.27
5.14
5.29
+5.15
6.2
6.18
7.4
四月
五月
闰五月
六月
七月
5.1
+5.1
6.1
7.1
12

13

木曜日（星期四）
金曜日（星期五）
土曜日（星期六）
太阳日
30
1
3
4
太阴日 30
1
2
3
4

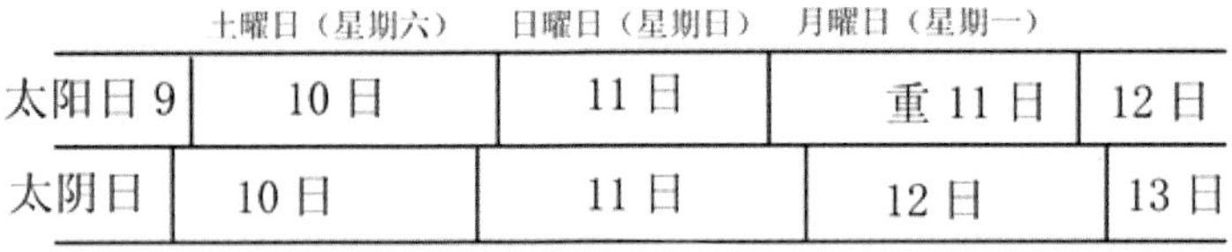
土曜日（星期六）
日曜日（星期日）
月曜日（星期一）
太阳日 9
10 日
11 日
重 11 日
12 日
太阴日
10 日
11 日
12 日
13 日
14

15
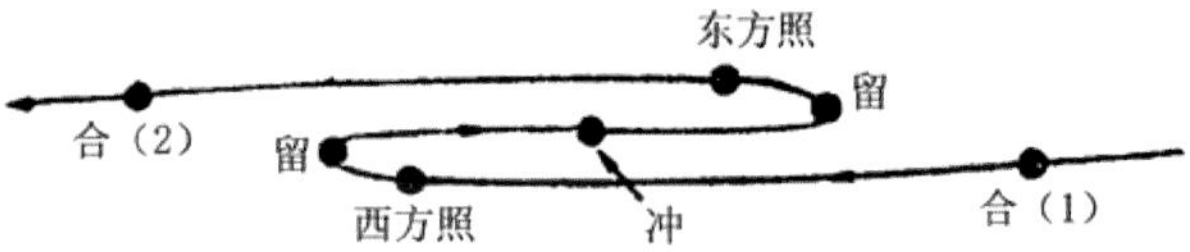

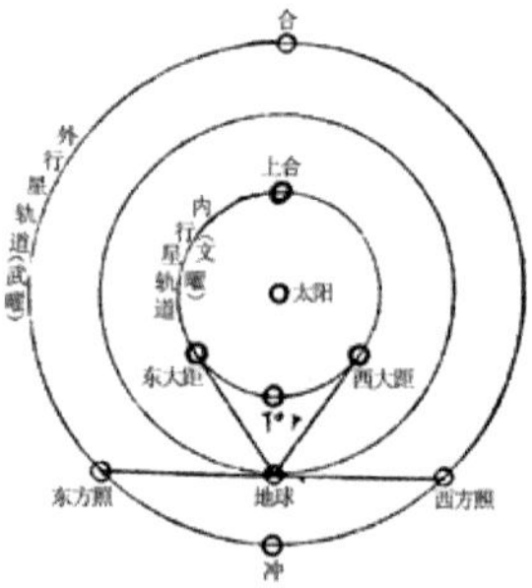

15a

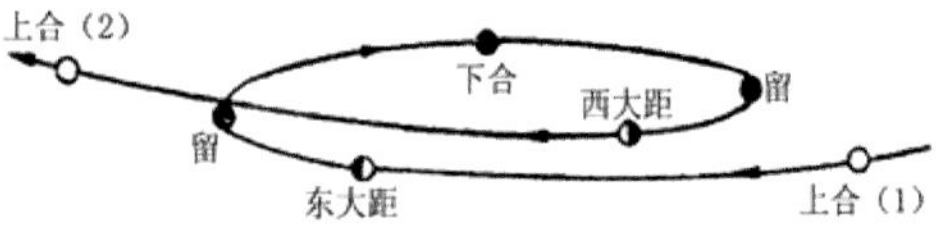

15b

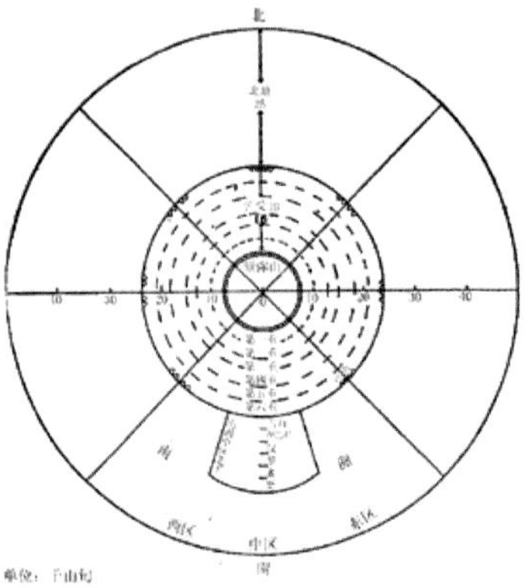

16

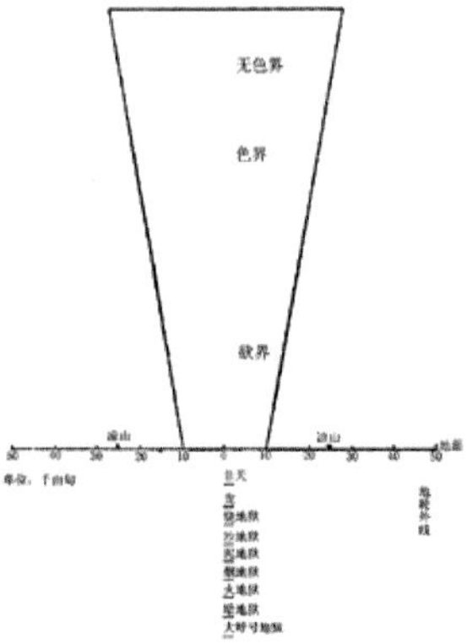

17

h1

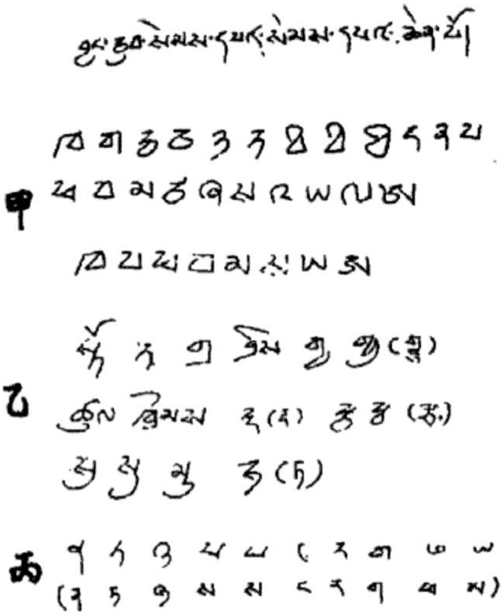

h2

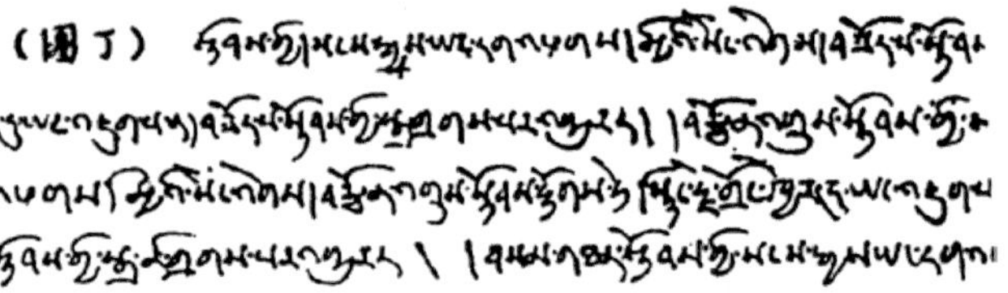

h3

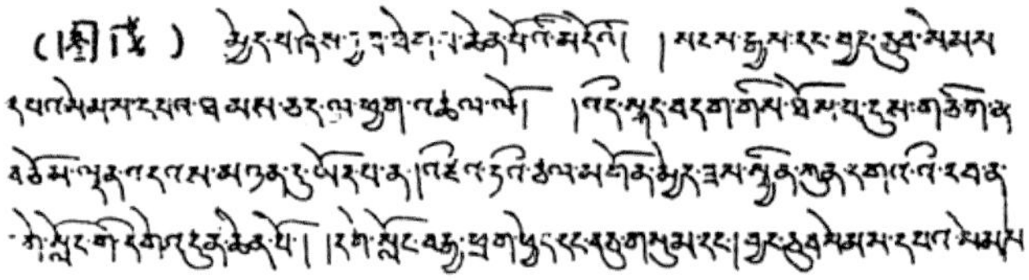

h4

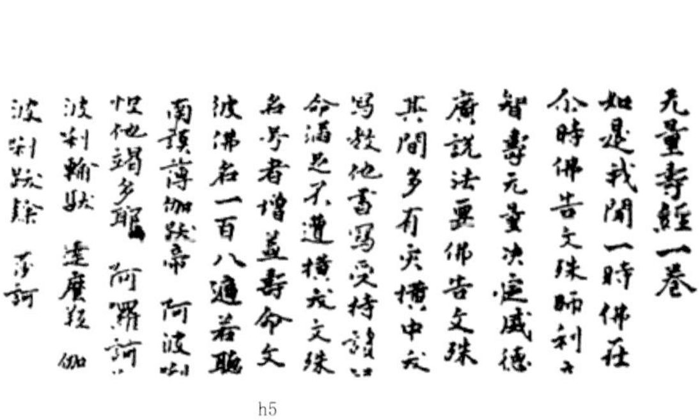

h5

h6